云南开放大学（云南国防工业职业技
"高原农业资源与环境"一流学科专项

柚树高产栽培技术

周 龙 朱立韬 杨德荣 曾志伟 著

湖南大学出版社

·长沙·

图书在版编目（CIP）数据

柚树高产栽培技术 / 周龙等著. -- 长沙：湖南大
学出版社，2024. 10. -- ISBN 978-7-5667-3874-5

Ⅰ. S666.3

中国国家版本馆CIP 数据核字第20246T0Z21号

柚树高产栽培技术

YOUSHU GAOCHAN ZAIPEI JISHU

著　者：周　龙　朱立韬　杨德荣　曾志伟
责任编辑：尹鹏凯
印　　装：长沙创峰印务有限公司
开　本：710 mm × 1000 mm　1/16　　印　张：20.75　字　数：348千字
版　次：2024年10月第1版　　　　　印　次：2024年10月第1次印刷
书　号：ISBN 978-7-5667-3874-5
定　价：58.00元

出 版 人：李文邦
出版发行：湖南大学出版社
社　址：湖南·长沙·岳麓山　　　　邮　编：410082
电　话：0731-88822559（营销部）　　88821594（编辑部）　　88821006（出版部）
传　真：0731-88822264（总编室）
网　址：http://press.hnu.edu.cn

▲ **水晶蜜柚树形、果形及果实内部结构**（详见第一章第二节：柚树的选种与定植）

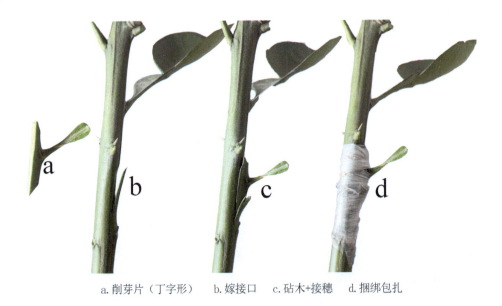

a. 削芽片（丁字形）　　b. 嫁接口　　c. 砧木+接穗　　d. 捆绑包扎

▲ **柚树嫁接苗芽接示意图**（详见第五章第三节：柚树嫁接苗的培育）

▲ **高接换种柚树生长观察（2 年）**

①春梢抽发　　②春梢展叶　　③春梢老熟

▲ **柚树春梢**（详见第六章第一节：柚树器官概述）

①夏梢抽发　　②夏梢展叶　　③夏梢老熟

▲ **柚树夏梢**

①秋梢抽发　②秋梢展叶　③秋梢老熟

🔺 柚树秋梢

①冬梢抽发　②冬梢展叶　③冬梢老熟

🔺 柚树冬梢

①无叶单花枝　②有叶单花枝　③无叶花序枝　④有叶花序枝　⑤腋花枝

🔺 柚树花枝

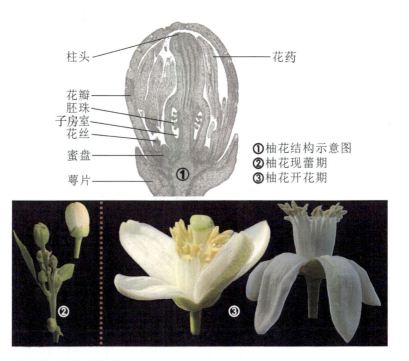

柱头　　　　　　　　　　　　花药

花瓣
胚珠
子房室　　　　　　　　　　①柚花结构示意图
花丝　　　　　　　　　　　②柚花现蕾期
蜜盘　　　　　　　　　　　③柚花开花期
萼片

🔺 柚花的形态及构成

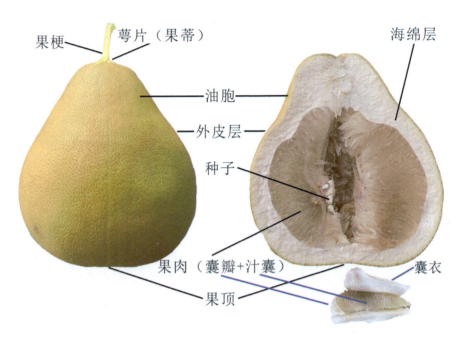

果梗　萼片（果蒂）　　　　　　　海绵层
油胞
外皮层
种子
果肉（囊瓣+汁囊）　　　　囊衣
果顶

▲ 柚树果实的形态及构成

细胞分裂期　　　　果实膨大期　　　　成熟期
　　　　　　　（①果实膨大前期；②果实膨大后期）

▲ 柚树果实的生长周期

▲ **柚树黄龙病症状**（详见第八章第二节：柚树病害识别与防治）

▲ 柚树溃疡病叶片症状　　　　　　▲ 柚树碎叶病症状

▲ 柚树脂点黄斑病症状

▲ 柚树疮痂病症状

▲ 柚树流胶病症状

▲ 柚树炭疽病症状

▲ 柚树煤烟病症状

▲ 柚树青苔病症状

◀ 柚树果疫病症状

脚腐病引发果疫病造成的损失

↓

◀ 柚树脚腐病症状

◀ **橘蚜成虫**（详见
第八章第三节：柚树
虫害识别与防治）

▲ 红蜘蛛及黄蜘蛛的形态特征及其危害症状　　▲ 柑橘潜叶蛾

▲ 柑橘锈壁虱　　▲ 小黄卷叶蛾

▲ 柑橘凤蝶　　　　　　　　　　　　　　　▲ 大绿象鼻虫

▲ 红圆蚧危害症状

▲ 同型巴蜗牛

▲ 橘大绿蝽

▲ 柑橘粉蚧

▲ 柑橘蓟马危害柚子幼果症状

▲ 柑橘粉虱

▲ 柑橘花蕾蛆危害柚花症状

🔺 瑞丽市弄岛镇柚子科技示范庄园鸟瞰图

|视频资源|

视频1：瑞丽水晶蜜柚介绍

视频2：柚树修剪技术

扫码观看
视频资源

前　言

　　高原特色现代农业是云南省现代化产业体系的重要组成部分。近年来，云南省持续落实习近平总书记重要指示批示精神，坚持不懈推进高原特色现代农业建设，全省现代农业保持蓬勃发展的良好态势，为丰富全国重要农产品供给做出了重大贡献。云南省农业农村厅组织编制了《云南省"十四五"高原特色现代农业发展规划》。该规划立足云南实际，紧紧围绕加快推进社会主义现代化这个奋斗目标，提出了"十四五"时期云南高原特色现代农业发展的总体要求、重点任务和政策措施。而今，农村一二三产业在一定程度上实现了融合发展，走上了高效、产品安全、资源节约、环境友好的现代农业发展道路。

　　强国必先强农，农强方能国强。农业的提质导向是从中央到地方一致的决心，历年中央一号文件都将农业产业的高质量发展放在首要地位，《国家质量兴农战略规划（2018—2022 年）》《云南省"十四五"高原特色现代农业发展规划》《云南省高原特色现代农业产业发展规划（2016—2020 年）》《云南省产业强省三年行动（2022—2024 年）》及相关政策文件，均围绕推进农业由增产导向转向提质导向提出了具体的要求与战略规划。农业提质导向的大背景下，传统农资产品难以适应农业新常态，迫使农资企业转型升级：一方面提供适应当前农业发展所需的农资产品、设施设备等，另一方面提供包括土壤改良、病虫害防治等综合技术的一揽子农业服务。随着现代农业的快速发展，业界对农业功能的定位不断升级、维度不断拓宽，种植户对肥料等农资产品的质量要求越来越高，对农业技术服务的需求愈加多元化，现代农业由增产导向转向提质导向仍然是一项重大挑战。

　　柚树为芸香科柑橘属乔木，喜温暖湿润气候，分布在北纬 16°～ 37°之间，是热带、亚热带常绿果树，其果实为柚子，我国是柚树种植和柚子生产大国。当前，全国柚树种植区域逐渐南移，云南柚树种植面积逐年增加，作为柚树种植的新兴区域，云南柚树种植面积大量扩展，但种植管理技术相对落后，缺乏科学的技术指导。因此，本书结合云南区域柚树种植过程中存在的果实产量低、品质差等现状，选取云南具有代表性的瑞丽水晶蜜柚（也称水晶柚）[1]，从概述，柚树的土壤管理、施肥管理、水分管理，柚树苗木培育与高接换种，柚树器官及树体管理，柚树抵御自然灾害、病虫灾害，柚树果实品质提升技术，柚树果实的采摘与贮存等方面进行全面研究，这对云南柚子提质增产具有重要意义。

全书由云南开放大学云南乡村振兴教育学院周龙高级农艺师、朱立韬副教授，云南云天化现代农业发展有限公司杨德荣高级农艺师、曾志伟高级工程师共同撰写完成，是撰写成员多年柑橘类作物种植管理、科学实验和农化实践的经验总结。感谢云天化"高原特色作物（瑞丽柚子）科技示范庄园"项目、云南省科技人才与平台计划"云南省张福锁院士工作站"项目等的大力支持。

本书在撰写过程中，成员查阅了大量相关方面的文献资料，深入种植一线调查研究，付出了大量汗水。但限于著者水平，书中难免存在不尽如人意的地方，请广大专家、读者批评指正。

著　者
2024 年秋于昆明

---

[1] 付如作,吴瑞宏,李佳佳.瑞丽市柚子产业发展浅析[J].云南农业,2017(5):69–70.

目 录

CONTENTS

第一章

概

述

扫码查看
本章高清图片

| 第一节 |
柚园的选址与规划

一、柚园的选址

瑞丽种植水晶蜜柚的历史已经有 30 年以上，种植实践证明，瑞丽江冲积平原比较适合种植水晶蜜柚。水晶蜜柚种植园的选址应参考瑞丽的独特气候条件，充分考虑海拔、地形、土壤条件、水源与水质等因素进行园区规划。

（一）气候条件与海拔

适宜的光、热、水、气等气象条件是柚子优质丰产的基础，柚子的品质与气候和环境条件密切相关。水晶蜜柚在瑞丽弄岛镇和姐相镇等地的品质最佳。根据瑞丽市气象局提供的资料，瑞丽的气温变化无显著性差异，以 2017 年为例：年平均气温为 21.5 ℃，1 月 20 日出现月度极端最低气温，为 5.2 ℃，7 月 17 日出现月度极端最高气温，为 36.1 ℃；最冷月（1 月）平均气温 8.9 ℃，最热月（7 月）平均气温 31.1 ℃；全年无霜，全年 10 ℃积温 7 847.5 ℃，全年日照时数 2 052.7 h，年降水量 1 394.8 mm，集中降雨月份为 6 ~ 8 月。大部分水晶蜜柚种植园的海拔均小于 800 m，平均海拔 750 m 左右。

因此，建园前需慎重考虑水晶蜜柚的区域适合性问题和生态区划资料，水晶蜜柚较适宜在海拔小于 800 m 的瑞丽江冲积平原上种植。

（二）地形

地形不同会造成小气候和土壤肥力等的差异，直接影响柚子品质。地势较高地块，日照强烈，果实易受风害；同时表层土下雨时易被冲刷，造成水土流失，使土壤瘠薄；水利设施建设难度大，建园成本高。

呈缓坡型冲积平原（坡度 ≤ 25°），水湿性较好，气候较温暖，空气流通好，土壤肥沃，适宜种植水晶蜜柚。但太低洼的冲积平原，排水困难，易造成柚树涝害，排水系统建设成本高。

（三）土壤条件

柚树对土壤的适应性较强，除了高盐碱土壤和受到严重污染的土壤外，一般情况下它在各种类型的土壤中都能正常生长结果。但是，只有好的土壤，才能产出高品质的柚子。瑞丽江周边的土壤以沙壤土质居多，冲积平原的沙壤土透气性好、土壤有机质含量高，大部分都适合种植柚树。

采用土壤健康评价方法对土壤进行评估，土壤健康等级为C级以上的土壤（参见第二章第一节土壤健康评价）可确保生产高品质的柚子。如果土壤健康评价后，柚园的土壤等级为D级，则需要依据第二章第二节的方法进行土壤改良，在2~3年内将土壤改良为C级或B级土壤，可确保产出高品质的柚子。

（四）水源与水质

瑞丽年降水量一般都在1 300 mm以上，但是由于降水时间分布不均匀，时常有季节性干旱出现，所以，需要不同程度的灌溉。要保证柚树生长结果基本不受影响，应对中等干旱年份，每公顷果园需要760 m³的灌溉水源；应对严重干旱年份，每公顷果园则需要1 600 m³以上的灌溉水源。瑞丽冲积平原由于海拔低，地下水水位高，所以，井水成了此地的主要水源。

依据无公害种植的要求，柚树灌溉水须达到《农田灌溉水质标准》（GB 5084—2021）要求，部分农田灌溉水质选择控制项目限值见表1-1。

表1-1 部分农田灌溉水质选择控制项目限值

序号	项目类别	作物种类		
		水田作物	旱地作物	蔬菜
1	总铜/（mg/L）	≤ 0.5	≤ 1	
2	总锌/（mg/L）	≤ 2		
3	硒/（mg/L）	≤ 0.02		
4	氟化物（以F⁻计）/（mg/L）	≤ 2（一般地区），≤ 3（高氟地区）		
5	氰化物（以CN⁻计）/（mg/L）	≤ 0.5		
6	石油类/（mg/L）	≤ 5	≤ 10	≤ 1
7	挥发酚/（mg/L）	≤ 1		
8	苯/（mg/L）	≤ 2.5		

序号	项目类别	作物种类		
		水田作物	旱地作物	蔬菜
9	三氯乙醛/（mg/L）	≤ 1	≤ 0.5	≤ 0.5
10	丙烯醛/（mg/L）	≤ 0.5		
11	硼/（mg/L）	≤ 1[a]，≤ 2[b]，≤ 3[c]		
a 对硼敏感作物，如黄瓜、豆类、马铃薯、笋瓜、韭菜、洋葱、柑橘等				
b 对硼耐受性较强的作物，如小麦、玉米、青椒、小白菜、葱等				
c 对硼耐受性强的作物，如水稻、萝卜、油菜、甘蓝等				

（五）空气质量

空气污染，粉尘覆盖在柚树叶片和果实表面上，不但降低光合作用效率，而且影响果实外观。在潮湿环境下，覆盖在柚树树体上的粉尘还会诱发藻类的繁衍，影响叶片光照，使光合作用效率进一步降低。因此，柚园地块选择应远离钢铁厂、水泥厂、砖瓦厂、农药厂、化工厂和炼油厂等。

（六）道路交通

柚树种植需要运送肥料、药械等农资具，果品柚子也要运出销售，所以，在柚园选址时，道路交通是一个重要因素，尽量选在交通便利、道路质量较好的地方。如果选择在远离公路或机耕道的地方，修建道路会增加成本。

（七）产业规划政策

柚园的选址要符合当地政府的产业规划要求，已经确定发展其他产业的土地，不宜用来发展柚子产业。因为柚树从种植到投产要3～4年，进入盛产期一般需要7～8年，如果选择规划用于其他产业的地段，有可能柚子还没有进入盛产期就不得不被放弃。所以，选择柚园时，要充分考虑政府的产业规划政策。瑞丽市政府把弄岛镇规划为柚子产业园，所以，在弄岛镇建设柚园能大大降低政策性风险。

二、柚园的规划

（一）柚园规划原则

1. 因地制宜原则

根据所选择的柚园外部条件，要最大限度地利用规划区内现有的道路、水利和水土保持等工程设施，减少基础设施的投入。在规划柚园道路时，尽可能在现有道路框架上规划。柚园水利系统的建设要充分利用现有的水源及水利基础设施。

2. 安全实用原则

根据所选择的柚园，充分考虑道路（含机耕道）安全实用原则，尽量减少道路工程量，尽量避免修建桥梁和大型涵洞等工程。

3. 土壤改良原则

在柚园规划时，要对土壤进行健康等级评价，然后制定土壤改良方案，配制土壤改良剂，将土壤改良剂撒在土壤表面，然后进行深翻熟化，提高土壤健康等级，确保柚树丰产、稳产，果实优质。

4. 排灌畅通原则

在柚树种植中，经常会出现涝害和干旱等不利情况，在柚园规划时要充分考虑水源问题，例如瑞丽弄岛柚园规划的水源地为芒林水库，但在实施过程中，芒林水库会出现断水等异常情况，严重影响柚树的需水要求。所以，针对水源问题，规划中要充分考虑打井和贮水。在雨季来临时，常常会出现涝害，因此在柚园规划中要充分考虑排水系统。

总之，柚园规划要做到排灌畅通，旱能灌，涝能排。

5. 保护生态环境原则

在柚园规划中，要减少对自然的破坏，保护生态环境，充分利用现有道路、水利设施等条件，要注重与自然环境相互协调，使柚园自成生态系统。

（二）柚园分区规划

应在政府规划的种植区域内，根据不同的地形地貌和土壤类型等因素，规划大型果园和不同的作业区。

案例：瑞丽市为了推动中缅农业合作，用活现有政策。加强与缅甸南坎的沟通交流，促进双边农业、旅游合作开发。以发展柚子产业为契机，采取了"政府引导、扶持，由农民按照市场规律自主发展原则；扶大不扶小，集中连片规划种植经营原则；统一品牌、统一包装、统一销售原则；重点扶持庄园经济，助推传统农业向现代农业过渡转型原则"①，瑞丽市政府平台公司瑞丽市瑞净美生态投资有限公司本着"一二三产业融合发展"的理念，在位于中缅边境的弄岛镇组织策划了弄岛柚子庄园。柚子庄园由研发展示中心、柚子试验与展示农田（花海景观）、游客接待中心、柚子种植基地、体验农场（有机农场）、民俗风情体验村、物流加工基地、柚子养生度假中心、滩涂娱乐区等组成（图 1-1）。

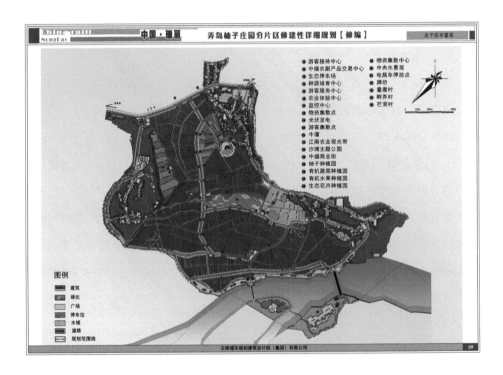

图 1-1　弄岛柚子庄园规划图（高清原图可扫描 001 页二维码查看）

　　弄岛柚子庄园计划种植柚树约 333 hm²（5 000 亩），根据土地流转和种植户或农业种植公司的实际情况，由 10 ~ 15 家大型果园组成约 333 hm²（5 000 亩）柚园。第一期已经由瑞丽市玉柚柚子专业合作社流转了 20 hm²（300 余亩）土地

---

① 付如作. 瑞丽市柚子产业发展研究 [J]. 农业与技术，2017，37（11）：25-28.

进行柚子种植，定义为大型果园，为了柚树栽培管理方便，须将 20 hm²（300 亩）大型柚园划分成若干个作业小区（图1-2）。小区之间由道路或机耕道作为分界线。每个作业区的地形、土壤等自然条件基本相同，砧木、柚树品种和栽植密度相同。

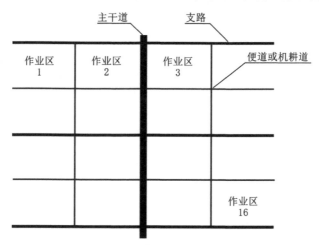

图 1-2　平地柚园作业区规划示意图

（三）道路和水利系统规划

在大型果园规划中，道路规划和水利系统规划尤为重要。道路规划含主干道、支路和便道（含机耕道）的规划；水利系统规划包含排水系统、贮水系统和灌溉系统。

1. 道路规划

柚园道路系统由主干道、支路和便道（含机耕道）组成，以主干道和支路为框架，通过其与便道（含机耕道）的连接，组成完整的柚园道路系统，方便肥料、农药、农具和柚子的运输以及作业型农业机械（如开沟机、拖拉机、打药机、施肥机等）的出入。

（1）主干道

主干道是柚园内用于连接公路和支路的主要道路，要求四桥大卡车能通行，方便有机肥等数量较大的农资运输，主干道要与公路相连，并贯穿全园，才能满足柚树生产的需要（图1-3）。

图 1-3　柚园主干道

（2）支路

支路连接主干道（也可直接与公路相连），并与柚园内各个小区的便道或机耕道相连，要求小型卡车能通行，便于农资的分流。特殊地段需修建配套的卡车调头区（图1-4）。

图1-4　柚园支路

（3）便道（含机耕道）

便道是连接主干道或支路与每行柚树的简易道路，无论柚园大小，都需设置便道。便道有两种：一种为单纯的人行便道；另一种为通用型便道（或称机耕道），可

图1-5　柚园便道

通行拖拉机、板车和其他小型农机（图1-5）。

（4）道路密度与宽度

按照科学合理布局原则，柚园内任何一点到最近的主干道、支路或公路之间的直线距离不宜超过100 m。即使资金和地形不允许，也不要超过150 m。

道路宽度：主干道路基宽（6.5±0.5）m，路面宽（5.5±0.5）m，路肩宽0.5 m；支路路基宽（4±0.5）m，路面宽（3±0.5）m，路肩宽0.5 m，支路上应设置适量的错车道；人行便道路面宽（1±0.3）m，通用便道路面宽（1±0.5）m。所有道路的路拱排水坡度3%～4%转弯半径（平曲线），最小转弯半径30 m。

2. 水利系统规划

柚园水利系统由排水系统、贮水及蓄水系统和灌溉系统三部分组成。

（1）排水系统

雨季的暴雨易冲毁柚园，同时地下水位升高易造成涝害，所以，规划柚园排水系统十分重要。山地排水系统包括拦山沟、排水沟、梯地背沟和排洪沟等，平地和缓坡地排水系统包括排水沟和排洪沟等。

拦山沟：用于拦截山顶上由地表径流汇集成的洪水。拦山沟宽（1±0.5）m，深（1±0.5）m，拦山沟主要沿等高线设置，比降一般为 0.3% ~ 0.5%，拦山沟每隔 10 ~ 20 m 保留一段土埂，土埂高度为沟深的 1/2，用于拦截泥沙、沉沙，发挥减缓洪水水势的作用。

排水沟：山地柚园主排水沟大多沿等高线设置，一般排水沟顺坡设置。平地和缓坡地柚园的主排水沟通常与柚树种植的行向垂直或沿主干道和支路设置，一般排水沟或行间排水沟与柚树种植的行向平行（图 1-6）。

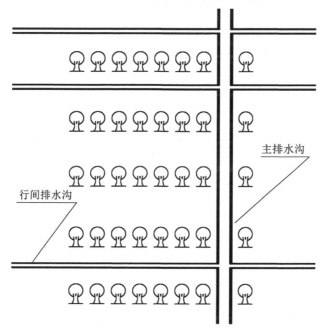

图 1-6　平地和缓坡地柚园排水沟示意图

梯地背沟：为了方便梯地排水，防止梯地因积水而崩塌，所以山地柚园需修建梯地背沟。每台梯地都应修建背沟，背沟距梯壁 0.3 ~ 0.4 m，背沟上每隔一段距离设置一个沉沙函；或设置土埂，形成"竹节背沟"，竹节背沟还可以拦截泥沙和蓄积部分雨水，部分背沟也可在干旱时用于引水灌溉。

排洪沟：柚园内的排洪沟，用于汇集拦山沟、排水沟和梯地背沟等流入的水，并将汇集的水排入柚园外或引入蓄水池中。

（2）贮水及蓄水系统

水库、水塘、贮水池及蓄水池和沉沙函等组成贮水及蓄水系统。

水库与水塘：如果柚园规划区内有水库或水塘，可以利用水库和水塘作为蓄水设施。

贮水池及蓄水池：在平地和缓坡地，地下水位较高的地方，可以修建贮水池（图1-7）和水井，将水井的水抽到贮水池内蓄积，用于柚园灌溉和水肥一体化用水，水池的有效容积根据柚园作业区一次需水量而定；山地柚园可修建蓄水池，用于汇集雨水，自流引水灌溉和水肥一体化用水。蓄水池的大小因地而异，一般10 ~ 100 m^3，蓄水池需进行防漏处理。

沉沙函：山地柚园应在排水沟和蓄水池的旁边修建沉沙函，用于沉积泥沙和蓄积雨水。每条排水沟至少设一个沉沙函，长的排水沟每隔20 ~ 30 m设一个。

图1-7　贮水池、水井及泵房

（3）灌溉系统

灌溉系统的规划参考第四章第二节柚园灌溉。

（四）改土规划

柚树对土壤条件要求较高，丰产柚园要求活土层 ≥ 60 cm，质地疏松，有机质含量 ≥ 1.5%，土壤为pH 5.0 ~ 7.0，大多数普通耕地达不到这个水平，因而，在柚园规划中，改土的意义非常重大。通过改土，可加深土层、肥沃土壤、调整土壤pH，改善土壤微域环境。

1. 改土前的准备

（1）山地修筑梯田

在坡度比较大的地方建设柚园，在改土前需要整地，例如在坡度超过10°的坡地上建设柚园应先修筑梯田，才能保持水土。坡度超过15°的坡地不宜种植水晶蜜柚，但可以种植琯溪蜜柚等品种。

水平梯田由原坡面、台面、梯壁组成。由于地形地貌的复杂性，一般建成宽度相对一致的等高水平梯田即可。梯田的宽度由坡度、株行距及地形来决定。缓坡低丘陵山地可根据株行距要求修筑较理想梯田，但随着果园坡度增大，要修筑宽台面的理想梯田难度增加。梯田宽度和梯壁高度与山地坡度的关系见表1–2。

表 1–2　山地坡度与梯面、梯壁高度的关系 [1]

山地坡度 /（°）	梯面宽度 / m	梯壁高度 / m
5 ~ 10	8	0.6 ~ 1.2
10 ~ 15	4 ~ 4.5	0.9 ~ 1.5
15 ~ 20	4	1.3 ~ 1.8
20 ~ 25	4	1.8 ~ 2.4
25 ~ 30	3	1.9 ~ 2.4

（2）平地土壤改良方案

平地一般情况下都是多种作物（大田作物、经济作物、蔬菜等作物）的连作田，有的田块可能已经产生了连作障碍，土壤微域环境遭到了破坏，所以，在改种柚树时，需对土壤健康状况进行评价，制定科学合理的土壤改良方案。在土改前，对地块进行取样，采用 McGill 等人的方法检测土壤活性碳，用 Li Shengxiu 和 K. A. Smith 等人的方法检测潜在可矿化氮，用 SZ–3 型土壤硬度检测仪检测土壤表层硬度。依据《土壤检测》（NY/T 1121—2012）检测土壤全氮、有效磷、速效钾、pH、有机质、交换性钙、交换性镁、水溶性盐总量、有效硫，依据《土壤有效态锌、锰、铁、铜含量的测定　二乙三胺五乙酸（DTPA）浸提法》（NY/T 890—2004）测定土壤有效铁、有效锰、有效锌，粒径筛分法测定土壤团聚粒径。[2] 采用实时

---

[1]　周先艳，朱春华，李进学，等 . "枳壳"和"酸柚"砧对"水晶蜜柚"树体生长、早果性和果实品质的影响[J]. 中国果树，2018(1)：59–62.

[2]　杨德荣，曾志伟，周龙，等 . 土壤健康评价与春见柑橘幼树冬肥方案设计[J].陕西农业科学，2019，65（2）：85–89.

荧光定量 PCR（real-time fluorescent quantitative，PCR）法检测镰刀菌菌群数量。

土壤改良方案的制定参考第二章第二节土壤健康管理，并制作土壤改良剂，如果镰刀菌菌群数量小于或等于 $4.8 \times 10^5 \, cfu \cdot g^{-1}$ 时，须在土壤改良剂中增加恶霉灵，如果镰刀菌菌群数量大于 $4.8 \times 10^5 \, cfu \cdot g^{-1}$ 时，须在改土前采用"覆膜＋氨熏蒸＋臭氧"方式对土壤进行预处理，并在土壤改良剂中增加恶霉灵。

2. 改土方式

改土方式根据地形差异，分为山地改土方式和平地改土方式。

（1）山地改土方式

山地改土方式常见的有壕沟改土、挖穴改土等。

壕沟改土即在梯田上开挖宽度 2 ~ 2.5 m、深度 1.2 ~ 1.5 m 的改土沟，将挖出的土与土壤改良剂混合均匀后回填。壕沟改土是一条壕沟种植一行柚树。土壤改良剂根据土壤分析实际情况而定，可参考下列土壤改良剂的配方：

土壤改良剂配方 1：生物质有机肥＋凹凸棒＋海螺甲壳素＋复合肥

土壤改良剂配方 2：矿物源有机肥＋海螺甲壳素＋复合肥

土壤改良剂配方 3：矿物源有机肥＋生物质有机肥＋海螺甲壳素＋复合肥

挖穴改土即在梯田上或缓坡地上开挖直径（1±0.5）m，深（1.0±0.2）m 近圆形的土穴，将挖出的土与土壤改良剂混合均匀后回填。这种方式的优点是工程量较小，水土流失也较少，在缓坡地上还可省去修筑梯田，但改土范围不大，排水性能较差，柚树根系的生长范围较小。

（2）平地改土方式

平地改土方式（含缓坡地）是将土壤改良剂均匀撒施在土壤表面或预处理过的土壤表面上，再用旋耕机将表层土与土壤改良剂混合均匀（图 1-8），一般情况下需要 2 ~ 3 次才能完全混合均匀。然后用起垄机筑成梯形栽植垄（图 1-9），梯形栽植垄大小为（下底 × 上底 × 高）1.4 m × 1 m × 0.4 m。垄与垄的中心距离设置为 5 m。定植成活后，在柚树的管理过程中，通过中耕培土等农事手段，逐步将垄的上底宽度逐步加大，并适当提升垄的高度，但土壤不能盖过嫁接口。经过 1 年左右的管理，使垄与垄之间形成深 3 m 左右、宽 4 m 左右的排水沟。

图 1-8 混合土壤改良剂

图 1-9 起垄作业

（五）防护林规划

1. 建设柚园防护林的意义

杨德荣等[1] 前期研究发现，防护林可明显改善柚园田间小气候、控制病虫害并提高果实产量和改善果实品质。以香蕉作为防护林进行研究，在田间小气候方面，防护林处理可分别提高空气温度、空气湿度、0 ~ 15 cm 土壤温度和土壤含水量 3.2%、3.7%、4.6% 和 2.5%，同时，降低园内风速 51.2%；春季和冬季提高空气温度 5.2% 和 9.4%，夏季降低空气温度 5.1%。在病虫害防控方面，防护林可降低溃疡病、疮痂病、炭疽病和脂点黄斑病的发病率 100%、77.5%、56.1% 和 29.1%，相对防治效果分别为 100%、17.9%、54.3% 和 56.9%；降低潜叶蛾、小食蝇、蚜虫、木虱和小黄卷叶蛾被害率 28.7%、67.1%、52.8%、78.2% 和 67.8%，相对防治效果分别为 49.4%、39.0%、33.8%、63.9% 和 59.0%；在果实产量和品质方面，防护林能提高柚子商品果率、含糖量和维生素 C（VC）含量 30.5%、31.7% 和 41.0%。所以，在柚园主干道、支路或沟渠两边种植防护林具有十分重要的意义。

2. 防护林品种选择

乔木。如柏树 [*Platycladus orientalis*(L.)Franco]、杉科（Taxodiaceae）、木麻黄（*Casuarina equisetifolia* Forst.）、杞柳（*Salix integra*）、柽柳（*Tamarix chinensis* Lour.）等。

半乔木或灌木。如马甲子 [*Paliurus ramosissimus* (Lour.) Poir.]、女贞（*Ligustrum*

① 杨德荣，曾志伟，周龙. 柚树高产栽培技术（系列）Ⅱ：防护林对柚园田间小气候、病虫害和果实品质的影响初步观察 [J]. 南方农业，2018，12（19）：11-14+18.

lucidum Ait.）、海桐（*Pittosporum tobira*）、扁柏 [*Platycladus orientalis*(Linn.) Franco] 等。

禾本科作物。如芦竹（*Arundo donax*）、皇竹草（*Pennisetum sinese* Roxb）等。在防护林品种选择中，要特别注意不能选择种植与柚树（柑橘属）有共生性病虫害的树种，如枳、花椒等，也不宜选择种植樟、榕等树冠大的树种。

案例：项目组选择禾本科作物皇竹草作为防护林，扦插种植，生长快，防护林的建设成本低（图 1–10），对改善柚园田间小气候、控制病虫害并提高果实产量和改善果实品质方面与香蕉作为防护林的研究结果基本一致。

图 1–10　皇竹草防护林

（六）柚园附属设施规划

柚园附属设施包括管工用房、临时仓库、绿肥种植区、田间收购点等。

1. 管工用房

管工用房是专门为柚园管理户生活建设的简易房屋，规划在果园内水、电、交通方便的地方。要求有卧室、客厅、厨房和卫生间（配备太阳能热水系统），面积根据实际情况 40 ~ 60 m²。可建成空心砖简易房、活动板房、集装箱移动板房等。

2. 临时仓库

临时仓库是用于临时堆放农机具、化肥、农药等物资的临时房屋，面积根据柚园大小决定，要求物资进出方便，安全，一般建成大棚房。

3. 绿肥种植区

为了防止柚园水土流失，可以利用果园空地、边角地带种植绿肥，同时可以增加柚园的有机肥。

4.田间收购点

大型柚园一般 30 hm^2 左右规划一个田间收购点，满足柚子销售的需要。田间收购点应设在主干道或支路旁，面积 800 m^2 左右，地面要压实，有条件的柚园应硬化地面，用于柚子采后临时堆放和收购用。

|第二节|
柚树的选种与定植

一、柚树的选种

瑞丽市非常重视柚子产业的发展，于 2000 年将柚子产业列为全市重点产业"五棵树"之一推广，瑞丽市柚子主栽品种主要有水晶蜜柚、琯溪蜜柚、红玉香柚等，红玉香柚于 1997 年 10 月获得全国早熟柚类金杯奖[1]。由于水晶蜜柚果肉丰富、汁多、酸甜适度、口感好，且营养价值较高，在当地非常受欢迎，所以，近年来瑞丽柚子种植户逐步以高接换种的方式把琯溪蜜柚改为水晶蜜柚。

（一）水晶蜜柚

水晶蜜柚自 20 世纪 80 年代由西双版纳引种至瑞丽以来[2]，至今已有 30 多年种植历史，经当地科研单位的长期研究，受益于当地得天独厚的环境气候优势，品质不断得到提升，果实品质风味较佳，水晶蜜柚已成了瑞丽市主推的柚子品种。通过调研当地农户柚子种植情况，笔者发现瑞丽柚子具有较其他地区早熟（可提前 20 d 上市）、糖度高等优势，尤其以弄岛镇和姐相镇种植的柚子为代表，品质佳、

①　付如作.瑞丽市柚子产业发展研究[J].农业与技术，2017，37（11）：25-28.
②　周先艳，朱春华，李进学，等."枳壳"和"酸柚"砧对"水晶蜜柚"树体生长、早果性和果实品质的影响[J].中国果树，2018（1）：59-62.

口感好。作为德宏州具有代表性的水果品种，水晶蜜柚多年来已然成为德宏州果品中的一张名片。为将瑞丽水晶蜜柚打造为当地地理标志产品，增加农民收入、引导农户致富，政府主导、鼓励农户种植水晶蜜柚。

水晶蜜柚树势强健，茎秆粗壮直立，有刺，节间长，叶片大，呈长椭圆形，叶边缘锯齿浅，叶基阔楔形，叶片与枝梢的夹角相对小。总状花序，花大，完全花，盛花后翻卷。果实呈葫芦形，与琯溪蜜柚等品种串粉后近梨型，果实横径（16±2.5）cm，纵径（17±2.4）cm，单果质量（1 800±500）g，果皮绿色至淡黄色，果面较光滑。外层油胞大小不一，抗压力极低；中层皮为海绵层，较厚，白色；内层皮白色，有的略带红晕。囊瓣14～16瓣，囊皮较薄，一般为白色，有的略带红晕。果实中心柱空。果肉白色水晶状，纯甜微酸，刚采摘微苦微麻，放置一周后苦味及麻味消除或苦味及麻味不明显，香蜜味浓，口感嫩糯，无籽或少籽，无种子时囊瓣易分裂，有种子（串粉后）不易分裂，可食率较高。其树形及果形见图1-11。

水晶蜜柚的品质指标检测。笔者所在项目组于果实成熟期，在瑞丽市玉柚柚子专业合作社的果园内随机选取两棵水晶蜜柚果树，沿东、南、西、北4个方向各随机采集果实10个组成混合样进行检测分析。

依据 GB 5009.3—2016（第一法）检测水分、GB/T 10786—2006 检测可溶性固形物（20 ℃折光计法）、GB/T 12456—2008 检测总酸（以柠檬酸计）、GB 5009.86—2016（第三法）检测维生素C、GB 5009.8—2016（第一法）检测蔗糖和葡萄糖、GB 5009.157—2016 检测柠檬酸和苹果酸、NY/T 2016—2011 检测果胶、GB/T 5009.10—2003 检测纤维素、NY/T 2337—2013 检测木质素、GB 5009.5—2016（第一法）检测氮、GB 5009.87—2016（第二法）检测磷、GB 5009.91—2017（第一法）检测钾、GB

图1-11　水晶蜜柚树形、果形及果实内部结构

5009.92—2016（第一法）检测钙（以 Ca 计）、GB 5009.241—2017（第一法）检测镁（以 Mg 计）、GB 5009.13—2017（第二法）检测铜（以 Cu 计）、GB 5009.14—2017（第一法）检测锌（以 Zn 计）、GB 5009.138—2017 检测镍（以 Ni 计）、GB 5009.90—2016（第一法）检测铁（以 Fe 计）。检验分析结果见表 1–3。

表 1–3　水晶蜜柚品质指标实测值（上标星号项为重要指标）

项目		单位	检测值	备注
果实感官品质	水分	g·（100 g）$^{-1}$	90.4	
	可溶性固形物（20 ℃折光计法）	%	9.9	
	总酸（以柠檬酸计）	g·（100 g）$^{-1}$	0.34	
	维生素 C☆（Vc）	mg·（100 g）$^{-1}$	55.0	
糖酸组分	蔗糖	g·（100 g）$^{-1}$	4.42	
	葡萄糖	g·（100 g）$^{-1}$	0.804	
	柠檬酸☆	g·（100 g）$^{-1}$	0.25	
	苹果酸☆	g·（100 g）$^{-1}$	0.64	
细胞壁组分	果胶☆	g·（100 g）$^{-1}$	5.68	
	纤维素	%	0.5	
	木质素☆	%	2.92	
矿质元素	氮（以 N 计）	g·（100 g）$^{-1}$	0.1	
	磷（以 P 计）	mg·（100 g）$^{-1}$	未检出	
	钾（以 K 计）	mg·（100 g）$^{-1}$	142	
	钙（以 Ca 计）	mg·kg^{-1}	126	
	镁（以 Mg 计）	mg·kg^{-1}	58.6	
	铜（以 Cu 计）	mg·kg^{-1}	0.64	
	锌（以 Zn 计）	mg·kg^{-1}	<3	
	镍（以 Ni 计）	mg·kg^{-1}	2.14	
	铁（以 Fe 计）	mg·kg^{-1}	4.9	

（二）琯溪蜜柚

琯溪蜜柚（原称"平和抛"）已有 500 余年的栽培历史，乾隆年间，琯溪蜜柚被列为朝廷贡品。琯溪蜜柚原产地是福建平和琯溪西圃洲地，1995 年通过全国农作物品种审定委员会审定[①]。

瑠溪蜜柚生长势强,茎秆粗壮直立,有刺,节间长,叶片大,呈长椭圆形,叶边缘锯齿浅,叶基阔楔形,叶片与枝梢的夹角相对大。总状花序,花大,完全花,盛花后翻卷。树冠圆头形或半圆形,枝叶稠密,内膛结果为主。单性结实能力强,果实倒卵形或梨形,果顶平或微凹且有明显印圈,果实横径(15±0.8)cm,纵径(16±1.2)cm,单果质量(1 500±550)g,成熟时果皮金黄色,果面光滑,果皮较薄,较易剥离。种子白色至淡黄色。外层油胞大小不一;中层皮为海绵层,较薄,白色;内层皮白色,有的略带红晕。囊瓣14～16瓣,囊皮较薄,一般为白色,有的略带红晕。果实中心柱空。水分适中,酸甜比适口,可食率高。其树形及果形见图1-12。

红肉蜜柚是从瑠溪蜜柚变异株系中选育而成的蜜柚新品种,红肉蜜柚于2006年通过福建省非主要农作物品种认定委员会的认定。因含有番茄红素和β-胡萝卜素,果肉呈淡红色或紫红色,相较于其他的蜜柚,呈现早熟的状态[②]。但在热量不足的情况下有可能发生呈色不稳定的现象。其他突变有:白皮层也呈红色的红肉类型"三红柚"、黄橙色果肉突变"黄肉蜜柚"等。

(三)红玉香柚

红玉香柚是由瑞丽市农业局从弄岛镇老品种柚中选育出来的本地特色品种,1997年曾获得全国早熟优质柚类"金杯奖"。在瑞丽种植的红玉香柚树冠高大,树势强健,主干与分枝角度大,叶片呈椭圆形,叶缘有小锯齿,翼叶较小。果实正圆形,单果重1 500～2 000 g,果皮绿黄色,

图1-12　瑠溪蜜柚柚树形及果形

---

① 潘东明,郑诚乐,艾洪木,等.瑠溪蜜柚无公害栽培[M].福州:福建科学技术出版社,2017.
② 张顺金.平和县红肉蜜柚优质丰产栽培技术[J].农业与技术,2019,39(14):101-102.

皮厚 1.2 cm，囊瓣 16 瓣左右，可食率 60% ~ 70%。果肉鲜红如玉，晶莹透亮，入口柔嫩化渣，多汁，酸甜可口，香气浓郁，果实紧密，有籽，中间不易空心，耐贮运，是名副其实的天然罐头。缺点是难剥离、囊瓣不易分离，外果皮油胞大，成熟较晚，一般在 10 月下旬成熟。

二、柚树的定植

（一）定植密度

1. 合理密植

柚树合理密植能充分利用土地、空间，并能改善果园小气候，在单位土地面积内树冠有效容积能迅速增加，从而早达丰产。平地、缓坡地株距 4 ~ 5 m，行距 6 ~ 7 m，每 667 m^2（1 亩）种植 25 ~ 30 株；山地株距 3 ~ 4 m，行距 4 ~ 5 m，每 667 m^2（1 亩）种植 40 ~ 56 株。实际种植密度要根据砧木、气候、土壤类型、地形地貌、改土方式、灌溉条件等进行灵活调整。如果栽植过密，早期虽然得到丰产，但中后期树冠交叉郁蔽，光照不足，影响光合作用，并且易滋生病虫，植保成本增加，柚园生产操作不便，产量和质量会迅速降低，果园易早衰。所以，栽植过密的柚树，丰产后要及时进行疏伐或间伐。

2. 计划密植

为了增加柚园前期收入，计划密植是一种有效的措施。山地柚园可在株间加密一株栽植（图 1-13），在树冠即将封行时，应保持永久树的生长，对临时树逐年缩伐，最后全株间伐，只保留永久树。

平地和缓坡地在株间加密一株栽植，在树冠即将封行时，将成年树移到另外的空地进行栽植，移动柚树时的主要作业要点如下[①]。

（1）树体修剪

移植前 12 ~ 20 d 需对树体进行适当的修剪，以减少水分蒸发。进行修剪时，剪去树冠下部少部分老叶，摘除心芽，另外，剪除病虫枝、重叠枝、下垂枝等。

---

① 杨德荣，曾志伟，周龙. 柚树高产栽培技术（系列）Ⅲ：成年柚树移植 [J]. 南方农业，2018，12（25）：29-30.

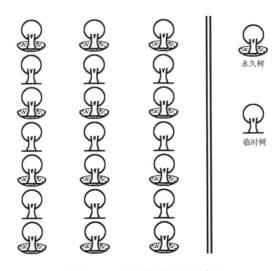

永久树

临时树

图 1-13　柚树计划密植示意图

（2）断根

依据"树势平衡"原理，树体修剪后，为保持树体地上树势与地下树势的平衡，须采取断根缩坨（回根、切根）的措施，使主要吸收根系回缩到主干根基附近，可以有效缩小土球体积、减轻土球重量，便于移植。移植前首先应确定土球大小，其树（根颈）干径与土球径比一般为 1 :（6 ~ 10），地块移植的 4 年柚树属初挂果树，其根颈干径为 7 ~ 12 cm，土球径取 42 ~ 72 cm 即可。

断根所用器具（锄头、刀具等）在使用前用高锰酸钾 5 000 倍液消毒处理。

树体修剪后 2 ~ 4 d 对柚树进行挖沟断根处理，以树干为中心，以土球径为直径画圆，沿圆形区域外围采取挖沟断根处理，沟沿的内侧须垂直，掘取深度为土球径的 1.05 ~ 1.15 倍为宜。断根作业可视具体情况分 3 次从不同方向完成。

（3）树体保护与伤口处理

断根后，选用 YCB-I[①]（1 000 倍液）+ 尿素（600 倍液）淋根至土球吸收饱和，其作用为：a. 加快断根部位伤口快速愈合，提高抗逆性，并确保移植后能快速生长须根；b. 浇一定量的水，以便树干根系有足够的水分来弥补移植时所失的水分。并利于起树时的操作；c. 适量氮肥，有利于树体恢复树势。

叶面及树体喷洒含有壳聚糖（CHT）的叶面肥"虾肽健叶"，CHT 是以病

---

① 杨德荣，李进平，曾志伟，等 . YCB 系列新型肥料的开发与应用 [J]. 云南化工，2017，44（8）：19-21+24.

原体或细菌结合分子方式起作用，它能够通过与植物模式识别受体（PRR）结合，引发植物体持续的系统性免疫反应，降低植物气孔开度，从而达到抑制植物蒸腾的效果。在移植后遇到持续干旱可有效控制树体水分蒸发量，提高移植成活率。

（4）树穴预制

新移植树穴直径大于土球径 40 ~ 50 cm，深度比土球高度大 30 ~ 50 cm，树穴应提前 10 ~ 30 d 预制，在阳光下曝晒一段时间。

将穴周边杂草铲除后作为绿肥施入穴内，然后填入一层表土（10 ~ 15 cm），施入 15 ~ 25 kg 商品有机肥，再填入部分表土，与有机肥拌匀，拌土后可避免有机肥局部浓度过高造成烧根现象的发生。绿肥与有机肥可以提高土壤肥力、改善土壤理化性质、增加土壤微生物数量和多样性，从而提高农作物的产量。

（5）移植

起树时，用铁锹或其他工具（工具用高锰酸钾溶液消毒处理）将土球修成圆球型或近圆球型，视运输距离长短，如短距离运输，可直接人工搬运或车辆运输至指定地点；如运输距离较长，可用湿草包扎，以保温保湿，并避免运输过程中土球损坏。

将树体放入定植穴内，覆土，覆土过程中施入 15 ~ 25 kg 商品有机肥、0.03 ~ 0.05 kg 尿素和 0.05 ~ 0.07 kg 复合肥（推荐使用"地耕欣 13-33-4-TE-YCB"），将肥料与土壤拌匀，混有肥料的回穴土填满土球周边空隙。

定植后，浇定根水 50 ~ 100 kg，浇水时配合施用"生根粉"或复合生物刺激素 YCB-I，促进根系生长、改善根际环境、增强作物抗逆性。浇定根水后，一般每隔 7 ~ 10 d 浇一次水，保持土壤湿度湿润。如遇干燥天气，可适当增加浇水频次，同时运用喷雾器给叶片喷雾，给树体创造一个湿润的小气候环境。定植后 7 ~ 10 d 叶面及树体喷洒抗蒸腾植物保护剂，如黄腐酸类或甜菜碱类特肥，减少水分蒸腾。树体移植初期，根系吸肥能力差，采用根外追肥，一般 10 ~ 15 d 一次。用尿素、磷酸二氢钾（KH_2PO_4）等速效水溶性肥料配制成一定浓度的溶液，选上午时段进行喷洒。根系萌发后（35 ~ 60 d 后），进行土壤施肥，薄肥勤施，慎防伤根。

（6）病虫害防治

为了预防病害、害虫（昆虫）以及螨类害虫的危害，采用生石灰、硫黄以及三聚磷酸钠（$Na_5P_3O_{10} \cdot 6H_2O$）按一定比例配制成"预防剂"，涂抹在移植柚树主干上，以达到病虫害预防的目的。同时防治蚜虫、粉虱、潜叶蛾、红蜘蛛、黄蜘蛛及各类真菌、细菌危害抽发的新梢，可用百菌清＋吡虫啉喷施处理。

鉴于目前柚树种植户的实际情况，除非公司规模化种植，一般不建议采用计划密植，因为计划密植的果园较为郁闭，病虫害滋生严重，管理难度大，如果管理不好，将会导致柚子果实品质下降，整个果园生产力降低。

（二）定植时期

柚树一般在每次新梢老熟后至下次新梢抽发前均可定植，在瑞丽提倡在以下两个时期定植。

时期一：4～5月春梢老熟，夏梢萌发，气温回升，定植后新根抽发快，树体恢复快，成活率比较高。这个时期适宜就地育苗定植，或购买商品苗，经假植苗带土移植。裸根苗定植不宜远距离运输，否则成活率会很低。

时期二：10月秋梢老熟，冬梢萌发，气温和土温高，定植后根系能快速恢复生长，翌年春梢能正常抽生，对扩大树冠、早丰产十分有利，但10月瑞丽会出现连续高温无雨10～15 d，须对柚树浇水，保证水分均匀供给柚树。如果没有灌溉条件或灌溉条件达不到要求的柚园，则不宜于10月定植。

（三）定植点的确定

根据预先确定的定植密度和地块的实际情况规划定植点，定植点的规划要求成排、成行。在改土工作完成后，按设计定植规格，采用定植方格网确定挖穴（挖塘）的位置，在方格网控制的桩位上，用经纬仪放线，确定定植点，使定植后的柚苗在纵、横、斜3个方向上都成行。

（四）定植穴准备

1. 挖定植穴

不论是山地、平地或缓坡地，在完成改土后，根据已经确定好的定植点，需在定植点上挖定植穴。山地要求挖深 × 宽 × 长 =1 m×1 m×1 m 的定植穴，平地或缓坡地要求深 × 宽 × 长 =60 cm×80 cm×80 cm 的定植穴。定植穴挖好后，要求晒穴 10 d 左右。

2. 压青回土

每个定植穴需要压埋 50 kg 左右的绿肥、山草等粗有机物，一层有机物盖一层土，并逐层撒施生石灰共计 1 kg 左右。

3. 施放肥料

压青回土后 2 个月左右，土壤下沉 30 cm 左右时，每穴施矿物源有机肥［有机质含量 ≥ 45%，氮 + 五氧化二磷 + 氧化钾（N+P_2O_5+K_2O）含量 ≥ 5%，腐殖酸含量 ≥ 20%，氧化钙（CaO）含量 ≥ 10%，一氧化硅（SiO）≥ 10%，氧化镁（MgO）含量 ≥ 2%，pH 7 ~ 10］15 kg，生物质有机肥（NY 525—2012）35 kg，普通过磷酸钙 0.5 kg，复合肥（15-15-15）1.5 kg，与定植穴内的土壤充分混匀，然后培土高于地面 35 cm 左右。

（五）苗木准备

在栽植前，要对柚树苗木进行一次全面的检查。检查内容包括品种的纯度、砧木种类、生长状况、病虫害和伤害等情况。剔除弯根苗、杂苗、劣苗、病苗、弱苗和伤苗。从专业育苗场购买的苗木，需要由对方出具检疫证，检疫性病害溃疡病（CBC）、黄龙病（HLB）、裂皮病（CEVd）、衰退病（CTV）和碎叶病（CTLV）均为阴性方可种植。如果是自育苗，需要抽样送到植保检疫部门进行检疫。

1. 裸根苗准备

裸根苗栽植前要对苗木进行剪枝、修根和打泥浆。

剪枝是剪除病虫枝和多余的弱枝、小枝和嫩枝，对太长的健壮枝也要适度短截，去掉一部分叶片，减少栽植后的水分蒸腾。

修根是短截过长的主根和大根，剪掉伤病根，保留健康根系。主根一般只留 20 ~ 30 cm，过长部分可以剪掉，这样有利于侧根的生长。起苗时剪平受伤根部，以促进新根的生长。

打泥浆是将苗木根系在定植泥浆中浸蘸一下，使根周围沾上泥浆。定植泥浆的调制方法：按 m_A : m_B : m_C=10 : 0.1 : 0.2 混合物料，然后加水调制成浆状即可。

其中：

A 为黏性强的黄壤或红壤土；

B 为 YCB-I；

C 为柏裕植物疫苗 – 土壤修复精华（农肥〔2012〕准字 2578）。

2. 容器苗准备

容器苗（包括裸根苗用营养袋或竹篓假植一段时间后的带土移栽苗）因带有土团，成活率高，并且缓苗期短或没有缓苗期。容器苗在栽植前，抹掉未老熟的嫩梢，并从容器中取出苗木，抹掉与营养袋接触的营养土，使靠近容器壁的弯曲根系末端伸展开来。

（六）苗木栽植

1. 裸根苗的栽植

在定植点挖一栽植穴，栽植穴的深度和宽度要超过苗木根系长度和宽度，用工具（锄头、铁铲等）把穴周围泥土捣碎，并填入部分细碎肥土，将准备好的苗木放入栽植穴中扶正，检查根系，避免弯根、绞结，使根系均匀地伸向四方，填入细土，填土至 2/3 时，用手抓住主干向上轻提，使根系伸展，然后踩实，再填土踩实，直到全填满，嫁接口距回填土面保持 5 ～ 10 cm。筑一个浇水盘圈，浇定根水 20 ～ 50 L，栽植时遇上下雨也要浇足定根水（图 1-14），2 d 后浇回根水，此后 3 ～ 4 d 浇一次水，共浇水 3 ～ 4 次。20 ～ 25 d 后观察成活情况，出现死苗及时补苗。在多风地区，苗木栽植后应在旁边插一支柱，并将苗木固定在支柱上。

2. 容器苗的栽植

容器苗的栽植方法与裸根苗基本相同，但填土时不需要提苗，注意填土后将回填土与容器苗所带的营养土结合紧密，踏实，不留空隙。筑浇水盘圈和浇水与裸根苗相同，容器苗 15 ～ 20 d 即可观察成活情况，出现死苗及时补苗。

图 1-14　柚树定植

| 第三节 |
柚树的营养特点

一、柚树的生长特性

（一）深根性

柑橘属多为深根性的木本植物，尤其是柚树，由于其根系垂直分布一般可达
60 ~ 90 cm，水平分布一般也达树冠外围，故可以在较大的范围内吸收土壤中的
养分。比起一年生作物来，柚树根系具有较大的吸收空间，能更有效地利用天然
的无机养分，但施肥后短时间不能到达所有根系分布部位，例如 P 和 Mg 等移动
性差的元素不能被全部利用。

大田作物的根系一般分布于耕作层 30 cm 以内，土壤经常耕耘翻动，而且大
多一年收，每年种子等的播种地点都有所差异（田间养分基本上混匀了），因此，
土壤营养水平可基本上代表植株营养水平。柚树根系不但深且常年扎于一地，施
肥也是点施和沟施养分难以混匀。柚树养分的土壤与叶片分析结果常常会存在较
大的差异，因此，项目组在研究柚树平衡施肥时，主要依据土壤养分含量和叶片
养分含量两个因素制定施肥方案。

（二）砧木选择差异性

柚子为嫁接繁殖，水分和养分绝大部分靠砧木根系吸收，而不同种类的砧木
对酸碱、瘠薄、干旱、低温、病虫等的抗性，以及对不同养分的吸收能力差异较
大，进而影响柚树根系活力和吸肥能力。项目组对柚园原来种植的琯溪蜜柚进行
跟踪调研，得知原砧木为酸柚。

酸柚的特点是较耐旱，但是不耐水涝，苗期生长快，皮厚，嫁接成活率高，
树势旺等。酸柚在柚树种植和繁育中常作良种柚的共砧。项目组将原嫁接在酸柚
上的琯溪蜜柚作为第二砧木，进行高接换种繁育水晶蜜柚幼苗。

项目组对周边常年种植水晶蜜柚的园区进行大量调查，选择有代表性的"枳
壳 – 砂糖橘 – 水晶蜜柚（图 1–15）"为第一组和"酸柚 – 琯溪蜜柚 – 水晶蜜柚（图

1-16）"为第二组进行观察研究。

第一组的特征：开花量大、坐果率高、果品质量稳定、抗病性强，但是提前进入衰退期（图 1-15 为 15 年树龄，已经进入衰退期）。

第二组的特征：开花量大、坐果不稳定（遇到非常规气候落果多）、果品质量稳定、抗病性弱，果树寿命长，不易进入衰退期（图 1-16 为 15 年树龄，树势正处在旺盛期）。

图 1-15　枳壳 – 砂糖橘 – 水晶蜜柚　　　图 1-16　酸柚 – 琯溪蜜柚 – 水晶蜜柚

（三）营养需求差异性

柚树生命周期较长，其生长、结果、盛果、衰老和更新等不同年龄时期有其特殊的生理特点和营养需求，不同养分在不同器官中的分布比例也有明显差异，故在不同树龄和产量条件下，其营养需求可能完全不同。

（四）越冬叶片重要性

柚树为多年生常绿果树，当年抽枝展叶、萌芽开花、幼果发育所需要的营养大部分来自就近的越冬叶片。有研究表明[1]，柚树 40% 以上的营养贮存于越冬的老叶，其营养水平很大程度上代表了树体的水平。这是与落叶果树的区别，落叶

---

[1]　易晓瞳，张超博，李有芳，等 . 广西产区柑橘叶片大中量元素营养丰缺状况研究 [J]. 果树学报，2019，36（2）：153-162.

果树在落叶之前，先将叶内的光合产物以及 N、P、K 等养分转运至枝、干和根，以贮藏营养的方式积累，翌年春季萌发后又从根干输送到枝芽，以供初期生长的需要。

（五）树果品质差异性

柚树在某种营养状况下，树体生长健壮、产量也高，但果实品质不一定好。如氮含量高，果皮的叶绿素分解慢、花青素合成少，果实着色不良、口感差等。因此在调节柚树营养时，不仅要考虑果实产量，更重要的是考虑果实品质。

二、影响柚树吸收土壤养分的主要因素

土壤中的无机养分是以离子的形式存在于土壤溶液之中而被根系吸收的，无机离子的吸收可分物理性的被动吸收和消耗能量的主动吸收两类，但一般以前者为多。被动吸收时，无机离子和水分一起扩散，出入根系表皮和皮层细胞的细胞壁和细胞间隙等的自由空间，进入的阳离子与细胞壁上附着的阴离子结合被吸附在细胞壁上。离子的主动吸收是伴着能量消耗进行的，根系从土壤选择性地吸收并储存在体内，由根系吸收的无机养分经过皮层到达木质部周围的细胞，然后分泌至木质部的导管再由导管向上运输[1]。养分由导管向上部输送，要受到木质部导管中水分上升移动的影响，白天伴随着蒸腾液流主要向蒸腾作用旺盛的叶片，而蒸腾作用小的茎尖、幼叶和果实等则在晚上靠根压流供给。分配到地上部各器官的无机养分，一般就在原处被代谢利用，其中部分作为代谢产物输送到其他器官中，等到器官老化后，有些养分又可移动到新的生长的器官。

另外，元素再分配移动性的差异对田间管理有着重要指导意义。N、P、K、Mg、S 等元素的再分配移动性强，Fe、Zn、Cu、Mn 等居中，而 Ca、B 等的再分配移动性极弱。这种再分配移动性的差异，在土壤中某种无机养分缺乏时，就可反映出缺素症发生部位的不同：再分配移动性强的元素，缺素症状一般在枝梢下部的老叶开始出现，而再分配移动性差的元素，缺素症状则在枝梢上部的幼嫩叶片和器官开始出现。

---

① 徐明岗，张文菊，黄绍敏. 中国土壤肥力演变 [M]. 2 版. 北京：中国农业科学技术出版社，2015.

（一）土壤的物理化学特性

土壤的物理化学特性几乎所有的必需营养元素都是通过根系从土壤中获取的，因此土壤的环境和理化特性不仅会影响到这些营养元素本身，而且还会影响到果树对这些元素的吸收功能。

1. 土壤酸碱度（pH）

土壤 pH 不一样，则存在于土壤中的营养元素的溶解度就会有较大的差异。营养元素不溶解，柚树难以吸收，就容易出现缺素症状，元素溶解过多又会产生毒害。主要营养元素的可吸收溶解度见图 1–17 和表 1–4。

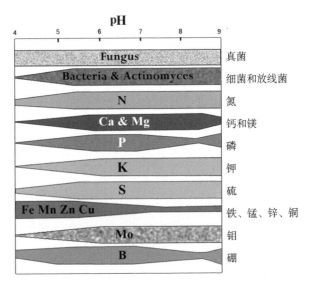

图 1–17　土壤 pH 和土壤有效养分含量的关系

表 1–4　土壤中营养元素可供状态的最佳 pH 范围

元素	N	P	K	Ca	Mg	S	Fe	Mn	B	Cu	Zn	Mo
pH	5.8 ~ 8.0	6.5 ~ 7.5	6.0 ~ 7.5	7.0 ~ 8.5	7.0 ~ 8.5	6.0 ~ 10	4.0 ~ 6.0	5.0 ~ 6.5	5.0 ~ 7.0	5.0 ~ 7.0	5.0 ~ 7.0	7.0 ~ 10

2. 土壤的渗透压

如果土壤溶液的浓度超过了根尖吸收细胞和菌根细胞的浓度，根系就不能吸收。例如长时期干旱导致土壤溶液浓度过高，这一后果反映在柚树及其他柑橘上非常明显。干旱的年份缺素症发生严重，若一次性在土壤局部施入过多肥料，会使土壤渗透压升高，这时即使土壤中的水分充足，根系也不能吸收养分和水分，致使根系处于生理干旱状态。

3. 土壤表层硬度

土壤表层硬度越大，土壤通气性就越差，反之则通气性就越好。通气性好，土壤空气含氧量就高。植物根系生长和对元素的吸收，要消耗能量和进行呼吸作用，土壤空气含氧量低会使根系的生长和吸收功能受到抑制，妨碍了养分的吸收。

4. 成土母质

土壤由各种成土母质风化而来，成土母质不同所含的各种营养元素的种类与量就不一样，即可造成对树体营养的影响。如正长石和云母易风化含有较多的钾，磷灰石含较高的磷、硫和镁，石灰岩含较多的钙等。另外，不同成土母质所风化的土壤其理化性质有很大的差别，也会影响树体对养分的吸收。所以，要研究成土母质才能设计出有效的肥料配方。

（二）土壤微生物

土壤的微生物可将有机养分分解成无机养分以利于根系吸收；豆科植物的根瘤菌共生将空气中的氮固定并吸收；柚树根毛稀少或缺乏，主要依靠菌根来吸收水分和矿质营养，根系上的菌根，尤其是 VA（泡囊 - 丛枝）菌根可扩大根系的吸收范围，它所分泌的有机酸可使难溶解的磷变成可溶解状态利于吸收[1]。

（三）砧木

砧木不仅可提高果树对环境的适应能力，增强其对病虫的抵御能力，调节树势，而且还对果树养分的吸收影响极大。如在接穗品种相同、土壤缺硼或缺镁的条件下枳壳砧木对硼或镁的相对吸收率比枳橙砧木差；相同接穗品种条件下枳橙砧木对锌吸收后的转移率较枳壳砧木差。

吴娟娟等研究发现[2]，无论是在低磷还是高磷条件下，植株的干重生物量均表现为酸橙的最大，但随着生长时间的延长，酸橙与枳橙的根部干重差别渐小；在高磷条件下植株的总磷量表现为酸橙 > 枳橙 > 酸橘 > 枳，在低磷条件下植株的总磷量表现为酸橙~枳橙 > 酸橘~枳；无论是在高磷培养基还是在低磷培养基上，酸橘的根部磷量与冠部磷量比值均明显高于枳、枳橙和酸橙。这些结果表明，酸橙和枳橙植株的磷吸收能力较强，酸橘从根部向冠部的磷转运效率较低。

① Synergism among VA mycorrhiza, Phosphate solubilizing bacteria and rhizobium for symbiosis with blackgram（vigna mungo L.）under field conditions[J]. Pedosphere, 2001（4）: 327-332.
② 吴娟娟, 苑平, 李先信, 等. 4种柑橘砧木的磷营养利用效率分析 [J]. 分子植物育种, 2020, 18（13）: 4450-4456.

三、柚树缺素症

（一）柚树的矿质营养

1. 柚树必需的营养元素

与其他植物一样，柚树所需的必需元素为：碳（C）、氢（H）、氧（O）、氮（N）、磷（P）、钾（K）、钙（Ca）、镁（Mg）、硫（S）、铁（Fe）、铜（Cu）、硼（B）、锰（Mn）、锌（Zn）、钼（Mo）、氯（Cl）等元素。对于柚树来说，除 N、P、K 为肥料的三种重要元素外，Ca、Mg 应视为需要量较大的元素，在柚树的生长与构成中起着重要作用。微量元素中的 Fe、B、Mn、Zn 等也对柚树的作用十分突出，较其他元素更易出现缺素症。

2. 营养元素间的相互作用

一种元素的增加会导致另一种或几种元素的增加，叫作相助作用；反之，一种元素的增加会抑制另一种或几种元素的作用，叫作拮抗作用。

元素间的相互作用见图 1-18，元素的这些相互作用一般发生在吸收过程中，也有发生在吸收后的移动过程以及植物组织器官中的利用过程，营养元素间的这些作用在柚树生产上是经常发生的，如土壤中的 K 含量过高，就会使 Mg 和 Ca 的吸收受到抑制。P 含量过高会抑制 N 的吸收，反之 N 含量过高会抑制 P 的吸收。在土壤中 B 的含量低时，如果施 N 过多，就会抑制树体对 B 的吸收，使之产生缺 B 症。树体中 Mn 的浓度过高，就会使可溶性的亚铁离子（Fe^{2+}）沉淀；过多的 Mn 造成的 Fe^{2+} 缺乏症可称为"缺铁性萎黄病"，而缺 Mn 造成的 Fe^{2+} 过多症称为"缺 Mn 萎黄病"。B 和 N 之间也具有 Mn 与 Fe 那样的拮抗关系。营养元素间的相互作用，有时也在两种以上的元素间发生，故在分析是否缺乏某一种营养元素时，不仅要考察这个元素

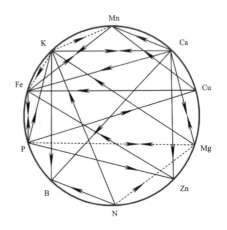

图 1-18　元素间相互作用

本身，还要考察其他元素的动态和所处的理化环境。

（二）柚树缺素症的表现

在柚树组织中各种元素都应有一个合适的浓度范围，否则便会出现缺素症。出现缺素症时，柚树会用叶片的表现告诉我们，我们给柚树补充相应的元素，这就是我们与柚树对话的一个机制。

1. 叶片分析诊断

通过对叶片的分析，可得出各营养元素的含量，它直接反映了树体的营养水平，项目组以庄伊美[①]的"宽皮柑橘类、柚和甜橙类柑橘叶片元素含量的标准"（表1–11）中琯溪蜜柚的标准作为水晶蜜柚的标准，分析叶片相关元素的含量，并结合土壤分析结果，综合判定柚树缺素的原因，进行科学施肥。

表1–5 宽皮柑橘类、柚和甜橙类柑橘叶片元素含量的标准[①]

元素	温州蜜柑	椪柑	本地早	南丰蜜橘	琯溪蜜柚	锦橙	柳橙、改良橙、伏令夏橙
N / %	3.0 ~ 3.5	2.9 ~ 3.5	2.8 ~ 3.2	2.7 ~ 3.0	2.5 ~ 3.1	2.75 ~ 3.25	2.5 ~ 3.3
P / %	0.15 ~ 0.18	0.12 ~ 0.16	0.14 ~ 0.18	0.13 ~ 0.18	0.14 ~ 0.18	0.14 ~ 0.17	0.12 ~ 0.18
K / %	1.0 ~ 1.6	1.0 ~ 1.7	1.0 ~ 1.7	0.9 ~ 1.3	1.4 ~ 2.2	0.7 ~ 1.5	1.0 ~ 2.0
Ca / %	2.4 ~ 5.0	2.5 ~ 3.7	3.0 ~ 5.2	2.4 ~ 3.6	2.0 ~ 3.8	3.2 ~ 5.5	2.0 ~ 3.5
Mg / %	0.30 ~ 0.60	0.25 ~ 0.50	0.30 ~ 0.55	0.29 ~ 0.49	0.32 ~ 0.47	0.20 ~ 0.50	0.22 ~ 0.40
Cu / (mg·kg^{-1})	4 ~ 10	4 ~ 16	—	—	8 ~ 17	4 ~ 8	4 ~ 18
Zn / (mg·kg^{-1})	25 ~ 100	20 ~ 50	—	—	24 ~ 44	13 ~ 20	25 ~ 70
Mn / (mg·kg^{-1})	25 ~ 100	20 ~ 150	—	—	15 ~ 140	20 ~ 40	20 ~ 100
Fe / (mg·kg^{-1})	50 ~ 120	50 ~ 140	—	—	60 ~ 140	60 ~ 170	90 ~ 160
B / (mg·kg^{-1})	30 ~ 100	20 ~ 60	—	—	15 ~ 50	40 ~ 110	25 ~ 100

注：表中数值系营养性春梢叶片。

① 庄伊美. 柑橘营养与施肥 [M]. 北京：中国农业出版社，1994.

2. 柚树主要缺素症及过量危害

（1）氮（N）

氮（N）是蛋白质、核酸、叶绿素、氨基酸等的组成成分，植物吸收的氮以无机氮（NO_3^-、NH_4^+）为主，也吸收氨基酸和简单的有机氮如尿素 $[CO(NH_2)_2]$，有增大叶面积，提高光合作用，促进花芽分化，提高坐果率的功能。柚树春梢叶片氮含量小于 2.5%，我们判定该柚树缺氮。柚树缺氮，新梢生长缓慢，树势衰弱，形成光秃的树冠，易形成"小老树"。严重缺氮时（叶片氮含量小于 1.0%），外围枝梢枯死，叶片小而薄、叶色褪绿黄化，老叶发黄，无光泽，部分叶片先形成不规则绿色和黄色的杂色斑块（图 1-19），最后全叶发黄而脱落；花少而小，无叶花多，落花落果多，坐果率低，果小，延迟果实着色和成熟，使果皮海绵层增厚，果肉纤维增多，糖分降低，果实品质差，风味变淡。

若柚树春梢叶片氮含量大于 3.1%，则该柚树氮过量。柚树氮过量有可能会出现较多的徒长枝，树冠郁闭，上强下弱，下部枝及内膛枝易枯死。且枝梢徒长后，花芽分化差，易落花落果，果实着色延迟，风味变淡。

图 1-19　柚树缺氮

图 1-20　柚树缺磷

（2）磷（P）

磷（P）也是许多重要化合物如核酸、磷脂、辅酶、维生素、磷酸蔗糖等的组分，并且能够调节 pH，对柚树有促进花芽分化、生长新根与增强根系吸收能力的作用，有利于授粉受精，提高坐果率，使果实提早成熟，果汁增多，含糖量增加，增进果实品质。

植物主要以正磷酸盐的形式吸收磷，在低 pH 下以磷酸二氢根离子（$H_2PO_4^-$）

为主，在高 pH 下以磷酸氢根离子（$H_2PO_4^{2-}$）为主。若柚树春梢叶片磷含量小于 0.14%，则判定该柚树缺磷。柚树缺磷会使根系生长不良，吸收力减弱，叶少而小，枝条细弱，叶片失去光泽，呈暗绿色，老叶上出现枯斑或褐斑（图 1–20）。严重缺磷时（叶片磷含量小于 0.05%），下部老叶趋向紫红色，新梢停止生长，花量少，坐果率低，果皮较粗，着色不良，味酸，品质差，也会形成"小老树"。

若柚树春梢叶片磷含量大于 0.18%，则该柚树磷过量。磷过量时，会与 K、Cu、Zn 元素产生拮抗作用，影响柚树的正常生长发育。

（3）钾（K）

钾（K）在植物体内主要起调节作用，如调节气门开闭、调节根系吸水和根压、调节渗透作用、调节酶活性等，能提高作物的抗逆性，还能促进糖类和蛋白质转化，从而提高光合作用能力。钾以钾离子（K^+）形式被吸收，是植物体内必须元素中唯一的一价金属离子，在植物体内呈离子态。钾对柚树的果实发育特别重要，钾含量在 1.4% ~ 2.2% 时，柚树产量高、果实个大、品质优良。

若柚树春梢叶片钾含量小于 1.4%，则该柚树缺钾。柚树缺钾，叶片小，叶色淡绿，叶尖变黄（图 1–21）。严重缺钾时（叶片钾含量小于 0.6%），梢枯死，老叶叶尖和叶缘部位开始黄化，随后向下部扩展，叶片稍卷缩，呈畸形；新梢生长短小细弱，落花落果严重，果实变小、易裂果；钾素不足会使柚树抗旱、抗寒能力降低。

若柚树春梢叶片钾含量大于 2.2%，则该柚树钾过量。钾过量时，会与 N、P、Ca、Mg、Zn 元素产生拮抗作用，影响柚树的正常生长发育。

图 1–21　柚树缺钾

图 1–22　柚树缺钙

（4）钙（Ca）

钙（Ca）是酶活化剂，第二信使，平衡电性。果胶酸钙，是细胞壁、细胞间层的组成成分。植物以钙离子（Ca^{2+}）形式吸收钙。柚树春梢叶片钙含量在 2.0% ~ 3.8% 时为适量，可调节土壤酸碱度，有利于土壤微生物的活动和有机质的分解，供根系吸收的养分增多，果面光滑，减少裂果。果实中的适量钙，可延缓果实衰老过程，提高柚子耐贮性。

若柚树春梢叶片钙含量小于 2.0%，则该柚树缺钙，细胞壁中果胶酸钙形成受阻，从而影响细胞分裂及根系生长。严重缺钙时（叶片钙含量小于 1.0%），柚树根尖受害，生长停滞，可造成烂根，影响树势，多发生在春梢叶片上，表现为叶片顶端黄化，而后扩展到叶缘部位，病叶的叶幅比正常窄，呈狭长畸形，并提前脱落。树冠上部的新梢短缩丛状，生长点枯死，树势衰弱。果实缺钙，落花落果严重，果小、味酸、易裂果，畸形果多、汁胞皱缩（图 1-22）。

若柚树春梢叶片钙含量大于 3.8%，则该柚树钙过量。钙过量时，会与 K、P、B、Fe、Zn 元素产生拮抗作用，影响柚树的正常生长发育，柚子木质化严重，叶肉部分泛黄，影响口感。

（5）镁（Mg）

镁（Mg）是叶绿素的主要成分，也是 1,5- 二磷酸核酮糖羧化酶、磷酸烯醇丙酮酸羧化酶等的活化剂，在光合磷酸化中作为 H^+ 的对应离子平衡电性，在调节蛋白质合成中促进核糖体大小亚基结合，参与多种含磷化合物的生物合成。

植物以镁离子（Mg^{2+}）形式吸收镁，柚树春梢叶片镁含量在 0.32% ~ 0.47% 时为适量。

若柚树春梢叶片镁含量小于 0.32%，则该柚树缺镁，缺镁时结果母枝和结果枝中位叶的主脉两侧出现肋骨状黄色区域，即出现黄斑，形成 "∧" 形失绿黄化（即倒 V 形失绿黄化）。叶尖到叶基部保持绿色约呈倒三角形，附近的营养枝叶色正常（图 1-23）。严重缺镁时，叶绿素不能正常形成，光合作用减弱，树势衰弱，并出现枯梢，开花结果少，低产，柚树果实（柚子）着色差，风味淡。冬季大量落叶，有的患病树采果后就开始落叶。病树易遭冻害（气温 ≤ 4 ℃，持续 5 d），大小年结果明显。

若柚树春梢叶片镁含量大于 0.47%，则该柚树镁过量。镁过量时，会与 K、Ca 元素产生拮抗作用，影响柚树的正常生长发育。

（6）硫（S）

硫（S）是合成蛋白质不可缺少的元素，是膜的组分（硫脂），电子传递体的组分，维生素［硫胺素（维生素 B_1）、泛酸（维生素 B_3）］组分。植物主要以硫酸根离子（SO_4^{2-}）形式吸收硫，在柚树种植中，由于施用的化肥含硫，在清园时大量施用石硫合剂等含硫物质，再者，灌溉水和空气中也含有硫，因此柚园缺硫现象较为罕见。

图 1-23　柚树缺镁

图 1-24　柚树缺铁

（7）铁（Fe）

铁（Fe）的主要性质是化合价可变，Fe^{2+} 被根吸收后［除禾本科植物可吸收铁离子（Fe^{3+}）外，Fe^{3+} 只有在根部表面还原成 Fe^{2+} 才能被非禾本科植物吸收］，在大部分的根细胞中可氧化成 Fe^{3+}，因此，铁作为电子传递体而起作用，是酶的组分（参与植物呼吸作用），是叶绿素合成的必需元素。柚树春梢叶片铁含量在 60 ~ 140 mg·kg^{-1} 时为适量，若小于 60 mg·kg^{-1} 则为缺铁。

缺铁叶片开始时叶肉变黄，叶脉仍保持绿色，呈极细的绿色网状脉，而且脉纹清晰可见。随着缺铁程度加重，叶片除主脉保持绿色外，其余呈黄白化。严重缺铁时，整个叶片呈黄色（图 1-24），叶缘也会枯焦褐变，直至全叶白化面脱落。枝梢生长衰弱，果皮着色不良，淡黄色，味淡味酸。缺铁黄化以树冠外缘向阳部位的新梢叶最为严重，而树冠内部和荫蔽部位黄化较轻；一般春梢叶发病较轻，而秋梢或晚秋梢发病较重。

若柚树春梢叶片铁含量大于 140 mg·kg^{-1}，则该柚树铁过量，铁过量时，会与 P、Zn、Mn、Cu、Ca 元素产生拮抗作用，影响柚树的正常生长发育。

（8）铜（Cu）

铜（Cu）是许多重要酶的组成成分，在光合作用中有重要作用，能促进维生素 A 的形成。柚树春梢叶片铜元素含量在 8 ~ 17 mg·kg^{-1} 时为适量。

若柚树春梢叶片铜元素含量小于 8 mg·kg^{-1}，则该柚树缺铜。柚树缺铜时，初期表现为新梢生长曲折呈"S"形，叶特别大，叶色暗绿，进而叶片脉间褪绿呈黄绿色，网状叶脉仍为绿色（图 1–25）；顶端叶的叶形不规则，主脉弯曲，变成窄而长、边缘不规则的畸形叶；顶端生长停止而形成簇状叶。严重缺铜时，叶和枝的尖端枯死，在旺梢叶柄的基部、水晶蜜柚的果实表面有褐色树脂沉积（琯溪蜜柚不明显）。

若柚树春梢叶片铜含量大于 17 mg·kg^{-1}，则该柚树铜过量。铜过量时，会与 P、Zn、Mn、Ca 元素产生拮抗作用，影响柚树的正常生长发育。

图 1–25　柚树缺铜

图 1–26　柚树缺硼

（9）硼（B）

硼（B）参与受精过程，能促进花粉萌发和花粉管的伸长，有利于受精结实，促进糖的运输（与糖形成复合体），抑制细胞分裂素合成。硼与种子和果实有关，缺硼时花粉母细胞四分体形成受阻，绒毡层组织破坏，发育不良。植物主要以硼酸根离子、四硼酸根离子（BO_3^{3-}、$B_4O_7^{2-}$）形式吸收硼，柚树春梢叶片硼元素含量在 15 ~ 50 mg·kg^{-1} 时为适量。

若柚树春梢叶片硼含量小于 15 mg·kg^{-1}，则该柚树缺硼。缺硼时植株体内糖类代谢发生紊乱，影响糖类的运转，因而生长点（枝梢与根系）首先受害。初期新梢叶出现黄色不定形的水渍状斑点，叶片卷曲、无光泽，呈古铜色、褐色以至黄色；叶畸形，叶脉发黄增粗，叶脉表皮开裂而木栓化（图1-26）；新芽丛生，花器萎缩，落花落果严重；果实发育不良，畸形果多，易脱落，成熟果实果小、皮红、汁少、味酸，品质低劣。严重缺硼时，树顶部生长受到抑制，树上出现枯枝落叶，树冠呈秃顶景观，有时还可看到叶柄断裂，叶倒挂在枝梢上，最后枯萎脱落。柚子果皮海绵层变厚，果形小，渣多汁少，淡而无味。

若柚树春梢叶片硼含量大于 50 mg·kg^{-1}，则该柚树硼过量。硼过量时，会与N、K、Ca 元素产生拮抗作用，影响柚树的正常生长发育。

（10）锰（Mn）

锰（Mn）是放氧复合体的主要成员，直接参与光合作用，是形成叶绿素和维持叶绿素正常结构的必需元素，也是一些转移磷酸的酶和三羧酸循环中的柠檬酸脱氢酶、苹果酸脱氢酶等多种酶的活化剂。柚树春梢叶片锰元素含量在 15 ~ 140 mg·kg^{-1} 时为适量。

图 1-27　柚树缺锰

若柚树春梢叶片锰元素含量小于 15 mg·kg^{-1}，则该柚树缺锰。柚树缺锰时，叶绿素合成受阻，大多在新叶暗绿色的叶脉之间出现淡绿色的斑点或条斑，随着叶片成熟，症状越来越明显，淡绿色或淡黄绿色的区域随着病情加剧而扩大，但叶脉与叶肉间的色差界线不明显（图1-27）。最后片部分留下明显的绿斑，严重时则变成褐色，引起落叶。

若柚树春梢叶片锰含量大于 140 mg·kg^{-1}，则该柚树锰过量。锰过量时，会与 Ca、Cu、Fe 元素产生拮抗作用，影响柚树的正常生长发育。锰严重过量时，叶片和果实（柚子）表面出现褐色至黑色斑点（图1-28），在柚子生产中称为"锰中毒"，特别是在施用代森锰锌等农药后，症状更加明显。

图 1-28　柚树锰中毒

（11）锌（Zn）

锌（Zn）是酶的组分或活化剂，参与生长素的代谢，参与光合作用中 CO_2 的水合作用，促进蛋白质代谢，促进生殖器官发育、提高抗逆性。植物主要以锌离子（Zn^{2+}）的形式吸收锌，柚树春梢叶片锌含量在 $24 \sim 44$ mg·kg^{-1} 时为适量。

若柚树春梢叶片锌含量小于 24 mg·kg^{-1}，则该柚树缺锌。柚树缺锌时，枝梢生长受抑制，节间显著变短，叶窄而小，<u>直立丛生</u>，表现出簇叶病和小叶病，叶片褪绿，形成黄绿相间的花叶，抽生的新叶随着老熟，叶脉间出现黄色斑点，逐渐形成肋骨状的鲜明黄色斑块（图 1-29）。严重时整个叶片呈淡黄色；花芽分化不良，退化花多，落花落果严重，产量低；柚树挂果后果小、海绵层厚汁少；同一树上的向阳部位较荫蔽部位发病重。

图 1-29　柚树缺锌

若柚树春梢叶片锌含量大于 44 mg·kg^{-1}，则该柚树锌过量。锌过量时，会与 P、Ca、Fe 元素产生拮抗作用，影响柚树的正常生长发育。

（12）钼（Mo）

钼（Mo）是硝酸还原酶的组成物质，直接参与硝态氮的转化。目前还没有关于柚树钼合适含量范围的数据。在柚树生产过程中，缺钼的现象时有发生。柚树缺钼时，引起树体内硝酸盐积累，使构成蛋白质的氨基酸形成受阻。叶片出现黄斑，早春叶脉出现水渍状病斑，夏、秋梢叶面分泌树脂状物；斑块坏死，开裂或呈孔状，严重时落叶（图 1-30），柚树挂果后果实出现不规则褐斑。

图 1-30　柚树缺钼

（三）柚树主要缺素症矫正

柚树的缺素症往往是由许多原因造成的，加之干旱、水涝、病虫为害等所引起的症状往往与缺素症混在一起，而且缺素症本身可能是缺乏多种元素的混合症状，故造成了诊断的困难。因此，必须多部位采样比较观察，如果田间症状无法判断，就采取分析春梢叶片元素的含量来进行准确判定。

消除缺素症的根本方法是土壤改良，从根本上说是要改善土壤的理化性状、调整土壤的 pH、增施有机质和补充化肥来保持土壤中各元素，并使各元素达到平衡。有机肥中所含的营养元素是丰富而完全的，又处于平衡的状态，所以，在生产实践中，我们改良土壤时均采取施用有机肥为主。但土壤改良是一个长期的过程，只有长期坚持土壤改良，才能从根本上解决柚树缺素症的问题，才能生产出高品质的柚子。

为了能及时消除柚树缺素症，除保持每年冬季施肥和土壤改良外，还要及时采取喷施叶面肥等方法补充主要元素（表1-6）。

表1-6　主要营养元素的补充方法

元素	施用浓度及方法
N	0.5%（冬季为0.8%）尿素溶液叶面喷施
P	0.2% ~ 0.5% 磷酸二氢钾（KH_2PO_4）溶液或0.5% ~ 1% 磷酸二氢铵（$NH_4H_2PO_4$）溶液叶面喷施
K	0.3% ~ 0.5% 硫酸钾（K_2SO_4）和氯化钾（KCl）溶液叶面喷施
Ca	硝酸铵钙［$5Ca(NO_3)_2 \cdot NH_4NO_3 \cdot 10H_2O$］沟施或穴施（结合补氮施用）
Mg	1% ~ 2% 硫酸镁（$MgSO_4$）溶液叶面喷施
B	0.2% 硼酸和0.2% 生石灰的混合溶液叶面喷施
Mn	0.1% ~ 0.2% 硫酸锰（$MnSO_4$）溶液叶面喷施
Fe	0.1% 硫酸铁（$FeSO_4$）溶液叶面喷施
Zn	0.2% ~ 0.4% 硫酸锌（$ZnSO_4$）和0.2% ~ 0.4% 生石灰的混合溶液叶面喷施
Mo	0.03% 钼酸铵［$(NH_4)_2MoO_4$］溶液叶面喷施

（四）柚树缺素症的判定法

在柚树栽培过程中，我们把通过田间叶片及树体的表现来判定柚树缺什么元素的方法称为"田间判定法"，把通过分析春梢叶片元素含量，并依据上下数值来判定柚树缺什么元素的方法称为"分析法"。在实践中，只依据田间判定法是不科学的。田间判定法的准确率往往不高，因为多个元素同时缺失或过量、病害的症状与缺素症状相似等因素，都会影响缺素症的准确判定。因此，项目组采取田间判定法和分析法相结合的方法来判定柚树的缺素或过量，即每年至少检测1次柚树春梢叶片主要元素的含量，并结合田间判定法来确定柚树的营养元素分配情况，并以此制定相应的施肥方案。表1-7可以看出，田间判定法和分析法相结合才能准确判定柚树养分分配情况，才能制定科学合理的施肥方案。

叶片含量的分析值不能直接提供施肥量，但它可以判断柚树树体内各元素的不足或过剩，以调节柚树的施肥量和肥料的配比。

表1-7 柚树缺素症的判定

元素	参考值	柚子科技示范庄园水晶蜜柚 (97°42′26″E, 23°52′50″N)			玉柚柚子专业合作社水晶蜜柚 (97°42′8″E, 23°53′11″N)			玉柚柚子专业合作社瑁溪蜜柚 (97°42′15″E, 23°52′52″N)		
		检测值	田间观察	综合判定	检测值	田间观察	综合判定	检测值	田间观察	综合判定
N / %	2.5 ~ 3.1	3.3	叶片正常	氮过量	2.6	叶片正常	氮适量	2.1	叶片正常	缺氮
P / %	0.14 ~ 0.18	0.23	叶片正常	磷过量	0.12	叶片正常	缺磷	0.07	叶片正常	缺磷
K / %	1.4 ~ 2.2	2.9	叶片正常	钾过量	0.7	缺钾	缺钾	1.2	叶片正常	缺钾
Ca / %	2.0 ~ 3.8	1.7	叶片正常	缺钙	1.3	缺钙	缺钙	2.1	叶片正常	钙适量
Mg / %	0.32 ~ 0.47	0.45	缺镁	镁适量	0.18	缺镁	缺镁	0.13	缺镁	缺镁
Cu / (mg·kg⁻¹)	8 ~ 17	12	叶片正常	铜适量	11	叶片正常	铜适量	15	叶片正常	铜适量
Zn / (mg·kg⁻¹)	24 ~ 44	33	叶片正常	锌适量	18	叶片正常	缺锌	21	叶片正常	缺锌
Mn / (mg·kg⁻¹)	15 ~ 140	150	叶片正常	锰过量	170	锰中毒	锰过量	120	叶片正常	锰适量
Fe / (mg·kg⁻¹)	60 ~ 140	60	叶片正常	铁适量	61	叶片正常	铁适量	120	叶片正常	铁适量
B / (mg·kg⁻¹)	15 ~ 50	12	叶片正常	缺硼	8	缺硼	缺硼	11	缺硼	缺硼

分析：①柚子科技示范庄园的水晶蜜柚叶片分布基本合理，但在制定施肥方

案时，要适当控制氮磷钾的施用量；

②柚子科技示范庄园的水晶蜜柚田间观察发现缺镁症状，可能是类似病斑被误判；

③玉柚柚子专业合作社的水晶蜜柚和琯溪蜜柚的叶片营养分布不合理；

④三组数据说明，判定柚树的必需营养元素是缺乏还是过量，最好的方法是检测春梢叶片各元素的含量，田间观察判定只能作为参考。

第二章

柚树的土壤管理

扫码查看
本章高清图片

| 第一节 |
土壤健康评价

在土壤评价体系中，有"土壤质量"和"土壤健康"两个类似的概念，多数专家学者认为两者可以通用，但农户更倾向于使用土壤健康这个概念，用定性指标描述土壤状况更容易理解，而科学家倾向于使用土壤质量，用土壤分析的量化指标来描述土壤特征。项目组使用"土壤健康"等级来评价土壤的现状，有利于种植户的理解。

土地健康是美国著名生态学家、土地伦理学家奥尔多·利奥波德（Aldo Leopold）于 1941 年提出的概念，同时使用了"土地疾病"这一概念描述土地功能紊乱。健康的土壤生产健康的农作物，反过来又滋养人类和动物。美国康奈尔大学的 Harold van Es 等四位教授于 2001 年联合成立了康奈尔大学土壤健康团队（Cornell Soil Health Team，CSHT），深入开展土壤健康综合评价方面的研究，最终形成了著名的康奈尔土壤健康评价系统，从物理指标、生物指标、化学指标 3 个方面评价农田土壤的综合健康状况。为了能准确描述柚园的土壤健康等级，项目组从土壤物理指标、生物指标、化学指标以及土壤健康生物指示物 4 个维度评价土壤健康状况，有利于制定柚园土壤改良方案，科学管理土壤。

一、取土与测试分析

项目组于 2018 年 10 月，在柚园按照"W"形取 10 个综合土样，依据土壤评价指标体系[①] 进行测试分析。如第一章提到的，即用 McGill 等人的方法检测土壤活性碳，用 Li Shengxiu 和 K. A. Smith 等人的方法检测潜在可矿化氮，用 SZ-3 型土壤硬度检测仪检测土壤表层硬度。依据《土壤检测》（NY/T 1121—2012）检测土壤全氮、有效磷、速效钾、pH、有机质、交换性钙、交换性镁、水溶性盐总量、有效硫，依据《土壤有效态锌、锰、铁、铜含量的测定 二乙三胺五乙酸（DTPA）浸提法》（NY/T 890—2004）测定土壤有效铁、有效锰、有效锌，

---

① 杨德荣，曾志伟，周龙，等. 土壤健康评价与春见柑橘幼树冬肥方案设计 [J]. 陕西农业科学，2019，65（2）：85-89.

使用粒径筛分法测定土壤团聚体粒径。

在取样点附近开挖 1 m² 大的洞穴，深度至土壤次表层，共挖 10 个，记录每穴的蚯蚓数量。所有的检测数值汇总（表 2-1）。

二、土壤健康状况评价

按照土壤健康等级评价表（表 2-2）的检测指标对果园的土样进行检测，并将检测结果填入空表 2-1 中，与表 2-2 土壤健康评价指标参考值对比，判定土壤健康状况，项目组实践中将土壤健康状况设定为 A 级、B 级、C 级以及 D 级四个等级。

评价标准：表 2-2 中 19 个检测指标中，如果有 15 个指标以上（含 15 个）达到 I 级标准，则该果园的土壤为 A 级土壤；如果有 15 个指标以上（含 15 个）达到 II 级标准，则该果园的土壤为 B 级土壤；如果有 15 个指标以上（含 15 个）接近 III 级标准（上限值或下限值），则该果园的土壤为 C 级土壤；如果有 5 个指标以上（含 5 个）与 III 级标准（上限值或下限值）相差过大，检测指标低于或高于 III 级标准上限值或下限值 30% 及以上，为 D 级土壤。

通过表 2-2 评价可知，瑞丽弄岛柚子科技示范庄园的土质为 D 级土壤。

三、根结线虫调查及根结线虫病危害分析

（一）根结线虫的调查

项目组于 2018 年 10 月，按照 "W" 形在柚园取 10 个综合土样，各点从柚树树盘外围根部 15 cm 深度取土样 1 000 g，用贝曼氏漏斗法分离土样中的线虫，每点分离土样 100 g，然后在解剖镜下计数分离的线虫数，并观察线虫种类。结果见表 2-3。

（二）根结线虫病的危害分析

根结线虫是根结线虫病的病原物，多方面因素影响到根结线虫病害的发生，物理因素、化学因素和生物因素是其中的主要部分[1]。物理因素主要包括温

---

[1] 朱俊．三类壳寡糖衍生物的制备及对南方根结线虫杀灭活性初步研究 [D]．青岛：中国科学院大学（中国科学院海洋研究所），2019.

度、湿度和土壤结构等。影响根结线虫生存的最重要的两个条件是温度和湿度。25 ~ 30 ℃一般作为根结线虫发育的适温，高于 30 ℃将不利于根结线虫活动，超过 40 ℃或低于 5 ℃时线虫活动量明显降低，55 ℃情况下，线虫的存活时间仅为 10 min。根结线虫生长的适宜湿度条件与植物类似，在土壤湿度为 40% ~ 70% 的条件下，根结线虫繁殖能力最强，在干燥或过湿的土壤环境中，其活动行为受到明显抑制。

表 2-1 土壤健康指标检测表

指标分类	检测指标	I	II	III	IV	V	VI	VII	VIII	IX	X	平均值
物理指标	(1) 团聚体稳定性（0.25 ~ 2 mm）/ %	65	66	63	67	97	60	89	66	69	71	71.30
	(2) 有效含水量 / %	22	22	21	23	20	18	25	22	23	24	22.00
	(3) 土壤表层硬度 / MPa	1.9	1.8	1.7	1.9	1.2	2.2	1.1	1.9	1.9	2.0	1.76
	(4) 土壤次表层硬度 / MPa	2.1	2.2	1.9	2.1	1.8	2.5	1.6	2.3	2.4	2.3	2.12
生物指标	(5) 有机质含量 / (g · kg^{-1})	10.3	13.8	11.3	10.9	12.2	11.4	10.6	11.5	12.6	13.2	11.78
	(6) 活性碳含量 / (mg · kg^{-1})	62	61	48	67	75	43	71	67	70	68	63.20
	(7) 潜在可矿化氮※ / %	—	—	—	—	—	—	—	—	—	—	—
化学指标	(8) pH	5.3	5.4	4.8	7.1	6.4	6.9	7.2	7.1	5.8	5.9	6.19
	(9) 水溶性总盐（EC）/ (g · kg^{-1})	0.1	0.09	0.14	0.07	0.21	0.17	0.26	0.15	0.11	0.09	0.14
	(10) 全氮（N）/ %	0.08	0.13	0.09	0.21	0.15	0.22	0.19	0.11	0.23	0.14	0.16
	(11) 有效磷（P）/ (mg · kg^{-1})	135	210	128	210	106	132	181	104	200	118	152.4
	(12) 速效钾（K）/ (mg · kg^{-1})	126	100	111	98	132	128	125	99	105	95	111.90
	(13) 交换性钙（Ca）/ (cmol · kg^{-1})	9.5	9.4	10.2	8.7	11.3	8.5	9.3	10.1	11.4	9.2	9.76
	(14) 交换性镁（Mg）/ (cmol · kg^{-1})	2.8	2.7	2.5	3.1	3.3	2.3	2.1	3.5	3.6	2.9	2.88
	(15) 有效硫（S）/ (mg · kg^{-1})	15.3	16.1	14.2	15.4	15.9	17.4	16.2	10.9	10.3	14.7	14.64
	(16) 有效铁（Fe）/ (mg · kg^{-1})	123.5	98.4	94.3	131.4	140.1	120.4	121.9	100.3	99.3	141.2	117.08
	(17) 有效锰（Mn）/ (mg · kg^{-1})	20.4	21.2	18.5	19.6	21.3	22.6	26.1	20.9	20.5	23.8	21.49
	(18) 有效锌（Zn）/ (mg · kg^{-1})	1.43	1.48	1.54	1.79	2.03	2.11	1.53	1.02	0.97	1.31	1.52
生物指标示物	(19) 蚯蚓数量 / (条 · m^2)	1	0	0	2	3	1	1	1	0	2	1.10

注：由于条件限制，潜在可矿化氮没有检测。

表2-2 土壤健康评价表

指标分类	检测指标	土壤健康评价指标参考值			土壤健康指标实测值	土壤健康指标单项评价		
		I级	II级	III级		I级	II级	III级
物理指标	(1) 团聚体稳定性（0.25～2 mm）/%	>90	80～90	<80	71.30			✓
	(2) 有效含水量/%	>40	30～40	<30	22.00			✓
	(3) 土壤表层硬度/MPa	<1.0	1.0～2.0	>2.0	1.76		✓	
	(4) 土壤次表层硬度/MPa	<2.0	2.0～3.0	>3.0	2.12		✓	
生物指标	(5) 有机质含量/(g·kg⁻¹)	>40	20～40	<20	11.78			✓
	(6) 活性碳含量/(mg·kg⁻¹)	>140	130～140	<130	63.20			✓
	(7) 潜在可矿化氮*/%	—	—	—	—			
	(8) pH	6.5～7.5	5.5～8.0*	≤5.5或≥8.0	6.19	✓		
化学指标	(9) 水溶性总盐（EC）/(g·kg⁻¹)	<0.1	0.1～0.3	>0.3	0.14		✓	
	(10) 全氮（N）/%	>0.4	0.2～0.4	<0.2	0.16			✓
	(11) 有效磷（P）/(mg·kg⁻¹)	>200	100～200	<100	12.41			✓
	(12) 速效钾（K）/(mg·kg⁻¹)	>300	100～300	<100	111.90		✓	
	(13) 交换性钙（Ca）/(cmol·kg⁻¹)	>15	10～15	<10	9.76			✓
	(14) 交换性镁（Mg）/(cmol·kg⁻¹)	>4.0	3.0～4.0	<3.0	2.88			✓
	(15) 有效硫（S）/(mg·kg⁻¹)	>20	10～20	<10	14.64	✓		
	(16) 有效铁（Fe）/(mg·kg⁻¹)	>100	80～100	<80	117.08		✓	
	(17) 有效锰（Mn）/(mg·kg⁻¹)	>25	15～25	<15	21.49		✓	
	(18) 有效锌（Zn）/(mg·kg⁻¹)	>2.5	1.5～2.5	<1.5	1.52		✓	
生物指示物	(19) 蚯蚓数量/(条·m²)	>8	5～3	<3	1.10			✓

注：由于条件限制，潜在可矿化氮没有检测。

结论：I 级指标 2 个，占比 11.11%；II 级指标 9 个，占比 50%；III 级指标 7 个，占比 38.89%。

除了温度和湿度，根结线虫的活动也受土壤结构的影响，线虫幼虫是通过土壤孔隙来移动的，结构疏松的土质是其活动的适宜条件，根结线虫活动的特性加上其本身的好气性，使得线虫在沙土地中活动的危害比在黏土中活动更为严重。

表 2-3　柚子科技示范庄园根结线虫调查

土样编号	线虫数	
	个 /100 g	个 /1 kg
1	8	80
2	11	110
3	13	130
4	5	50
5	9	90
6	12	120
7	10	100
8	6	60
9	9	90
10	11	110
平均值	9.4	94

化学因素主要包括氧气、pH 和土壤含盐量等。线虫属于需氧生物，正常土壤氧气浓度（20%）不会对线虫的孵化和发育造成影响，弱氧或过氧环境都在一定程度上限制了其生长发育。pH 为 4～8 是适宜线虫生长的土壤酸碱度，在土壤 pH 大于 8 的情况下，线虫的活动受到抑制。线虫在低盐的环境下更适合生存，过高的土壤含盐量会带来渗透压的增高，从而造成线虫机体的脱水，抑制线虫生命活动。

生物因素主要包括根结线虫生长的微环境以及植物因素。以细菌和真菌为代表，微生物和线虫的互作关系非常复杂，其中，有些作为线虫的天敌，有些作为和线虫起协同作用的病原物，有些能对线虫起诱导作用，有些对线虫有利，有些对其有害，都有着各不相同的影响。Mohamed[1] 等人在灭过菌和不灭菌的土壤里接种根结线虫的对比结果得出，根结线虫在不灭菌的土壤里比灭过菌的土壤里少而且小。相较之下，根结线虫卵的数量少了 93%，这是因为土壤中存在着对根结线虫的生长和繁殖能力产生抑制作用的微生物。土壤中也存在对根结线虫的侵染有利的微生物，根结线虫的寄生过程可能需要根际微生物中的一些物质来参与完成，但机理尚不十分明确。某些能和根结线虫构成复合侵染的病原微生物对根结线虫的侵染也能起到一定的促进作用，同时接种青枯病菌和根结线虫与单一接种根结线虫相比，能够产生更多的根结数。

作为根结线虫的寄主，植物对根结线虫的侵染活动也有着至关重要的影响。处在侵染阶段中的根结线虫通过其他线虫侵染位点产生的植物信号或来自寄主根系分泌物来识别寄主，植物根系分泌物中的化学物质对于线虫向根部移动行为起着诱导作用。典型的例子如 CO_2 可以吸引南方根结线虫，根系分泌物中的单宁酸、类黄酮、糖苷、脂肪酸等也对侵染前二龄幼虫的吸引和排斥起调节作用。另外，根结线虫卵的孵化也受某些植物分泌物的影响。将南方根结线虫接种于不同抗性的茄子砧木后，线虫卵的孵化能明显受到感性品种（赤茄）根系分泌物的刺激。抗病品种除了在线虫侵染初期能够表现出显著的抑制作用，在其他时期所发挥的作用并不明显。

根结线虫病的传播途径：根结线虫由于个体小，因此易于被携带、传播。根结线虫的传染源主要是带病植株和感染过该病的土壤，而感染了根结线虫的农家肥、灌溉水、农田杂草等也可以成为根结线虫进行传播的载体。根结线虫自身的移动能力不强，一年内最大的移动范围在 1 m 左右，因而靠自身进行迁移而传播的能力有限。根结线虫在空间上远距离的移动和传播，通常是借助于流水、土肥、粪肥、种苗、风、病土搬迁和农机具粘带的病残体、病土、带病的种子、其他营养材料以及人的活动。

① MOHAMED A, ANDREAS W, JOHANNES H, et al. Specific microbial attachment to root knot nematodes in suppressive soil[J]. Applied environmental microbiology, 2014, 80（9）: 2679-2686.

| 第二节 |
土壤健康管理

一、土壤改良

土壤物理指标、生物指标、化学指标、生物指示物以及土壤线虫含量等共同组成了土壤肥力。

（一）土壤物理指标描述

土壤物理指标是柚树根系分布和充分行使吸收功能的重要指标，柚树为多年生木本植物，树体相对高大，根系分布深且范围广。从根系生存的环境和空间上看，土壤物理指标对柚树更重要。

土壤表层与根系分布：柚树根系容易到达而且集中分布的土层深度为土壤的有效深度。土壤表层硬度越大，土壤的有效深度就越浅，反之越深。在柚树种植过程中，土壤有效深度越深，根系分布和有效吸收养分和水分的范围就越广，而且固地性得到了增强，这样可提高果树抵御风险的能力。但如果土壤有效深度和根系分布得太深，就要求开园的力度大，相对树冠就会较高，造成树冠无效空间多、徒长枝多，产量品质会受到影响。经验告诉我们，吸收根集中分布在 40 ~ 80 cm 为宜。

土壤三相：固相、液相和气相构成为土壤三相，固相 40% ~ 55%，液相 20% ~ 40%，气相 15% ~ 37% 为合理的组成，能保证柚树根系正常生长并保证其正常的吸收功能。

土壤的疏松和透气是柚树健壮生长和丰产优质的基础。项目组的柚园属瑞丽江多年形成的冲积平原，河沙含量高，地表下 60 ~ 80 cm 见河沙，沙性重黏性差，保水性能差，土壤三相不合理，给土壤改良带来了新的挑战。

（二）土壤化学指标描述

土壤化学指标标志着土壤能给柚树根系提供可供给态养分能力的性质。有了较好的土壤物理特性，根系能否吸收充分的养分，就取决于土壤的化学指标。土壤化学指标的好坏主要取决于：

①土壤本身所含的养分含量。根系充分地吸收土壤养分，建立在土壤有丰富的养分含量的基础上。

②土壤中所含各类矿质养分的相互关系是否平衡，一种营养元素的过多或过少会引起另外一种营养元素的吸收状态的改变，从而影响到养分的可供给状态。

③土壤的 pH（土壤的酸碱度）会直接影响到土壤养分的溶解和可供给态，过酸或过碱都会影响到一些营养元素的溶解度和可供给状态。一般 pH 为 5.5 ~ 7.0 有利于柚树根系的生长。柚园的平均 pH 为 6.19，有利于柚树根系的生长。

④土壤盐离子浓度对柚树影响比较大，实践证明，柚树对氯较敏感，氯离子含量高会使叶缘黄化呈青铜色至褐色。

（三）土壤生物指标描述

有机质的含量对于土壤物理和化学指标的改善具有极其重要的作用，而土壤有机质则主要依赖土壤微生物进行分解，才能成为根系可吸收利用的营养。此外，根毛是根系与土壤接触并从土壤中吸收水分和矿物质营养的重要部位，而柚树包括所有的芸香科作物，根毛稀少或缺乏。因此，柚树包括其他芸香科作物主要依靠菌根来吸收水分和矿物质营养。

菌根通过其发达的根外菌丝吸收寄主植物根系所不能达到的土壤水分和矿质营养元素供给寄主植物，从而扩大了根系吸收范围和增加了一些难溶的元素如磷等的吸收。柚树养分吸收几乎全靠菌根进行。但是土壤中也存在一些病菌和线虫，会对果树根系生长产生危害。

（四）土壤生物指示物描述 [1]

早在 1881 年，科学家达尔文深入的研究了蚯蚓与土壤肥力的关系，称它为"农业的犁手"。蚯蚓是最为重要的土壤动物之一，不仅可以改良土壤结构和肥力，还能促进土壤矿物风化。蚯蚓是长年在土壤中活动的有益生物，与土壤微生物和

---

[1] 杨德荣，曾志伟，周龙，等. 土壤健康评价与春见柑橘幼树冬肥方案设计 [J]. 陕西农业科学，2019，65（2）：85-89.

植物构成协调的关系，其益处远非疏松、培肥土壤所能比拟。蚯蚓粪是品质极佳的有机肥，其富含细菌、放线菌和真菌，这些微生物不仅使复杂物质矿化为植物易于吸收的有效物质，而且还合成一系列有生物活性的物质，如糖、氨基酸、维生素等，因此蚯蚓粪具有许多特殊的性质。项目组通过多地观察发现，每平方米土壤中蚯蚓数量与土壤有机质、团聚体稳定性呈正相关，与土壤表层硬度呈负相关。所以，项目组用每平方米土壤中蚯蚓数量作为土壤健康生物指示物，直观评判土壤健康状况。

二、柚园土壤改良

土壤改良是柚园改造更新复壮的重要措施之一，柚园中有 3 年的砧木（第 1 砧为酸柚，第 2 砧为琯溪蜜柚），所以柚园土壤改良需确保砧木和新嫁接的接穗不被伤害。因此，2017 年 12 月嫁接前未进行土壤改良，土壤改良从 2018 年 10 月开始。

（一）秋季土壤深耕

项目组于 2018 年立秋（8 月 7 ~ 9 日）至白露（9 月 7 ~ 9 日）期间（2018 年 8 月 7 日至 2018 年 9 月 8 日），对柚园进行了深耕，在确保嫁接苗正常生长的同时，有效改善下层土壤的通透性和保水性，对改善根系生长和吸收环境、促进地上部的嫁接苗生长产生了显著的作用。

（二）冬季土壤改良

1. 土壤改良方案

项目组根据柚园土壤评价的结果，设计土壤改良方案："有机肥 + 海螺甲壳素 + 凹凸棒 + 复合生物刺激素（YCB）+ 噻唑膦 + 噁霉灵"。其中，凹凸棒、复合生物刺激素（YCB）在生产功能有机肥时添加。

（1）有机肥

有机肥使用量为每株柚树 35 kg 生物质有机肥 +10 kg 矿物源有机肥。

生物质有机肥：为了解决柚园根结线虫的问题，提高柚树抗逆性和抗病性，并有效改良土壤，项目组联合深圳市深博泰生物科技有限公司等单位，开发了一款功能有机肥——抑制线虫和土传病害的功能有机肥。

生态防治是目前被专家学者认可的一种土传病害防治新方法，它通过恢复土壤微生态平衡，利用土壤自身的调节作用达到抑制土传病害的目的。项目组应用常规有机肥、凹凸棒、腐植酸、复合生物刺激素（YCB）等原料，在褚橙龙陵有机肥厂制备了具有抑制线虫和土传病害作用的功能有机肥，该产品可改善和修复土壤生态环境，提高土壤和植株抵御病虫害的能力，降低植保投入，改善农产品品质。

复合生物刺激素（YCB）是以氨基酸、壳寡糖（COS）为基础原料，与筛选的 6 种其他生物刺激素，按一定比例经过 2 次水解反应制备而成。各原料间无拮抗作用且相互协同，可提高土壤肥力，增加作物产量。其中壳寡糖进行了化学修饰，引入新基团，增加其生物活性。先用氯乙醇在碱性条件下与壳聚糖反应制备羟乙基壳聚糖，再通过与氯乙胺盐酸盐反应在 C3 和 C2 位接上氨乙基，形成了氨乙基羟乙基壳聚糖（EHC）（图 2-1）。

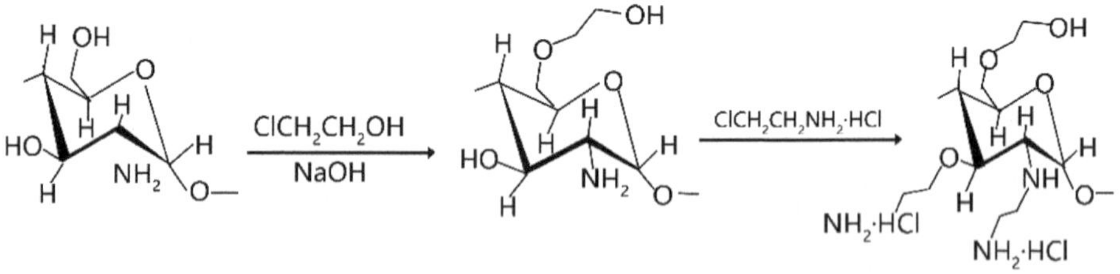

图 2-1　氨乙基羟乙基壳聚糖（EHC）化学修饰过程

该功能有机肥使用的氨基酸为虾源氨基酸，虾源氨基酸组成结构与其他动物源氨基酸相比有所不同，其赖氨酸与精氨酸比例较高。赖氨酸可促进叶绿素的合成，精氨酸是植物内源激素多胺合成的前体，可提高作物的抗盐胁迫能力。同时氨基酸作为一种有机质可给微生物提供丰富的食物来源，通过促进土壤有益微生物的生长而抑制一些植物病原菌，改变土壤本身的微生物区系。虾源氨基酸制备工艺见图 2-2。

图 2-2　虾源氨基酸制备工艺

凹凸棒：不仅使有机肥具有丰富的硫、铁、硅、钙、镁等中微量元素，而且其较好的阳离子代换性、吸附性、保水性、黏结性等（表2-4），可以改良土壤的理化性状，改善土壤的水热条件。凹凸棒土有较高的吸水率和较好的黏结性，对协调土壤的水肥气热，提高土壤肥力具有良好的效果。

表2-4 凹凸棒质量指标（单位：%）

ω（Na$_2$O）	ω（MgO）	ω（Al$_2$O$_3$）	ω（Fe$_2$O$_3$）	ω（K$_2$O）	ω（CaO）
1.07	5.08	13.77	6.61	3.49	4.77
ω（SiO$_2$）	ω（SO$_3$）	ω（Ti）	ω（C）	ω（P$_2$O$_5$）	ω（Cl）
44.59	3.55	0.38	0.94	0.20	0.17

功能有机肥的生产，项目组在褚橙龙陵有机肥厂，将牛粪、羊粪、糖泥、甘蔗渣、YCB等按一定质量比例混合，选用YH-3菌剂进行条垛式堆肥发酵，堆肥高1.0~1.5 m，宽2.0~2.8 m，长度任意。适当添加尿素，调整碳氮物质的量之比为20~30；添加适量钙镁磷肥，控制堆肥pH为6.5~8.0。堆肥工艺指标控制范围见表2-5。

生产过程中，在60~65 ℃的堆肥温度下保持4~7 d，持续的高温可促进菌剂中好热放线菌和好热真菌对堆肥中复杂的有机物质（纤维素、半纤维素、果胶物质等）进行分解，加速堆肥的腐熟。

表2-5 堆肥工艺关键控制指标

堆肥ω（H$_2$O）/%	堆肥温度/℃	pH	n（C）/n（N）	堆肥ω（O）/%
45~65	45~70	6.5~8.0	20~30	5~15

持续腐熟15~30 d后，待堆肥温度持续下降、颜色转为褐黑色且无刺激性气味时，有机肥中ω（有机质）≥60%，ω（腐植酸）为10%~20%，其余质量指标均符合《有机肥料》（NY 525—2012）要求。然后按比例加入腐植酸钾[ω（腐植酸）≥50%、ω（K$_2$O）≥8%]、凹凸棒（质量指标见表2-4）等原料，混合均匀，完成功能有机肥的制备[1]。

矿物源有机肥：项目组从峨山肥天下腐植酸肥料有限公司采购。

---

[1] 杨德荣，曾志伟，朱小花，等. 抑制线虫和土传病害的功能有机肥开发与应用 [J]. 磷肥与复肥，2019，34（2）：24-27.

（2）甲壳素[①]

化学名称：β–（1,4）–2– 乙酰氨基 –2– 脱氧 –D– 葡萄糖

结构式：

由于甲壳素具有保水、杀菌抗菌、营养协调及植物生理调节等特性，被广泛用在农业生产中。

保水特性：甲壳素的吸水性能极高，可达到其本身质量的 13 倍，1 g 的甲壳素吸饱水后可以达到 13 g。土壤空隙率是土壤保持水分的一个重要指标，甲壳素除了自身吸持水分外，还可通过增加土壤的空隙度，增强土壤的保水能力。

杀菌抗菌特性：甲壳素及其衍生物是带有正电荷的天然聚合物，而自然界中的细菌多呈现电负性，壳聚糖上的取代基氨基吸附在细菌表面，与其结合发生絮凝反应，使细菌失活。甲壳素及其衍生物可以诱导植物产生广谱抗菌性，阻止细菌侵入植物体内或直接杀死细菌，其主要的作用机理是通过诱导植物相关防御基因的开启，使植物表现为细胞壁的加厚和木质化，产生侵填体等，阻止细菌的侵入。甲壳素还可以诱导植物产生抗性蛋白和植物酚，杀死入侵细菌。

营养协调特性：一方面，甲壳素及其衍生物中含有大量的 C、N 元素，且具有生物可降解性，经微生物作用后可为植物提供所需的营养物质。另一方面，尽管甲壳素对细菌具有抗菌抑菌作用，但对于真菌、放线菌却具有增殖效果，甲壳素可通过促进土壤中有益微生物根瘤菌、放线菌及其他有益微生物的增殖，加快对大气中氮气的固定，加速氨转化为硝酸盐、亚硝酸盐，为植物生长提供养分，并对有机物的分解起到促进作用，改善土壤的理化性质，增强土壤肥力。

植物生理调节特性：甲壳素及其衍生物通过调节植物基因的开启和关闭来调

---

① 杨正涛，辛淑荣，王兴杰，等. 甲壳素类肥料的应用研究进展 [J]. 中国农业科技导报，2018，20（1）：130-136.

节体内相关激素及酶等物质的合成，进而来调节植物生理，可促进作物的根、茎、叶发育，表现为茎杆粗壮，植株变矮，根系更为发达，叶片中叶绿素的含量增加，抗倒伏、抗旱、抗寒等抗逆能力的增强和光合作用强度的提高。甲壳素还能调节营养物质定向运输至果实、种子等处，能改善作物的品质，并能提高种子的发芽率和机体的免疫能力。

（3）噻唑膦

分子式：$C_9H_{18}NO_3PS_2$

化学名称：O- 乙基 -S- 仲丁基 -2- 氧代 -3- 噻唑烷基硫代膦酸酯

结构式：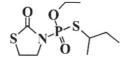

噻唑膦属有机磷类杀线虫剂。

毒性：急性经口 $LD_{50}=50 \sim 73$ mg · kg^{-1}，急性经皮 $LD_{50}=2\,396$ mg · kg^{-1}

作用机理：抑制根结线虫乙酰胆碱酯酶的合成。

（4）噁霉灵（抑霉灵、土菌消、立枯灵）

分子式：$C_4H_5NO_2$

结构式：

化学名称：3- 羟基 -5- 甲基异噁唑

农药种类：杂环化合物类杀菌剂

毒性：急性经口 $LD_{50}=4\,678$ mg · kg^{-1}，急性经皮 $LD_{50}=10\,000$ mg · kg^{-1}

作用机理：噁霉灵进入土壤后被土壤吸收，并与土壤中的铁和铝等无机金属离子相互作用，有效抑制孢子萌发和真菌菌丝体的生长。药效可达两周以上。

2. 土壤改良实施

（1）开挖施肥沟及晒根

项目组在寒露（10月8~9日）至立冬（11月7~8日）期间（2018年10月8日至2018年11月7日）进行开沟晒根。使用2F-30型自走式多功能施肥机（中国农业科学院果树研究所、山东农业大学及高密市益丰机械有限公司联合研

制生产的新型农业机械）在柚树两边顺行开沟，开沟深度为（40±5）cm，宽度
（30±5）cm，长度（50±10）cm，机械不能作业的地方，人工开挖，确保每棵
柚树断须根 30±8 根，并暴露晒根，比较晒根前后内源激素的变化。

选取试验样树，用铁铲挖开土层，深度（40±5）cm，用剪刀剪下（10±5）cm
的须根作为断根前的样品，测定内源激素。被剪断的须根暴露晒根 15 d，再剪下
（10±5）cm 须根作断根后的样品，测定内源激素。

内源激素测定方法如下，测定结果见表 2-6。

玉米素（ZT）含量的测定。采用美国 AgilentHP 1100 series 型液相色谱仪，
乙腈浸体，减压浓缩，过 C18 柱 [1]。

赤霉素（GA3）含量测定。采用 80% 甲醇对样品进行提取，经乙酸乙酯萃
取，C18 固相萃取小柱净化，旋转蒸发仪浓缩，ZORBAX Eclipse XDB-C18 反相
色谱柱，以 0.5 mL/min 流速，乙腈 / 水（pH 3.0）梯度淋洗，二极管阵列检测器
检测 [2]。

吲哚乙酸（IAA）测定。在多聚磷酸（PPA）介质中，吲哚乙酸对高良姜
素 - 高锰酸钾体系的发光有很强的增敏作用，采用 IFFL-D 型流动注射化学
发光仪（西安瑞迈电子设备公司），用固相萃取 - 流动注射化学发光测定法
测定吲哚乙酸 [3]。

表 2-6　柚树须根内源激素

内源激素	断根前	断根后
玉米素（ZT）/（$\mu g \cdot g^{-1}$）	0.053	0.074
赤霉素（GA3）/（$\mu g \cdot g^{-1}$）	0.135	0.243
吲哚乙酸（IAA）/（$\mu g \cdot g^{-1}$）	0.245	0.316

植物的生长发育不仅与激素含量有关，更重要的是激素之间的相互作用，尤
其是生长促进激素与生长抑制激素之间的比例与平衡 [4]。柚树须根 ZT、GA3、

[1] 杨守军，邢尚军，杜振宇，等 . 断根对冬枣营养生长的影响 [J]. 园艺学报，2009，36（5）：625-630.
[2] 冯耀慧，黎少映，兰红军，等 . 高效液相色谱法测定蔬菜中的赤霉素 GA3、GA4 和 GA7[J]. 微量元素与健康研究，2017，34（3）：44-46.
[3] 关娟，周敏，丁兰，等 . 固相萃取 - 化学发光法测定植物中的吲哚乙酸 [J]. 分析试验室，2011，30（8）：44-47.
[4] 邹晓霞，张晓军，王铭伦，等 . 土壤容重对花生根系生长性状和内源激素含量的影响 [J]. 植物生理学报，2018，54（6）：1130-1136.

IAA 含量与柚树开花坐果的关系须进一步研究。

（2）施冬肥

依据"有机肥＋海螺甲壳素＋凹凸棒＋复合生物刺激素（YCB）＋噻唑膦＋噁霉灵"土壤改良方案，结合柚树需肥规律，添加复合肥一起施入。项目组在立冬（11月7～8日）至大雪（12月6～8日）期间（2018年11月7日至2018年12月7日）进行施肥。

①材料及用量：

功能有机肥（项目组在恒冠泰达有机肥厂生产）：（30±5）kg/株

矿物源有机肥（峨山肥天下腐植酸肥料有限公司）：（10±2）kg/株

海螺甲壳素（湛江市博泰生物科技实业有限公司）（5±0.5）kg/株

复合肥 15-15-15（云天化股份云峰分公司）：（1±0.2）kg/株

复合肥 13-33-4（云南三环中化化肥有限公司）：（1±0.2）kg/株

10% 噻唑锌颗粒剂（富美实）：（5±0.15）g/株

99% 噁霉灵粉剂（延边绿洲化工有限公司）：（5±0.15）g/株

②将上述材料按照用量撒在开沟卷起的土堆（表层土）上，然后与土混合均匀，再填埋到施肥沟内。

三、土壤管理制度

土壤管理制度是指柚树株间和行间的地表管理方式，土壤管理的目的是使土壤能够行使适当的养分和水分的供给、补充不断消耗的有机物、促进土壤结构的团粒化、防止水土和养分的流失，以及保持合适的土壤温度等。

项目组根据实际情况，采用下列土壤管理制度管理柚园土壤。

（一）清耕制度

清耕（清耕休闲）制度，即柚园内除柚树外不种任何作物，利用人工除草、中耕除草等手段清除地表的杂草，保持土地表面的疏松和裸露状态。这是传统柚树种植长期使用的制度或耕作方式，它体现了我国精耕细作的传统。一般是在秋季深耕，春季多次中耕，使土壤保持疏松通气，起到保肥、保水、保热的作用。

（二）免耕制度

免耕制度，即使用除草剂而不是用耕耘的方式来除去果园的杂草、保持果园土壤表面的裸露状态。这种无覆盖、无耕作的方式称为免耕制度。免耕制度保持了自然的土壤结构，利于果园的机械管理，而施肥灌水等土壤管理一般都通过管道进行。因此从某种意义上说，免耕制度所要求的管理水平更高。

（三）生草制度

生草制度是指柚园内除树盘外，间作禾本科、豆科等作物，或者间种多年生牧草和其他草类（杜绝杂草）的一种土壤管理制度。间作的草种主要有绿肥类、黄豆绿豆类等。在幼树期间可以间作部分经济作物，但挂果树不提倡。

（四）覆盖制度

覆盖制度是指利用各种材料如作物的秸秆、杂草、防草膜等对树冠下以及株间、行间进行覆盖的一种土壤管理制度。在用作物秸秆和杂草覆盖时，覆盖厚度一般为 10 cm 左右。秸秆和杂草类覆盖物经过一定时期会逐渐腐烂减少，需要再覆盖，其优点不影响开沟施肥；地膜覆盖的特点是被覆盖部分杂草不生长，使用期限长，一般可以 2～3 年更换一次，但在开沟施肥时需要把防草膜卷起，增加了人工成本。如果采用反光膜覆盖，覆膜后能显著增强树冠中下部的光照，从而使这些部位的果实充分着色，增加着色度，进而提高优质果率[1]。

（五）综合土壤管理制度

项目组在实际工作中，采用综合土壤制度进行管理，在树盘内采用除草膜覆盖（以树干为中点，每边覆盖 1 m，整行覆盖），覆盖剩余的地方（树冠外），采用人工除草，杂草覆盖。劳动力紧张时，用除草剂除树冠外的杂草。

四、土壤改良效果检验

项目组于 2019 年 9 月 23 日，按照 "W" 形在柚园取 10 个综合土样，各点

---

[1] 吴韶辉，石学根，陈俊伟，等．地膜覆盖对改善柑橘树冠中下部光照及果实品质的效果[J]．浙江农业学报，2012，24（5）：826-829．

从柚树树盘外围根部 15 cm 深度取土样 1 000 g，用贝尔曼漏斗法分离土样中的线虫，每点分离土样 100 g，然后在解剖镜下计数分离的线虫数，并观察线虫种类。结果见表 2-7。

表 2-7 柚子科技示范庄园根结线虫调查

土样编号	线虫数	
	个 /100 g	个 /kg
1	0	未检出
2	0	未检出
3	0	未检出
4	0	未检出
5	0	未检出
6	0	未检出
7	0	未检出
8	0	未检出
9	0	未检出
10	0	未检出
平均值	0	未检出

从表 2-7 可以看出，土壤改良对线虫的防治达到了显著水平。

2019 年 9 月 23 日，项目组在柚园按照 "W" 形取 10 个综合土样，并依据前方法进行分析测试，并进行土壤健康分析，土样分析结果见表 2-8，土壤指标评价见表 2-9。

从表 2-8 和表 2-9 可以看出，通过土壤改良，I 级指标从 2 个增加到 4 个，指标占比从 11.12% 增加到 22.22%，增加了 11.10%；II 级指标从 9 个增加到 10 个，指标占比从 50% 增加到 55.56%，增加了 5.56%；III 级指标从 7 个减少到 4 个，指标占比从 38.88% 下降到 22.22%，下降了 16.66%。I 级指标和 II 级指标上升，III 级指标下降，说明了土壤改良取得了成功，但依据项目组提出的土壤健康评价体系① 的评价，柚园的土壤为 D$^+$ 级土壤。

---

① 付如作，吴瑞宏，李佳佳 . 瑞丽市柚子产业发展浅析 [J]. 云南农业，2017（5）：69-70.

表2-8　土壤健康指标检测表

指标分类	检测指标	指标测试分析结果										
		I	II	III	IV	V	VI	VII	VIII	IX	X	平均值
物理指标	(1) 团聚体稳定性（0.25~2 mm）/%	78	77	69	66	90	67	92	63	70	87	75.90
	(2) 有效含水量/%	23	20	25	19	29	30	26	24	24	31	25.10
	(3) 土壤表层硬度/MPa	1.1	0.9	1.1	0.9	0.8	1.3	0.6	0.9	1.3	1.5	1.04
	(4) 土壤次表层硬度/MPa	2.1	1.9	1.7	1.5	1.9	2.1	2.3	1.9	1.3	2.0	1.87
生物指标	(5) 有机质含量/(g·kg^{-1})	24.15	21.85	19.55	17.25	21.85	24.15	26.45	21.85	14.95	23.02	21.51
	(6) 活性碳含量/(mg·kg^{-1})	79	72	64	57	72	79	87	72	73	76	72.94
	(7) 潜在可矿化氮*/%	—	—	—	—	—	—	—	—	—	—	—
化学指标	(8) pH	6.4	6	5.5	7.3	7.5	6.5	7.3	6.8	6.3	6.6	6.62
	(9) 水溶性总盐（EC）/(g·kg^{-1})	0.09	0.11	0.12	0.04	0.05	0.13	0.19	0.07	0.12	0.08	0.10
	(10) 全氮（N）/%	0.36	0.43	0.47	0.16	0.20	0.51	0.75	0.28	0.47	0.32	0.40
	(11) 有效磷（P）/(mg·kg^{-1})	203	200	198	230	208	200	189	204	199	218	204.90
	(12) 速效钾（K）/(mg·kg^{-1})	235	302	205	188	209	169	203	205	230	213	215.90
	(13) 交换性钙（Ca）/(cmol·kg^{-1})	10.3	10.3	10.2	10.4	10.6	10.5	10.2	10.3	10.3	10.4	10.36
	(14) 交换性镁（Mg）/(cmol·kg^{-1})	2.5	2.39	2.27	2.23	2.18	2.05	1.86	1.79	1.67	1.59	2.05
	(15) 有效硫（S）/(mg·kg^{-1})	16.9	17.01	17.13	17.17	17.22	17.35	17.54	17.61	17.73	17.81	17.35
	(16) 有效铁（Fe）/(mg·kg^{-1})	116.3	116.4	116.5	116.6	116.6	116.8	116.9	117.0	117.1	117.2	116.75
	(17) 有效锰（Mn）/(mg·kg^{-1})	21.2	21.3	21.4	21.5	21.5	21.7	21.8	21.9	22.0	22.1	21.65
	(18) 有效锌（Zn）/(mg·kg^{-1})	1.32	1.43	1.55	1.59	1.64	1.77	1.96	2.03	2.15	2.23	1.77
生物指示物	(19) 蚯蚓数量/(条·m^{2})	3	2	5	4	8	2	2	3	1	7	3.7

注：由于条件限制，潜在可矿化氮没有检测。

表 2-9　土壤健康评价表

指标分类	检测指标	土壤健康评价指标参考值			土壤健康指标实测值	土壤健康指标单项评价		
		I 级	II 级	III 级		I 级	II 级	III 级
物理指标	(1) 团聚体稳定性 (0.25 ~ 2 mm) /%	>90	80 ~ 90	<80	75.90			1
	(2) 有效含水量 /%	>40	30 ~ 40	<30	25.10			1
	(3) 土壤表层硬度 /MPa	<1.0	1.0 ~ 2.0	>2.0	1.04		1	
	(4) 土壤次表层硬度 /MPa	<2.0	2.0 ~ 3.0	>3.0	1.87	1		
生物指标	(5) 有机质含量 / (g·kg⁻¹)	>40	20 ~ 40	<20	21.51		1	
	(6) 活性碳含量 / (mg·kg⁻¹)	>140	130 ~ 140	<130	72.94			1
	(7) 潜在可矿化氮※ /%	—	—	—	—			
	(8) pH	6.5 ~ 7.5	5.5 ~ 8.0*	≤ 5.5 或 ≥ 8.0	6.62	1		
化学指标	(9) 水溶性总盐 (EC) / (g·kg⁻¹)	<0.1	0.1 ~ 0.3	>0.3	0.10		1	
	(10) 全氮 (N) /%	>0.4	0.2 ~ 0.4	<0.2	0.40		1	
	(11) 有效磷 (P) / (mg·kg⁻¹)	>200	100 ~ 200	<100	204.90	1		
	(12) 速效钾 (K) / (mg·kg⁻¹)	>300	100 ~ 300	<100	215.90		1	
	(13) 交换性钙 (Ca) / (cmol·kg⁻¹)	>15	10 ~ 15	<10	10.36		1	
	(14) 交换性镁 (Mg) / (cmol·kg⁻¹)	>4.0	3.0 ~ 4.0	<3.0	2.05			1
	(15) 有效硫 (S) / (mg·kg⁻¹)	>20	10 ~ 20	<10	17.35		1	
	(16) 有效铁 (Fe) / (mg·kg⁻¹)	>100	80 ~ 100	<80	116.75	1		
	(17) 有效锰 (Mn) / (mg·kg⁻¹)	>25	15 ~ 25	<15	21.65		1	
	(18) 有效锌 (Zn) / (mg·kg⁻¹)	>2.5	1.5 ~ 2.5	<1.5	1.77		1	
生物指示物	(19) 蚯蚓数量 / (条·m²)	>8	5 ~ 3	<3	3.70		1	

注：由于条件限制，潜在可矿化氮没有检测。结论：I 级指标 4 个，占比 22.22%；II 级指标 10 个，占比 55.56%；III 级指标 4 个，占比 22.22%。

五、持续进行土壤改良

（一）优化土壤改良方案

项目组根据上年土壤改良的实际效果，对"有机肥＋海螺甲壳素＋凹凸棒＋复合生物刺激素（YCB）＋噻唑膦＋噁霉灵"土壤改良方案优化为"有机肥＋海螺甲壳素＋凹凸棒＋虾肽氨基酸"，其中有机肥以矿物源有机肥为主。

（二）开挖施肥沟

2019年10月14日，项目组用2F-30型自走式多功能施肥机进行开挖施肥沟（图2-3左），按照每垄单边开沟的方式进行，垄与垄之间的施肥沟南北交叉。采用人工对树盘周围的施肥沟进行修整，可确保根系能晒到太阳。

图2-3 开挖施肥沟和铺设地布

（三）施冬肥

1. 材料及用量

功能有机肥（项目组在恒冠泰达有机肥厂生产）：（10±1）kg／株

矿物源有机肥（峨山肥天下腐植酸肥料有限公司）：（15±0.5）kg／株

海螺甲壳素（湛江市博泰生物科技实业有限公司）（5±0.5）kg／株

复合肥（15-15-15）（云天化股份云峰分公司）：（1±0.2）kg／株

复合肥（13-33-4）（云南三环中化化肥有限公司）：（1±0.2）kg／株

2. 施肥方法

结合柚树需肥规律，在立冬至大雪（2019 年 11 月 8 日至 2019 年 12 月 7 日）期间，项目组在土壤改良方案的基础上，添加复合肥一起施入，完成柚树冬肥暨土壤改良方案的实施。

具体施肥方法：将所需材料按照用量撒在开沟卷起的土堆上，然后与土混合均匀，再填埋到施肥沟内，使垄成缓坡型，有利于排雨水。

3. 铺设地布

（1）地布材质选择

柚园地布铺设一次要连续使用 2 年以上，所以要选择强力高、耐腐蚀、透气透水性好、抗微生物性能好、材质轻柔、断裂强力高、抗紫抗氧的黑色园艺地布。

对购买的地布进行分析，其相关指标如下：

幅宽：1 m

颜色：黑色

密度：（0.92 ± 0.05）g · cm^{-3}

熔融指数：20 ~ 30 g · （10 min）$^{-1}$

含水量：≤ 0.05%

热稳定性：≤ 280 ℃

耐光性：≥ 8 级

（2）铺设时期

选择在冬季施完冬肥后马上铺设，有利于保持土壤墒情，使柚树安全越冬。

（3）铺设方法

先将地布沿树冠营养带拉开，左右各拉一块，盖住微喷带，然后使两块地布在弄中部搭缝，拉直绷紧铺展，并用地布钉子固定（图 2-3 右）。

（4）防止损坏

铺设地布后，在柚园作业时，注意避免机械和人损坏地布；土壤施肥时，先把地布外沿揭开卷到果树根际部，等到施肥完后，又重新铺好；用水肥一体化施肥时，不需要揭开地布，使用暗喷模式施肥；采果、修剪等作业时，注意不要把果梯直接搭在地布上面，以防戳穿地布；割草时不要损坏地布。

第三章

柚树的施肥管理

扫码查看
本章高清图片

| 第一节 |
施肥量

　　柚树施肥时需要考虑到树体的生长状况和土壤环境条件等诸多因素，所以，施肥量也是由多因素决定的。

一、施肥量的理论值

　　一般情况下，年施肥量可用公式（3-1）计算

$$施肥量 = \frac{肥料吸收量 - 肥料元素的天然供给量}{肥料元素的利用率} \quad \cdots\cdots\cdots\cdots\cdots\cdots\cdots\cdots\cdots\cdots \quad （3-1）$$

其中,肥料吸收量: 指一年中枝叶、果实、树干、根系等新长出部分和增粗部分的量。

　　肥料元素的天然供给量：指即使不施用某种肥料，果树也能从土壤中吸收这种元素的量，以 N 为例，N 的天然供给量主要部分来自土壤腐殖质所含 N 的无机化，其供给源主要是落叶、腐根以及间作物。

　　肥料元素的利用率：在实际柚树生产中，从施入土壤的肥料并不能完全被果树吸收，可能一部分由土壤表面浸透而流失，一部分由地面挥发，还有一部分成为不供给状态。而且由于气象、土壤、肥料种类和形态、施肥方法等的不同，肥料利用率的可变性比较大。肥料元素的利用率变因素太多，很难确定，一般情况下肥料元素的利用率的参考值：N 为 50%，P 为 30%，K 为 40%。

二、通过田间试验确定最佳施肥量

　　"3414" 试验是根据作物的需肥特点、土壤供肥性能与肥料效应，在测出土壤养分状况的前提下，提出氮、磷和钾的比例及用量的施肥技术，吸收回归最优设计，处理少、效率高，符合肥料试验和施肥决策要求，可运用肥料效应函数法、土壤养分丰缺指标法、养分平衡法等进行施肥量的推荐，依据作物需肥规律、土壤供肥性能和肥料效应，合理确定氮、磷、钾的施用量，是当前大田作物推荐施

肥的主要田间试验方案。当前，"3414"试验设计方案作为全国范围内广泛开展的测土配方施肥推荐的主要田间试验方案，就水稻、小麦、油菜、大麦、玉米等作物分别建立了施肥指标体系[①]，项目组采用"3414"方案设计氮磷钾3种不同肥料配比，研究氮磷钾配比对柚子产量的影响，通过建立肥料效应模型，推荐幼年柚树合理施肥。

（一）柚树4个施肥水平设计

试验采用二次饱和最优设计之"3414"完全实施方案，设置氮肥、磷肥、钾肥用量3个试验因素，每个试验因素设置4个施肥水平14个处理，重复3次，随机区组设计（表3-1）。

表3-1 柚树4个施肥水平设计

施肥水平	营养元素用量		
	N / (kg · 667 m^{-2})	P$_2$O$_5$ / (kg · 667 m^{-2})	K$_2$O / (kg · 667 m^{-2})
0	0	0	0
1	25	12.5	17.5
2	50	25	35
3	75	37.5	52.5

（二）供试肥料

氮肥："金沙江"牌尿素（N，46%）。

磷肥："红海"牌普通过磷酸钙（P$_2$O$_5$，16%）。

钾肥："国安"牌硫酸钾镁肥（K$_2$O，24%）。

柚树：2018年1月高接换种的水晶蜜柚，每株柚树挂果量控制在8～10个果子。

（三）试验实施

①基肥于2019年立冬至小雪（11月8日至22日）期间施入，单株施尿素占60%、磷肥占80%、硫酸钾镁肥占20%。

---

① 周龙，曾志伟，杨德荣. 不同施肥水平对玉米产量的影响及肥料效应[J]. 贵州农业科学，2019，47（1）：36-42.

2. 花前肥于 2020 年大寒至立春（1 月 20 日至 2 月 4 日）期间施入，以氮肥为主，单株追尿素占 20%。

3. 壮果促梢肥于 2020 年小满至芒种（5 月 20 日至 6 月 5 日）期间施入，单株追施尿素占 20%、磷肥占 20%、硫酸钾镁肥占 80%。

（四）试验调查分析

2020 年 10 月 3 日组织采摘采果称重。试验各小区产量汇总结果见表 3-2，对试验结果进行三元二次回归分析和方差检验（表 3-3），建立柚树三元二次肥料综合效应方程如公式（3-2）：

$$Y=b_0+b_1N+b_2P+b_3K+b_4N^2+b_5P^2+b_6K^2+b_7NP+b_8NK+b_9PK \quad\cdots\cdots\cdots\cdots \quad （3-2）$$

其中 Y 代表柚子产量（kg·667 m^{-2}），N 代表纯氮用量，P 代表纯 P_2O_5 用量，K 代表纯 K_2O 用量。

通过对回归方程显著性检验，F 值为 53.078 2，达 0.05 极显著水平，相关系数 R 值为 0.991 6，均说明回归方程拟合得好，能较好地反映实际情况，表明柚子产量与氮、磷、钾施用量之间具有极显著的回归关系。

表 3-2　柚树"3414"田间试验结果汇总

处理代号		1	2	3	4	5	6	7	8	9	10	11	12	13	14
因子水平码值	N	0	0	1	2	2	2	2	2	2	2	3	1	1	2
	P	0	2	2	0	1	2	3	2	2	2	2	1	2	1
	K	0	2	2	2	2	2	2	0	1	3	2	2	1	1
施肥量 /(mg·kg^{-1})	N	0	0	25	50	50	50	50	50	50	50	75	25	25	50
	P_2O_5	0	25	25	0	12.5	25	37.5	25	25	25	25	12.5	25	12.5
	K_2O	0	35	35	35	35	35	35	0	17.5	52.5	35	35	17.5	17.5
平均产量 /个		878	1 166	1 587	1 670	1 715	1 747	1 665	1 604	1 619	1 661	1 635	1 608	1 718	1 406

表 3-3　柚树"3414"试验回归方程分析

	项目	B	N	P	K	N^2	P^2	K^2	NP	NK	PK
回归方程	回归系数	877.51	0.959	41.153	16.159	−0.188	−0.140	−0.101	0.149	0.441	−1.242

回归参数	项目	样本数	变异数	相关系数	标准误差
	参数	14	10	0.991 6	40.416
回归方程检验	变异来源	自由度	平方和	均方	F 值
	回归	9	766 815.509	85 201.723 24	52.16**
	离回归	4	6 533.705	1 633.426 278	
	总计	13	773 349.214 3	$F_{0.05}=6.000\ 0$	$F_{0.01}=14.659\ 1$

$Y=877.5+0.958N-0.188N^2+41.153P-0.140P^2+16.159K-0.101K^2+0.149NP+0.440NK-1.242PK$

（五）氮磷钾交互对柚树产量的影响

通过对不同处理下的相对产量和相对增产量分析发现，对照处理相对产量最低，且完全施肥处理相对增产最大。此外，不同单因素相对于全因素处理相对产量大小依次是缺磷＞缺钾＞缺氮，相对增产量为缺氮＞缺钾＞缺磷。由此可知，施肥对柚子产量影响较大，其中氮肥增产效果较为显著，柚树对氮肥的依赖性较强；磷肥增产量较小，地块磷素相对较充足（表3-4）。

表3-4　不同处理下的相对产量和相对增产量

因素	相对产量 /%	相对增产量 /%
缺氮	66.7	49.8
缺磷	95.6	4.6
缺钾	91.8	8.9
对照	50.3	99.0

氮钾肥对磷肥的响应。从图3-1左看出，钾肥施用量在 2 kg · 667 m^{-2} 水平时，低磷和中磷水平柚子产量随施氮量增加分别提高 109.0 kg · 667 m^{-2} 和 160.0 kg · 667 m^{-2}，在低氮水平下随施磷量增加柚子产量降低 19.0 kg · 667 m^{-2}，在中氮水平下随施磷量增加柚子产量增加 32.0 kg · 667 m^{-2}。氮肥施用量在 2 kg · 667 m^{-2} 水平时，中钾相比于低钾水平，在低磷和中磷处理柚子产量均增加了 309.0 kg · 667 m^{-2} 和 128.0 kg · 667 m^{-2}，中磷和低磷水平均以中氮和中钾水平产量最高，说明氮钾肥合理施用，磷肥效能可得到最大发挥。

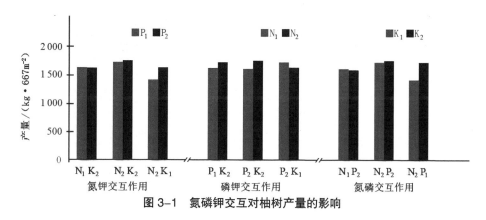

图 3-1　氮磷钾交互对柚树产量的影响

磷钾肥对氮肥的响应。从图 3-1 中可知，钾肥 2 kg·667 m^{-2} 水平施用量下，低氮处理柚子产量随磷肥施用量的增加而降低 19.0 kg·667 m^{-2}，中氮水平则增加 32.0 kg·667 m^{-2}，在低磷水平和中磷水平下柚子产量随施氮量增加均分别增加 109.0 kg·667 m^{-2} 和 160.0 kg·667 m^{-2}。磷肥施用量在 2 kg·667 m^{-2} 水平时，中钾相比于低钾水平，在低氮处理柚子产量降低 131.0 kg·667 m^{-2}，而中氮处理则增加 128.0 kg·667 m^{-2}。

氮磷肥对钾肥的响应。从图 3-1 中可看出，磷肥施用量在 2 kg·667 m^{-2} 水平时，低钾处理柚子产量随氮肥施用量的增加而降低 99.0 kg·667 m^{-2}，中氮水平则增加 160.0 kg·667 m^{-2}，低氮水平下，随施钾量增加柚子产量降低 131.0 kg·667 m^{-2}，中氮则增加 128.0 kg·667 m^{-2}。氮肥施用量在 2 kg·667 m^{-2} 水平时，中磷相比于低磷水平，在低钾和中钾处理柚子产量均增加 213.0 kg·667 m^{-2} 和 32.0 kg·667 m^{-2}。可见，氮肥对钾肥具有一定的增产效果，中氮、中磷水平时的产量均高于其他处理，说明其有利于钾肥效果的发挥。

（六）最佳施肥量的计算

对肥料效应方程求导数，将相关参数代入公式（3-2），得到最高产量为 1 711.4 kg·667 m^{-2}，氮磷钾最佳施肥量为：

m（N）=52.3 kg·667 m^{-2}

m（P_2O_5）= 26.1 kg·667 m^{-2}

m（K_2O）=33.5 kg·667 m^{-2}

按照最佳施肥量计算，幼年柚树 $m(N):m(P):m(K)=1:0.5:0.64$。

用上述"3414"试验方案在成年树上开展试验，氮磷钾最佳施肥量为：

$m(N)=65.34\ kg\cdot667\ m^{-2}$

$m(P_2O_5)=36.08\ kg\cdot667\ m^{-2}$

$m(K_2O)=54.35\ kg\cdot667\ m^{-2}$

按照最佳施肥量计算，成年柚树 $m(N):m(P):m(K)=1:0.55:0.83$。

| 第二节 |
肥料种类

肥料大致可分为有机肥料、无机肥料等种类，二者各有其优点，在肥料加工中也可将它们相互混合制作成生物有机肥、复合肥、有机无机复混肥等。

一、有机肥料

有机肥料也叫农家肥，包括人粪尿、畜禽粪、堆沤肥、秸秆还田、海肥、饼肥、绿肥以及商品有机肥等[1]。

（一）人粪尿

人粪主要由纤维素、半纤维素、未消化的蛋白质、氨基酸以及有恶臭的粪胆质色素、吲哚、硫化氢、丁酸等物质组成。人粪尿具有氮素含量高、腐熟快、肥效显著的特点，在有机肥料中素有"细肥"之称。人粪尿中磷、钾含量相对较低，但大多以无机态存在，作物容易吸收，肥效较好。人粪尿的养分含量见表3-5。但是，人粪尿含有相当多的病菌和虫卵。若要使用，必须经过无害化处理。

---

[1] 赵冰. 有机肥生产使用手册 [M]. 北京：金盾出版社，2016.

表 3-5　成年人年粪尿排放量及其养分含量[1]

项目	年排放量 / kg	有机质 / %	N / %	P_2O_5 / %	K_2O / %	相当养分总量 / kg		
						N	P_2O_5	K_2O
人粪	90	20	1.0	0.50	0.37	0.9	0.45	0.33
人尿	700	3	0.5	0.13	0.19	3.5	0.91	1.33
人粪尿	790	5 ~ 10	0.36 ~ 0.60	0.27 ~ 0.3	0.25 ~ 0.27	4.4	1.36	1.66

（二）畜禽粪

畜禽粪是指牛、羊、猪、鸡、鸭等家畜家禽的排泄物，富含磷素，其中猪粪的氮磷钾含量比较均衡，分解较慢，属于迟缓型有机肥；羊粪钾含量较高，是柚树生产较好的有机肥；鸡粪的养分含量最高。畜禽粪的养分含量见表 3-6。

关于畜禽粪的使用，要进行无害化处理，直接使用会产生危害。以鸡粪为例，鸡粪养分含量最高、最全面，其中粗蛋白 18.7%，脂肪 2.5%，灰分 13%，糖类 11%，纤维 7%。但如果鸡粪未经充分发酵或腐熟直接施用到田间，会对农作物产生危害[2]。

1. 传染病虫害

发酵不充分的鸡粪中仍含有许多有害病原菌或蛔虫卵，直接施用会传播病虫害，导致土壤滋生病菌。

表 3-6　畜禽粪的养分含量[3]

名称	N / %	P_2O_5 / %	K_2O / %	有机质 / %
牛粪	0.30 ~ 0.32	0.20 ~ 0.25	0.10 ~ 0.16	15
羊粪	0.50 ~ 0.75	0.30 ~ 0.60	0.10 ~ 0.40	24 ~ 27
猪粪	0.50 ~ 0.60	0.40 ~ 0.75	0.35 ~ 0.50	15
鸡粪	1.03	1.54	0.85	25
鸭粪	1.00	1.40	0.62	36

---

[1]　陈杰. 脐橙优质丰产栽培 [M]. 北京：中国科学技术出版社，2017.
[2]　祁玲. 畜禽粪便无害化处理设备的研究 [J]. 农产品加工，2019（19）：87-89+93.
[3]　陈杰. 脐橙优质丰产栽培 [M]. 北京：中国科学技术出版社，2017.

2. 发酵烧苗

发酵不充分的鸡粪，当发酵条件具备时，会产生二次发酵，二次发酵产生的热量会影响作物生长，严重时导致植株死亡。

3. 酸化土壤

鸡粪 pH ≈ 4（极酸性），长期直接使用会酸化土壤。

4. 土壤缺氧

鸡粪在二次发酵分解过程中消耗土壤中的氧气，使土壤处于暂时性缺氧状态，同时分解中会产生乙烯等有害气体，抑制作物根系生长。

5. 影响食品安全

由于饲料添加剂等因素，使得鸡粪中含有抗生素、激素、铜、铁、铬等物质，长期直接使用，过量积累，就可能会导致土壤和地下水污染，间接造成农产品品质下降。

（三）堆沤肥

1. 堆肥

堆肥和沤肥是利用秸秆、杂草、绿肥、泥炭、垃圾和人畜粪尿等废弃物为原料混合后，按一定方式进行堆制或沤制的肥料，是我国重要的有机肥料之一。工业化的商品有机肥生产工艺中，堆肥也是重要的过程，堆肥堆制过程中一般要经过发热、高温、降温及腐熟保温等阶段，微生物的好气分解是堆肥腐熟的重要保证。堆肥也是无害化处理的重要手段。

堆肥的原料：秸秆、杂草、垃圾等物质的纤维素、木质素、果胶含量较高，碳氮比较大，堆肥后主要为土壤提供丰富的能源物质和有机质、腐殖质。人畜粪尿、污水污泥、化学肥料等物质能补充养分和添加促进腐熟，必要时添加石灰、草木灰等调节堆肥酸碱度。细土、泥炭、锯末、大糠（米糠）等物质的吸收性强，可以吸收腐解过程中产生的氮素等养分，同时可以起到调节堆肥水分的作用。

高温堆肥与普通堆肥：高温堆肥是有机肥料无害化处理的一个主要方法。秸秆、粪尿经过高温堆肥处理后，可以消灭各种有害物质如病菌、虫卵、杂草草籽等的影响。高温堆肥还需要接种高温纤维素分解菌，设立通气装置来加快秸秆的分解，寒冷地区还应有防寒措施。

普通堆肥是在半厌氧条件下，温度 ≤ 50 ℃的堆肥方式，腐熟时间需要 3 ~ 5 个月。其缺点是不容易杀灭杂草种子、病虫卵等有害物质。堆积方法受季节等条件影响。普通堆肥有平地式、半坑式及地下式 3 种。

堆肥得到的有机肥的养分，受原料、堆积方法及腐熟程度的影响，一般堆肥的养分见表 3-7。

表 3-7　堆肥的营养成分 [1]

种类	有机质 / %	水分 / %	N / %	P$_2$O$_5$ / %	K$_2$O / %	C/N
普通堆肥	60 ~ 70	15 ~ 25	0.40 ~ 0.50	0.18 ~ 0.26	0.45 ~ 0.70	0.16 ~ 20
高温堆肥	—	24.1 ~ 41.8	1.05 ~ 2.00	0.30 ~ 0.82	0.47 ~ 2.53	9.67 ~ 10.67

2. 沤肥

方华舟等 [2] 研究发现，沤肥与化肥配伍用于水稻栽培，稻米食味值最佳，外观良好，蒸煮时品质亦适宜。说明水稻秸秆堆沤肥供养分能力强。饶玉梅 [3] 发现，果园集雨沤肥，一是可以节约用水，二是可以节约用肥，三是节省劳力，提高工效 8 ~ 10 倍。

沤肥化处理技术方法基本分为两大类，一类是简单的厌氧法，另一类是比较科学的好氧发酵法。好氧发酵法又分为发酵仓法、堆床法和通风床法 [4]。

厌氧沤肥法是传统农业使用的方法，其特点是简单，不需要更多的技术，一般农户都能操作。缺点是散发的臭味较大，对环境有影响，并且发酵度不够，杀不死一些寄生虫和细菌。

20 世纪 80 年代西方发达国家普遍采用层床通风发酵沤肥法，是一种科学

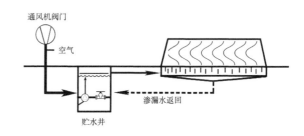

图 3-2　层床通风发酵沤肥法 [5]

① 赵冰. 有机肥生产使用手册 [M]. 北京: 金盾出版社, 2016.
② 方华舟, 谭智锋. 水稻秸秆堆沤肥对优质水稻产量及质量的影响 [J]. 中国土壤与肥料, 2019 (1): 62-70.
③ 饶玉梅. 果园集雨沤肥、免耕半机械化灌肥工程技术 [J]. 中国南方果树, 2010, 39 (3): 84-85.
④⑤ 周玉琪, 赫英臣. 固体有机废物沤肥化技术方法 [J]. 环境科学研究, 1994 (5): 57-61.

和经济的沤肥技术，其基本原理见图3-2。

层床沤肥装置的基本结构由层床面、层床基础、通风道、贮水井、湿化器、风机和压力控制装置等组成。由通风控制阀进行供风，风流首先进入贮水井，使空气进行湿化（控制湿度），湿化的气体通过进风管进入层床基础底面，再由底面的进风口使风流均匀地进入床上的废物体中。废物体中多余的水分由下方的排水管返回贮水井，可再利用于气体湿化。废物体中上下层进风量、温度和湿度都有很大差异，这种不均匀性可通过定期倒垛或重新分层来改变。有关堆沤肥的养分参考表3-8。

表3-8　堆沤肥的养分含量 [②]

堆沤肥	水分 / %	有机质 / %	N / %	P$_2$O$_5$ / %	K$_2$O / %
一般堆肥	60 ~ 75	15 ~ 25	0.5 ~ 0.6	0.18 ~ 0.26	0.45 ~ 0.70
高温堆肥	—	23 ~ 42	1.1 ~ 2.0	0.30 ~ 0.80	2.47 ~ 2.53
草塘泥	—	6 ~ 13	0.2 ~ 0.4	0.13 ~ 0.26	—
沤 肥	—	3 ~ 12	0.1 ~ 0.3	—	—

（四）秸秆还田

从理论上说，作物从土壤中吸收养分后组成植物体，因此秸秆中一般会含有植物所必需的各种元素。所含各种元素的多少随物秸秆种类不同而异。麦秸、稻草、玉米秸、豆秸、油菜秸等都可以用来还田。豆科作物秸秆和油菜秸秆中氮素含量较高，而小麦、水稻等禾本科作物秸秆中含钾量较多。由于秸秆还田对柚树种植来说操作难度比较大，所以，对秸秆还田不再做进一步讨论。

（五）海肥

海肥是指以海洋资源为原料的有机肥，海肥分为动物性海肥（鱼虾类、贝壳类，以及其他的动物性海肥如海胆等）、植物性海肥（海藻肥）、矿物性海肥（海

---

① 周玉琪，赫英臣. 固体有机废物沤肥化技术方法 [J]. 环境科学研究，1994（5）：57-61.

② 赵冰. 有机肥生产使用手册 [M]. 北京：金盾出版社，2016

泥及海沙、农盐、壳灰）① 等三类。

项目组在柚树种植过程中，使用湛江市博泰生物化工科技实业有限公司生产的一款海肥，商品名"好生根"。该款海肥是由虾头、花生麸、腐殖酸、蛋白多肽活性剂、螯合剂、氮磷钾及中微量元素等经特殊工艺加工而成的功能有机肥②，改良土壤效果比较显著。

（六）饼肥

饼肥是重要的优质有机肥，营养丰富，含有大量的蛋白质、有机氮以及其他营养元素③。通常含油较多的植物种子榨油后余留的残渣用作肥料时称为饼肥，在农业生产中常见的饼肥有：大豆饼肥、菜籽饼肥、花生饼肥、茶籽饼肥等。

不同的饼肥，其氮磷钾的含量有较大的差异，南京土壤研究所通过取样分析不同饼肥发现，不同产地、不同加工方法的差异，其养分含量与历史资料《肥料手册》有着较大的差异④。所以，我们在使用饼肥时，最好的方法是取样分析其养分含量。

（七）绿肥

绿肥是指利用作物全部或部分生长过程中的新鲜嫩绿秸秆有机物，直接或间接地进入土壤中的有机肥；或与主要作物轮作，促进主要作物生长，改善土壤性质的植物。

我国是绿肥栽培时间最长、覆盖面积最广的国家，公元前 1000 年，人们就用除掉的草来施肥。公元 300 年，就有使用农作物作为绿肥的记载⑤。

通常在柚树行间、空闲地里种植毛叶苕子、肥田萝卜、绿豆、豌豆等绿肥作物，待绿肥作物进入花期，刈割或拔除掩埋土中。绿肥富含有机质，养分完全，不仅肥效高，还可改良土壤理化性质，促进土壤团粒结构的形成，增强土壤的保水、保肥能力，提高土壤肥力。主要绿肥作物鲜草养分含量见表 3-9。

---

① 李双霖. 福建几类海肥的性质、肥效及施用方法 [J]. 土壤，1962（2）：51-53.
② 赵利敏，朱小花，王荣辉，等. 虾肽功能有机肥在橡胶树种植上的应用 [J]. 安徽农业科学，2015，43（16）：105-107.
③ 靳志丽，蒋尊龙，贾少成，等. 饼肥用量对湘南高有机质烟田烤烟生长及产质量的影响 [J]. 作物研究，2018，32（6）：516-520.
④ 各种饼肥的养分含量 [J]. 中国烟草，1982（2）：42.
⑤ 李清. 主要绿肥根冠比的初步研究 [J]. 南方农机，2019，50（13）：23+32.

表3-9　主要绿肥作物鲜草养分含量[①]

名　称	N / %	P_2O_5 / %	K_2O / %
紫云英	0.33	0.08	0.23
紫花苜蓿	0.56	0.18	0.31
苕　子	0.51	0.12	0.33
大叶猪屎豆	0.57	0.07	0.17
草木犀	0.77	0.04	0.19
蚕　豆	0.52	0.12	0.93
绿　豆	0.58	0.15	0.49
豌　豆	0.51	0.15	0.52
印度豇豆	0.36	0.10	0.13
肥田萝卜	0.36	0.05	0.36
油菜青	0.46	0.12	0.35
玉米秸	0.48	0.38	0.64
稻　草	0.63	0.11	0.85

（八）商品有机肥

1. 生产和推广商品有机肥的必要性

如果长期直接施用未进行无害化处理或无害化处理不完全的人粪尿、畜禽粪、堆沤肥等有机肥，虽然能给土壤增加有机质，但是会对土壤造成污染，导致土壤损毁和退化。土壤一旦损毁和退化，要恢复它难度非常大，甚至不可能恢复。被污染的土壤地力会大幅下降，我们的粮食大部分是直接或间接产自土壤，地力下降将会威胁人类健康和食品安全。杜新豪在《金汁：中国传统肥料知识与技术实践研究（10—19世纪）》一书中说：古巴比伦、古埃及、古印度、古罗马，甚至是美洲的玛雅文明的衰落都与地力下降有关[②]。

当然，土壤污染物来自多方面，但是把人粪尿、畜禽粪、海产品废弃物、城

---

① 陈杰. 脐橙优质丰产栽培 [M]. 北京：中国科学技术出版社，2017.
② 杜新豪. 金汁：中国传统肥料知识与技术实践研究（10—19世纪）[M]. 北京：中国农业科学技术出版社，2019.

市垃圾以及工业废弃物等，通过工业化加工和无害化处理，制作成商品有机肥，对维系土壤地力有着重大的意义。

2. 商品有机肥的分类及其标准

商品有机肥是指按照国家相关标准加工生产而成的有机肥料，商品有机肥分为精制有机肥料、有机 – 无机复混肥料和微生物肥料。

商品有机肥是经过无害化处理的有机肥，避免了有机肥污染土壤的风险，所以，在柚树种植中，我们提倡使用商品有机肥。商品有机肥的主要功能包括：为耕地补充有机质；向作物提供一定量的氮、磷、钾养分；改良土壤，提高土壤的物理肥力、化学肥力以及生物肥力。

精制有机肥料执行 NY 525—2012 标准，主要指标见表 3-10；有机 – 无机复混肥料执行 NY 481—2002 标准或 GB 18877—2020，主要指标见表 3-11；微生物肥料执行 NY 227—1994 标准，主要指标见表 3-12。

表 3-10　有机肥料标准（NY 525—2012）主要指标

项　目		指　标
有机质的质量分数（以烘干基计）/%		≥ 45
总养分（$N+P_2O_5+K_2O$）的质量分数（以烘干基计）/%		≥ 5.0
水分（鲜样）的质量分数 /%		≤ 30
酸碱度（pH）		5.5 ~ 8.5
限量指标	总砷（As）（以烘干基计）/(mg · kg⁻¹)	≤ 15
	总汞（Hg）（以烘干基计）/(mg · kg⁻¹)	≤ 2
	总铅（Pb）（以烘干基计）/(mg · kg⁻¹)	≤ 50
	总镉（Cd）（以烘干基计）/(mg · kg⁻¹)	≤ 3
	总铬（Cr）（以烘干基计）/(mg · kg⁻¹)	≤ 150

表 3-11　有机 – 无机复混肥标准主要指标（NY 481—2002 或 GB 18877—2020）

项　目		指标	
		Ⅰ 型	Ⅱ 型
NY 481—2002	总养分［氮（N）+ 有效磷（P_2O_5）+ 钾（K_2O）］/%	≥ 20	≥ 15
	有机质的质量分数（以烘干基计）/%	≥ 15	≥ 20
	水分（H_2O）的质量分数 /%	≤ 12	≤ 14
	酸碱度（pH）	5.5 ~ 8.5	

续表

项 目			指标	
			I 型	II 型
组成产品的单一养分不得低于 2.0%，且单一养分测定值与标明指负偏差的绝对值不得大于 1.5%				
GB 18877— 2020		总养分（N+P₂O₅+K₂O）的质量分数 / %	≥ 15	≥ 25
		水分（H₂O）的质量分数 / %	≤ 12	≤ 12
		有机质的质量分数 / %	≥ 20	≥ 15
		粒度（1.00 ~ 4.75 mm 或 3.35 ~ 5.60 mm）/ %	≥ 70	
		酸碱度（pH）	5.5 ~ 8.0	
		蛔虫卵死亡率 / %	≥ 95	
		粪大肠菌群数 /（个 /g）	≤ 100	
		氯离子的质量分数 / %	≤ 3.0	
		砷及其化合物的质量分数（以 As 计）/ %	≤ 0.005 0	
		镉及其化合物的质量分数（以 Cd 计）/ %	≤ 0.001 0	
		铅及其化合物的质量分数（以 Pb 计）/ %	≤ 0.015 0	
		铬及其化合物的质量分数（以 Cr 计）/ %	≤ 0.050 0	
		汞及其化合物的质量分数（以 Hg 计）/ %	≤ 0.000 5	

表 3–12　微生物肥料标准主要指标（NY 227—1994）

项 目		剂 型		
		液体	固体	颗粒
1. 外观		无异臭味液体	黑褐色或褐色粉状、湿润、松散	褐色颗粒
2. 有效活菌数	根瘤菌肥料	—	—	—
	慢生根瘤菌 /（亿 /mL）	≥ 5	≥ 1	≥ 1
	快生根瘤菌 /（亿 /mL）	≥ 10	≥ 2	≥ 1
	固氮菌肥料 /（亿 /mL）	≥ 5	≥ 1	≥ 1
	硅酸盐细菌肥料 /（亿 /mL）	≥ 10	≥ 2	≥ 1
	磷细菌肥料	—	—	—
	有机磷细菌 /（亿 /mL）	≥ 5	≥ 1	≥ 1
	无机磷细菌 /（亿 /mL）	≥ 15	≥ 3	≥ 2
	复合微生物肥料 /（亿 /mL）	≥ 10	≥ 2	≥ 1
3. 水分 / %		—	20 ~ 30	<10
4. 细度 / mm		—	粒径 0.18	粒径 2.5 ~ 4.5
5. 有机质（以 C 计）/ %		—	20	25
6. pH		5.5 ~ 7.0	6.0 ~ 7.5	6.0 ~ 7.5

项 目	剂 型		
	液体	固体	颗粒
7.杂菌数 / %	≤ 5	≤ 15	≤ 20
8.有效期	不得低于 6 个月		

项目		单位	标准限值
无害化处理指标	1.蛔虫卵死亡率	%	95 ~ 100
	2.大肠杆菌值	—	—
	3.汞及其化合物（以 Hg 计）	mg / kg	≤ 5
	4.镉及其化合物（以 Cd 计）	mg / kg	≤ 3
	5.铬及其化合物（以 Cr 计）	mg / kg	≤ 70
	6.砷及其化合物（以 As 计）	mg / kg	≤ 30
	7.铅及其化合物（以 Pb 计）	mg / kg	≤ 60

3. 功能有机肥料

在增加土壤有机质的同时，能改良土壤、防除某些有害生物或病菌的有机肥料称为功能型有机肥料。根据不同的标靶物（如根结线虫、土传病害等）可采用"有机质＋生物刺激素（剂）＋功能菌"技术路线开发及生产功能有机肥料[1]。功能有机肥料的有机质可来源于矿物源腐殖酸和生物质腐殖酸。矿物源腐殖酸的原料有褐煤、风化煤和泥炭等。生物质腐殖酸的原料有秸秆、木屑、制糖废渣、酿酒废液、动物粪便等工农业有机废弃物[2]。

二、无机化肥

无机化肥一般为矿质肥料，大多是通过化学反应制得，所以也叫化学肥料（简称化肥），它具有成分单纯，含有效成分高，易溶于水，分解快，易被根系吸收等特点。

无机肥料的分类，不同的文献有不同的分类法，陈娉婷等[3]基于农业产业信息公共服务平台的研究与实践，结合科

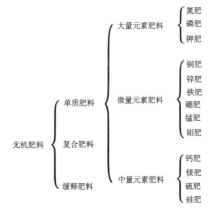

图 3-3 无机肥料分类

① 杨德荣，曾志伟，朱小花，等 . 抑制线虫和土传病害的功能有机肥开发与应用 [J]. 磷肥与复肥，2019, 34（2）：24-27.
② 杨德荣，曾志伟，周龙，等 . 矿物源腐殖酸与生物质腐殖酸的比较与分析 [J]. 农业科学 . 2018, 2（2）：79-80+140.
③ 陈娉婷，邓丹丹，罗治情，等 . 基于农业信息化应用的肥料分类与编码 [J]. 湖北农业科学，2016, 55（22）：5949-5953+5957.

学性、系统性、规范性等原则，理论联系实际，提出农用肥料分类与编码体系（图3-3），项目组认为这是目前较适用于互联网操作的信息标准分类体系，为国家肥料建立统一的分类与管理机制提供了良好的建议，为农业信息服务平台的研发提供了标准的数据支持，为实现中国农业信息化建设起到了一定的作用。所以，我们采用了基于农业信息化应用的肥料分类体系中的分类，无机肥料分为单质肥料、复合肥料和缓释肥料3大类，分类及对应的肥料品种见表3-13。

表3-13　无机肥料的分类及其肥料品种

大类	中类	小类	细类（肥料品种）
无机肥料	大量元素肥料	氮肥	硫酸铵［$(NH_4)_2SO_4$］、氯化铵（NH_4Cl）、碳酸氢铵（NH_4HCO_3）、氨水（$NH_3 \cdot H_2O$）等
		磷肥	普通过磷酸钙［$Ca(H_2PO_4)_2$］、重过磷酸钙［$Ca(H_2PO_4)_2 \cdot H_2O$］等
		钾肥	氯化钾（KCl）、硫酸钾（K_2SO_4）、硝酸钾（KNO_3）等
		氮磷/氮钾/磷钾复合肥	硝铵磷肥、磷酸一铵（$NH_4H_2PO_4$）、磷酸二铵［$(NH_4)_2 \cdot HPO_4$］等
		氮磷钾复合肥	复合肥（三元）、硫酸钾复合肥、尿磷钾型复合肥等
	中量元素肥料	硅肥	硅钙镁、硅锰肥、硅镁钾肥等
		钙肥	石灰、石膏、氯化钙等
		镁肥	硫酸镁、氯化镁、硝酸镁等
		硫肥	硫黄
	微量元素肥料	铁肥	硫酸铁、硫酸亚铁等
		硼肥	硼酸、硼砂、硼泥（硼渣）等
		锰肥	硫酸锰、氯化锰、碳酸锰等
		铜肥	五水硫酸铜、一水硫酸铜等
		锌肥	一水硫酸锌、七水硫酸锌等
		钼肥	钼酸铵、钼酸钠、钼酸钙等

从某种程度上说，如果土壤处于肥沃状态或有机肥充足的话，就没有必要追施化肥，而在土壤不太肥沃或收获后没有施入充足而腐熟的基肥时，树体常会发生营养不良或供应中断的情况，适时追肥就可以补充树体营养一时的不足。无机肥料见效快但肥效持续时间短，一般作为追肥施用。在柚树种植中，有机肥料和无机肥料结合使用，才能确保丰产，提高果实品质。

|第三节|
施肥时期

一、中国的二十四节气与柚树物候期

（一）中国的二十四节气

农业可持续发展的实质，就是协调人与自然的关系，处理好人对自然的依赖与控制的平衡，从而保障人类的生存发展。二十四节气（图3-4）最根本的农业生产特性是自然性，让农民能够顺应自然时序。农民再根据农作物的自然生长属性，协调好农作物与外部生长环境的关系。在二十四节气的农业生产中，农民与自然的关系是互动关联的，农民既是自然的受惠者，也是自然的维护者和贡献者，符合农业可持续发展要求。中国农业的优势是：既可以借助现代农业的优势，又可以吸纳传统农耕文化的智慧和方法，因而有一种后发优势[1]。

春季	立春 （2月3~5日）	雨水 （2月18~20日）	惊蛰 （3月5~7日）
	春分 （3月20~22日）	清明 （4月4~6日）	谷雨 （4月19~21日）
夏季	立夏 （5月5~7日）	小满 （5月20~22日）	芒种 （6月5~7日）
	夏至 （6月21~22日）	小暑 （7月6~8日）	大暑 （7月22~24日）
秋季	立秋 （8月7~9日）	处暑 （8月22~24日）	白露 （9月7~9日）
	秋分 （9月22~24日）	寒露 （10月8~9日）	霜降 （10月23~24日）
冬季	立冬 （11月7~8日）	小雪 （11月22~23日）	大雪 （12月6~8日）
	冬至 （12月21~23日）	小寒 （1月5~7日）	大寒 （1月20~21日）

图3-4　中国二十四节气

二十四节气作为传统农耕文化的重要组成部分，是一种关乎未来的农业文化遗产。二十四节气蕴藏的追求人与自然和谐相处的生态可持续发展观念，是目前世界各国人民的共同追求。所以，在柚树种植中，无论是施肥还是修剪，均要依

---

[1]　胡燕，张逸鑫，陆天雨. 农业伦理视域下二十四节气与现代农业生产体系的耦合[J]. 江苏社会科学，2019（5）：231-237+260.

据二十四节气进行。

（二）柚树物候期

1. 春季物候期

立春（2月3～5日）→雨水（2月18～20日）：现蕾期、春梢抽发期、根系生长期；惊蛰（3月5～7日）→春分（3月20～22日）：盛花期（早熟品种谢花期）、春梢生长期；清明（4月4～6日）→谷雨（4月19～21日）：谢花期（早熟品种生理落果期）、晚春梢抽发期。

2. 夏季物候期

立夏（5月5～7日）→小满（5月20～22日）：生理落果期、幼果细胞分裂期、夏梢抽发期；芒种（6月5～7日）→夏至（6月21～22日）：果实膨大期、夏梢生长期；小暑（7月6～8日）→大暑（7月22～24日）：汁液增加期（果实细胞增大后期）、夏梢老熟期。

3. 秋季物候期

立秋（8月7～9日）→处暑（8月22～24日）：果实成熟期、秋梢抽发期；白露（9月7～9日）→秋分（9月22～24日）：果实采收期、秋梢生长期；寒露（10月8～9日）→霜降（10月23～24日）：果实采收期、秋梢老熟期。

4. 冬季物候期

立冬（11月7～8日）→小雪（11月22～23日）：冬梢抽发期、根系休眠期；大雪（12月6～8日）→冬至（12月21～23日）：花芽分化初期、根系休眠期；小寒（1月5～7日）→大寒（1月20～21日）：花芽分化末期、根系萌动期。

二、施肥原则

（一）春季施肥

春季柚树现蕾、根系生长、春梢抽枝展叶、开花坐果、幼果发育等一系列生理生化过程相继出现，需要消耗大量的养分，在开花后，枝梢和果实同时生长而产生激烈的养分竞争关系。如果冬季修剪枝条过多，春季抽梢量会大幅增长，如果此时养分不充足，会影响柚子开花坐果，并且易造成落花落果、树势减弱、幼果发育不良等。春季施肥以氮素为主，综合考虑其他营养元素，确保柚子果实发育和春梢生长的需要，春梢是翌年的结果母枝，应予重视。

施肥最佳时期：立春（2月3～5日）至小满（5月20～22日）期间。

（二）夏季施肥

夏季柚树果实开始膨大，春梢新叶逐渐老熟成为光合作用的功能叶片，这时开始抽发夏梢，为确保柚子果实的发育需要，对夏梢应进行抹芽控梢。对于需要夏梢补空的树，须留夏梢让其正常生长。如营养不足，会直接影响到果实的膨大和叶片的光合作用。夏季施肥既要考虑果实膨大的需要，又要考虑夏梢抽发及生长的需要。

施肥最佳时期：立夏（5月5～7日）至小满（5月20～22日）期间。

（三）秋季施肥

柚树在秋季主要是果实品质形成、养分回流贮藏等生理代谢过程，对柚树生长发育至关重要。养分回流对恢复树势、抵御冬季的逆境、促进翌年春季的生长发育均具有重要的、不可替代的作用。秋季时期的施肥，既要考虑秋梢消耗量，又要考虑养分的回流贮藏需要量。

施肥最佳时期：立秋（8月7～9日）至处暑（8月22～24日）期间。

（四）冬季施肥

冬季柚树处于休眠状态，同时冬季又是花芽分化期，冬季施肥的目的是贮藏养分为春季开花结果提供足够的动力，更重要的是对柚园进行一次大规模的土壤改良行动。

施肥的最佳时期：立冬（11月7～8日）至大雪（12月6～8日）期间。

因此，在寒露（10月8～9日）后就必须在柚园中开挖施肥沟，并进行晒根、清园等农事活动，确保在立冬（11月7～8日）至大雪（12月6～8日）期间完成施肥，改良土壤。

三、柚树对肥料的动态吸收

柚树对氮磷钾（NPK）的动态吸收目前没有相关研究报道，项目组采用温州蜜柑成年树对肥料 NPK 随季节变化相关研究资料[1]（图 3-5）为参考，进一步研究柚树对肥料 NPK 的动态吸收。

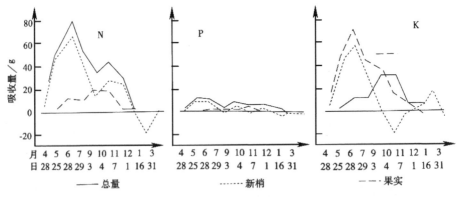

图 3-5　柚树 NPK 吸收模型

N 的吸收：新梢从 4 月下旬开始逐渐增加，到 6 月，总量吸收最多；P 的吸收：新梢 5 月最多，并维持较高吸收量持续到 10 月；K 与 N 的吸收类似：新梢、果实 6 月吸收最多，总量在 9 月吸收最多。

项目组参考庄伊美的研究成果（图 3-6）[2]，研究柚树叶片元素的周年变化趋势：叶片钙含量随着叶龄增大而显著增加，通常是年底增至最高；含钾量随叶龄增加而呈下降趋势；含镁量也是由前期的高值降至后期的低值；含氮量前期及后期较低，而中期较高；含磷量则是前期和后期处于高值，中期处于低值。

关于肥料 NPK 的动态吸收、叶片元素的周年变化前人的研究成果只能显示一种趋势，实际上和肥料的分解速度，与土壤的温度、水分及 pH 有关；而肥效持续时间的长短，则与肥料本身的性质、土壤的理化性状、降水量等因素有关。

① 邓秀新，彭抒昂. 柑橘学 [M]. 北京：中国农业出版社，2017.
② 庄伊美，李来荣，江由，等. 蕉柑叶片与土壤常量元素含量年周期变化的研究 [J]. 福建农学院学报，1984（1）：15-23.

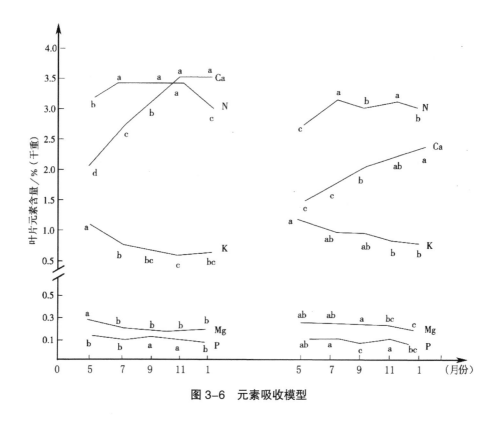

图 3-6 元素吸收模型

|第四节|
施肥方法

一、施肥方法[①]

（一）根际施肥

根际施肥是指将肥料直接施于土壤，作物通过根系吸收肥料的施肥方式。施

① YANG D R, SHEN M, ZENG Z W, et al. High-yielding fertilization technology for citrus grandis[J]. Asian agricultural research, 2019（4）: 73-76.

肥时应根据肥料移动性和树形，尽量将肥料施在根系分布的土层中，以增加根系对养分的吸收。利用根系的向肥性特点，幼龄树主要促发水平根系生长，随着树体增大，逐年深施肥料促使根系下扎及横向扩展，增加树体对土壤中肥水的吸收利用能力，提高树体的抗逆性。

1. 全园撒施

先把要施用的有机肥、化肥均匀撒施于树冠滴水线下，然后深翻 20 cm，把肥料和杂草翻入土中，使萌发的新根能及时吸收到肥料。此法适宜 2 ~ 3 年开展一次，结合深耕进行，可提高土壤通透性、促进水平根群更新复壮，提高根系活力。必须注意，施肥不能施在树干旁边或离根系太远，翻耕时尽量避开大根。

2. 挖沟深施

在树冠外缘滴水线处四周或两侧开直沟，宽度 15 ~ 25 cm，深度以细根分布的垂直范围为度（30 ~ 40 cm），逐年扩大加深，直至邻株间深沟相连为止。也可以树干为中心向外围挖几条放射沟，内浅外深，把肥料均匀施在沟中，与土搅拌均匀后再用土覆平。此法适宜在柚树冬肥或采果肥时进行，每次施肥要更换位置，以便肥料能在全园均匀分布。

3. 挖穴埋施

在树盘周边均匀挖穴，深度 20 ~ 50 cm，挖穴时尽量避开伤到大根，遵循内浅外深的原则，把肥料施入穴中，与土壤拌匀后再用土壤覆平。因盛果期根系发达，开沟施肥容易伤根，因而，此法最适用于树龄较大的盛果期，另外，应逐次更换穴位，使肥料能在全园均匀分布。

4. 水肥一体化施肥

一些农业发达国家如以色列、美国等均以发展"水肥一体化技术"为依托来克服水肥利用率偏低的问题。水肥一体化（又称"灌溉施肥"或"肥水灌溉"）主要是使用喷灌、滴灌、微灌等方法将溶解于水中的肥料施入土壤，具有施肥及时、肥料分布均匀、肥料利用率高、不伤害根系、有利于保护土壤结构等有利特点，适用于树冠相接的成龄果园和密植果园。

项目组自行改造了柚园灌溉系统，建设了简易水肥一体化系统，在柚树追肥时（春季、夏季和秋季施肥）使用简易水肥一体化系统，有效提高了肥料利用率，缩短了施肥时间，节约了劳动力成本。

（二）根外追肥

根外追肥又称叶面施肥，是将水溶性肥料或生物性物质的低浓度溶液喷洒在生长中的作物叶上的一种施肥方法。该方法具有吸收快、实施方便等特点，能在根系吸收困难时对果树养分进行快速及时的补充，及时缓解缺素症，提高树体越冬抗逆性，但不可完全替代根际施肥。根外施肥通常针对一些作物难以吸收的中微量元素或为提高作物抗性的叶面肥料，任何时候均可施用，可以与病虫害防治一起实施，通常情况下于新叶期，花芽分化期、保花保果期、幼果期和果实转色期使用较多。

二、柚树施肥存在的问题 ①

（一）有机肥使用不合理

在柚树施肥的过程中，大部分种植户使用的有机肥多为自家养殖（猪、牛和羊等）遗留的有机废弃物，未经充分发酵，带有较多有害的病菌和虫卵，会对土壤造成污染，影响树势。使用商品有机肥或精制有机肥的种植户出于价格因素及短期难见明显效益等缘故，基本不施或少施有机肥。长期大量施用化肥会导致土壤酸化、板结严重，更不利的是会导致土壤中的中微量元素缺乏，果实有量无质。

（二）施肥不科学

柚树是多年生果树，整个生育周期需经历幼树期、初果期、盛果期、衰老期等几个时期，各时期柚树对肥料的需求量和需求时间完全不一样。受传统的小农思维影响，一些种植户柚树未挂果期舍不得施肥，而挂果后又胡乱施肥，导致柚树产量低、品质差，果树早衰。尤其种植的前三年，只有投入没有产出，外加不合理的管理，最终使柚树越种越差，不能稳产或高产，严重的会出现落花、落果问题。

---

① YANG D R. SHEN M, ZENG Z W. et al. High-yielding fertilization technology for citrus grandis[J]. Asian agricultural research, 2019（4）：73-76.

（三）不了解土壤特性

土壤特性决定土壤的保肥能力和供肥能力，不同的土壤其理化性不同，施肥方式也截然不同。山地红壤黏性重，属酸性或偏酸性，虽保水保肥性较好，但透气性差，有效氮、磷、锌等养分含量低，且土壤过酸不利于作物生长。瑞丽地区多为瑞丽江冲积黄沙土，多为水稻和玉米田改造的柚园，土壤虽透气性好，但砂性重，不利于保水保肥，且地下水位高，有机质以及钾、锌、硼等养分含量低。因而，不结合土壤特性施肥会使得肥料的作用不能充分发挥，甚至对地下水造成巨大危害。

第四章

柚树的水分管理

扫码查看
本章高清图片

|第一节|
柚树的需水特性及水分管理

柚树的一切生理活动都离不开水的作用，其果实含水量一般在 80% 以上。适当排灌能为根系创造良好的生长条件，提高根系对水分、矿物营养的吸收，从而促进地上部分的生长，提高光合作用效应，提高产量 ①。水晶蜜柚和其他柚树一样，其体内的水分始终处于动态状态，即柚树不断从环境中吸收水分，同时又不断通过叶片气孔、皮孔将细胞内的水分以气态状态蒸发到空气中（蒸腾作用），然后由根系不断吸收水分来补充，从而达到水分平衡，这就是柚树的水分代谢过程。柚树在不同物候期或不同季节呈现出不同的需水特性。

"春季保持湿润、夏季注意防涝、秋季防止干旱、冬季控制水分"基本反映了柚树在不同物候期或不同季节的需水特性。

一、春季需水特性及水分管理

春季柚树现蕾、根系生长、春梢抽枝展叶、开花坐果、幼果发育等一系列生理生化活动同时出现，需要消耗大量的水分。轻度缺水会影响枝梢和叶的生长；重度缺水会导致柚树的光合速率、蒸腾速率和水分利用效率均显著降低 ②，最终柚树会出现开花不完全、坐果率低及生理落果严重等现象。

因此，春季柚园土壤要保持适量水分（水分应保持在田间最大持水量的 60% ~ 80%）。所以，要做好灌溉系统的建设，项目组在柚园建立了"柚园微喷带节水灌溉系统"，对微喷带节水灌溉技术中灌溉定额、泵的选型、喷射角度等进行详细解析与理论推导，达到了节水、节肥和增效的作用，满足了柚园供水的需要。

---

① 武深秋．柚树四季水分的管理[J]．林业科技，2003（3）：15．
② 马文涛，樊卫国．干旱胁迫对柚树光合特性的影响[J]．耕作与栽培，2007（6）：4-5．

二、夏季需水特性及水分管理

立夏（5月5～7日）至夏至（6月21～22日）期间，是柚树生理落果、幼果细胞分裂、果实膨大以及夏梢生长关键物候期，需要充足的水分供给，出现干旱要及时补水。

小暑（7月6～8日）至大暑（7月22～24日）期间是柚子汁液增加期（果实细胞增大后期）和夏梢老熟期，在此期间，要进行适量控水。但是，瑞丽的降雨集中在6～8月，所以芒种（6月5～7日）至大暑（7月22～24日）期间降雨来临（表4-1），常有暴雨或大暴雨出现，若柚园积水时间过长就容易发生烂根，加剧生理落果，烂根后树势不易恢复，果实增大缓慢，且影响糖分积累，对产量和质量影响都很大。所以，要提前做好排水系统建设或检修排水系统，做好芒种至大暑期间的防涝工作。

三、秋季需水特性及水分管理

立秋（8月7～9日）至处暑（8月22～24日）期间是柚子成熟的关键时期，该时期仍然有降雨（表4-1），雨水太多会影响柚子汁囊中的糖分转化，降低柚子可溶性固形物的含量，从而影响口感，并降低品质。因此，在立秋（8月7～9日）至处暑（8月22～24日）期间，防涝和控水是主要的农事活动。防涝的主要措施是建立完善的排水系统，控水的措施有：

①垄呈缓坡型，防止根部积水。

②铺设防水布。项目组在冬季完成施肥以后，使垄呈缓坡型，然后铺设多功能地布（具有除草、保温、保湿及防止雨水过度渗入等功能）。项目组观察发现，在冬季铺设地布，不但可以在冬季起到防冻和干旱季节保湿的作用，而且雨季来临时，对控水的作用非常显著（图4-1）。

表4-1 瑞丽市2013～2019年气象资料

项目	气象数据						
	2013年	2014年	2015年	2016年	2017年	2018年	2019年
年平均气温	20.9 ℃	21.1 ℃	20.6 ℃	21.5 ℃	21.5 ℃	21 ℃	21.5 ℃

项目	气象数据						
	2013 年	2014 年	2015 年	2016 年	2017 年	2018 年	2019 年
月极端最高气温（日期）	35.8 ℃	35.4 ℃	33.9 ℃	34.9 ℃	36.1 ℃	35 ℃	36.4 ℃
	4 月 11 日		9 月 11 日		7 月 17 日		
月极端最低气温（日期）	3.1 ℃	4.0 ℃	4.8 ℃	4.7 ℃	5.2 ℃	6.2 ℃	5.1 ℃
	12 月 18 日	1 月 2 日	1 月 27 日	1 月 29 日	1 月 20 日		
最热月平均气温（月份）	31.9 ℃（4 月）	32.7 ℃（4 月）	31.4 ℃（4 月）	31.3 ℃（4 月）	31.1 ℃（5 月）	25.1 ℃	25.4 ℃
最冷月平均气温（月份）	7.0 ℃（1 月）	7.0 ℃（1 月）	9.4 ℃（1 月）	7.9 ℃（1 月）	8.9 ℃（1 月）	14.5 ℃（1 月）	14.1 ℃（1 月）
年平均气温全年大于 10 ℃积温	7 628.5 ℃	7 701.5 ℃	7 519.0 ℃	7 847.5 ℃	7 847.5 ℃	—	—
无霜期（天）	362	362	全年无霜	全年无霜	全年无霜	全年无霜	全年无霜
全年日照时数	2 540.2 h	2 648.1 h	2 253.3 h	2 037.8 h	2 052.7 h	1 916.6 h	2 266.2 h
降雨集中月份	6 ~ 8 月						

注：数据由瑞丽市气象局提供。

图 4-1　铺设多功能地布

秋分（9 月 22 ~ 24 日）至霜降（10 月 23 ~ 24 日）期间为果实采收期，同时也是秋梢老熟期，在这个时期，伴随着养分回流贮藏等生理代谢过程，若出现连续高温无雨，会影响养分正常回流贮藏，对恢复树势、抵御冬季的逆境、翌年春季的生长发育均有影响，所以，出现连续高温无雨达到 10 ~ 15 d，就必须给柚树浇水，保证水分均匀供给柚树。

四、冬季需水特性及水分管理

立冬后柚树根系进入休眠，大寒后根系开始萌动，整个冬季还伴随着冬梢抽发、花芽分化等一系列生理生化活动，立冬（11月7～8日）至小寒（1月5～7日）期间，气温降低蒸腾量少，柚树应处在相对干旱的状态，但大寒（1月20～21日）后应少许灌溉补水，有利于树势恢复和花芽分化。

| 第二节 |
柚园灌溉

一、缺水对柚树的危害

柚园缺水会使柚树生长发育受阻甚至死亡。因为柚园缺水会使柚树细胞脱水，从而破坏细胞结构，导致细胞受害甚至死亡，细胞脱水还会引起代谢失调、养分运输受阻，表现为缺乏营养，从而影响柚树的正常生长，加速其衰老和死亡。

二、缺水判断

（一）田间观察判断

柚树枝梢停止生长、枝叶萎蔫、叶片卷曲、果实皱缩以及土壤干燥等现象均可判断为柚园缺水。

（二）土壤含水量判断

采用S形多点法对园区选点，用土钻取20～40 cm土层的土样，用烘干法测土壤含水量，即将土样进行称重，然后将土样烘干或用酒精烧干后称重，用公式（4-1）计算土壤含水量。当土壤含水量小于 12% 时，即可判断为柚园缺水，需要灌溉。

$$y = \frac{x_0 - x_1}{x_1} \times 100\,\% \quad \cdots\cdots\cdots\cdots\cdots\cdots\cdots\cdots\cdots\cdots\cdots \quad （4-1）$$

式中，y 为土壤含水量；x_0 为土样质量，g；x_1 为烘干土样质量，g。

（三）叶片含水量判断

在柚园采摘一年生老熟柚叶 20 片，对新鲜叶片准确称重后，在 105 ℃ 下杀青 10 min，然后在 80 ℃ 下烘干至恒重，再次称重，用公式（4-2）计算叶片含水量。当叶片含水量 <65% 时，即可判断为柚园缺水，需要灌溉。

$$y = \frac{n_0 - n_1}{n_1} \times 100\,\% \quad \cdots\cdots\cdots\cdots\cdots\cdots\cdots\cdots\cdots\cdots\cdots \quad （4-2）$$

式中，y 为叶片含水量；n_0 为新鲜叶片质量，g；n_1 为烘干叶片质量，g。

三、土壤灌水量

（一）土壤容重、持水量

用环刀在柚园分层取样。采用机械分层，分为：0 ~ 10 cm、10 ~ 20 cm 和 20 ~ 40 cm。重复取样 3 次，3 次取样相距较近。用土壤刀将环刀带土取出，去除多余的土壤，盖上已放好滤纸的环刀盖。对取回来的环刀和鲜土，用天平称重，计算土壤自然含水量。再将装有湿土的环刀，放入平底盆中，注水，并保持盆中水面高度略低于环刀上沿，使其吸水达 24 h，取出后擦去表面水分，立即称量得到最大持水量。打开环刀顶盖，放入烘箱中，在 150 ℃ 下烘 6 h，烘干为止，称量，算出土壤自然含水量与土壤容重[①]。

（二）土壤灌水量的计算

柚园土壤最适宜的灌水量，是指在一次灌水中使柚树根系分布层的土壤湿度达到有利于柚树生长发育的需求。依据公式（4-3）计算柚园土壤灌水量。

---

① 王磊. 抚育间伐对华北落叶松枯落物与土壤持水量的影响研究 [J]. 安徽农学通报同，2018，24（16）：105-108.

$$y = 10\ 000 \cdot uw \cdot rd \cdot (\delta \cdot wh - pw) \quad \cdots\cdots\cdots\cdots\cdots\cdots\cdots\cdots\cdots\cdots\cdots \quad (4\text{-}3)$$

式中，y 为柚园灌水量，$t \cdot hm^{-2}$；uw 为土壤容重，$g \cdot cm^{-3}$；rd 为根系分布深度，m；δ 为最佳持水量系数，取值范围为 60% ~ 80%；wh 为土壤最大持水量；pw 为灌溉前土壤含水量。

例如：柚园土壤容重（uw）为 1.3 $g \cdot cm^{-3}$，根系分布深度（rd）为 1.1 m，最佳持水量系数（δ）为 80%，土壤最大持水量（wh）为 25%，1.1 m 土层灌溉前土壤含水量（pw）为 12%。则柚园灌水量（y）计算如下：

$$y = 10\ 000 \times 1.3 \times 1.1\ (80\% \times 25\% - 12\%) = 1144\ (t \cdot hm^{-2})$$

四、灌溉方法

（一）漫灌和沟灌水

灌溉水沿渠道流到柚园各处称为漫灌，流到灌水沟内称为沟灌。漫灌虽然成本低，但是耗水量大，在漫灌条件下，每次灌水后土壤水分过多，促进了有机质短期内分解转化，尤其是活性有机碳，且有部分水溶性有机碳随着过多的水分淋洗而损失[1]。

（二）简易管网灌溉

将简易输水管网铺设到柚园的每个地块，在水管上每隔一段距离安装一个阀门，利用水的自然落差或水泵提水加压后，将水输送到管网，通过遍布柚园内的阀门，接上可移动的软水管，进行人工浇灌。简易管网灌溉建设成本适中，相对节水，对地形没有严格要求，但是灌溉水量难以控制，同时费工费时。

（三）节水灌溉[2]

为了节约水资源，在柚树种植中，采用节水灌溉技术进行灌溉，在保证柚树正常需水的同时，节约了水资源。项目组通过实验，采用微喷带节水灌溉技术进行灌溉，既能降低建设成本，又能提高灌溉效力。微喷带节水灌溉技术主要技术

① 王芳，张妹婷，马丽萍，等 . 灌溉方式对宁夏枸杞园土壤碳库特征及枸杞生长的影响 [J]. 节水灌溉，2019（7）：1-5.
② 杨德荣，曾志伟，周龙 . 柚园微喷带节水灌溉技术设计与应用 [J]. 南方农业，2018，12（16）：77-79.

要点如下。

1. 微喷带节水灌溉技术工艺设计

综合考虑柚树地块面积分布，微喷带管网布置设计为鱼骨形，干管、支管分布情况见图 4-2。微喷灌系统技术参数设计及要求：最长作业长度 250 m；实行轮灌，每组作业面积 1 400 ~ 1 500 m²；动力来源为水泵，日工作时间 8 ~ 10 h；微喷带多孔布置，湿润区覆盖根颈周边 60 cm 半径区域。

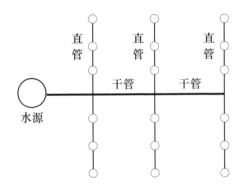

图 4-2　鱼骨形微喷带管网

2. 灌溉定额与灌水周期

灌水定额是指某一次灌水时每亩田的灌水量（m³ · 667 m⁻²），也可以表示为柚园某一次灌水的水层深度（mm）。依据《喷灌工程技术规范》（GB/T 50085—2007）与低压管道输水设计要求，可按公式（4-4）计算灌水定额：

$$m=10\,000\gamma h\left(\beta_1-\beta_2\right)\beta_{\boxplus}\frac{1}{\eta} \quad\cdots\cdots\cdots\cdots\cdots\cdots\cdots\cdots\cdots\cdots\cdots（4-4）$$

式中，m 为设计灌水定额，mm；γ 为土壤容重，kg · cm⁻³；h 为计划润湿层深度，cm；β_1 为适宜土壤含水量上限（质量百分比）；β_2 为适宜土壤含水量下限（质量百分比）；$\beta_{\boxplus}$ 为土层内土壤平均田间持水量（占干重的百分比）；η 为喷洒水利用系数。

结合柚树生长规律及实际情况，γ 取值 0.001 3 kg · cm⁻³；h 取值 40 cm；β_1 一般取值 80% ~ 95%，此处取值 90%；β_2 一般取值 60% ~ 65%，此处取值 60%；$\beta_{\boxplus}$ 取值 β_1 与 β_2 之差，为 30%；η 取值 0.9。将上述数值代入公式（4-4），计算可得 m=52 mm，即 520 m³ · 667 m⁻²=0.052 m³ · m⁻²=34.6 m³ · 667 m⁻²，一次

灌水时每 667 m² （1 亩）地需灌水 34.6 m³。

灌水周期计算公式为

$$T=\frac{m}{w}\eta \quad\cdots\cdots\cdots\cdots\cdots\cdots\cdots\cdots\cdots\cdots\cdots\cdots\cdots\cdots\cdots\cdots（4\text{-}5）$$

式中，T 为灌水周期，d；w 为日需水量，mm·d⁻¹，柑橘类作物需水强度为 3.5 mm·d⁻¹。将上述数值代入公式（4-5），计算可得 T=13.37 d，实际工作中，可选择 13 d 喷灌一次。

3. 水泵选型

地块内喷灌实行轮灌，技术要求每组 1 400 ～ 1 500 m²，则每组灌水量为 72.8 ～ 78 m³，设计每组灌溉时间 2 h，故主管流量为 36.4 ～ 39 m³·h⁻¹，可选流量为 40 m³·h⁻¹ 的水泵。根据水泵出口流量，管径计算见公式（4-6）：

$$D=13\times\sqrt{Q} \quad\cdots\cdots\cdots\cdots\cdots\cdots\cdots\cdots\cdots\cdots\cdots\cdots\cdots\cdots（4\text{-}6）$$

式中，D 为管道的经济管径（内径），mm；Q 为管道设计流量，m³·h⁻¹，此处取水泵的出水量 40 m³·h⁻¹。将上述数值代入公式（4-6），计算可得 D=82 mm，本着经济适用的原则，可选择 DN80 的 PVC 管。管线最大水头损失计算见公式（4-7）：

$$h_{f\max}=1.1\times f\frac{Q^m}{D^b}L_{\max} \quad\cdots\cdots\cdots\cdots\cdots\cdots\cdots\cdots\cdots\cdots（4\text{-}7）$$

式中，$h_{f\max}$ 为管线总水头损失（包括沿层和局部水头损失），m；f 为管道阻力系数，塑料管取值 0.948×10⁻⁵；Q 为管道设计流量，m³·h⁻¹，此处取水泵的出水量 40 m³·h⁻¹；D 为主管内径，mm，此处取设计管径 80 mm；$L_{\max}$ 为计算管长度，m，此处取 250 m；m 为流量指数，塑料管取值 1.77；f 为管径指数，塑料管取值 4.77。将上述数值代入公式（4-7），计算可得 $h_{f\max}$=14.93 m。

水泵所需扬程计算见公式（4-8）：

$$H=h_{f\max}+h_{f0}+h_{f竖}+\Delta z+h_{动}+1.2\times f\frac{Q^m}{d^b}(h_{动}+1.5) \quad\cdots\cdots\cdots（4\text{-}8）$$

式中，h_{f0} 为井至管网输水管线水头损失，m，简单计算可知为 0.05 m；$h_{f竖}$ 为出水口竖直管线水头损失，m，简单计算可知为 0.33 m；Δz 为井至控制地面高差，m，取实际值 0.2 m；$h_{动}$ 为动水位埋深，m，取实际值 6 m；其余符号意义及取值与公式（4-7）一致。将上述数值代入公式（4-8），计算可得 $H=22$ m。可选扬程大于 22 m 的水泵。

流量为 40 $m^3 \cdot h^{-1}$、扬程大于 22 m 的水泵方能满足灌溉需求，推荐 ZX20CX 自吸式清水泵（流量为 40 $m^3 \cdot h^{-1}$、扬程 50 m）。

4. 开孔设计

微喷带出水小孔喷出的射流，在空气阻力、空气浮力和重力等作用下，经过细流、碎裂、分散雾化三个过程形成水滴，降落下来。工作压力 40 kPa 时，喷射角度为 20 ~ 40°，射流有效喷洒宽度 0.5 ~ 0.6 m；喷射角度为 60 ~ 70°，射流有效喷洒宽度 0.6 ~ 1.2 m。工作压力 30 ~ 60 kPa 时，喷射角度为 90°，润湿半径 0.3 ~ 0.85 m。

按照湿润区覆盖根颈周边 60 cm 半径区域要求，微喷带在树盘附近开 5 孔，垂直与地面 90° 处开一孔，两个立面 30°、60° 处开孔，按照灌溉定额与灌水周期进行喷灌，可确保根颈周边 60 cm 半径区域润湿。

5. 应用效果

项目组在柚园内建设完微喷带节水灌溉系统后，按照灌溉定额与灌水周期进行科学合理喷灌，13 d 一个周期，地块实行轮灌，每组 1 400 ~ 1 500 m^2，每组灌溉时间 2 h。喷灌后，柚树根颈周边 70 cm 半径区域内达到较好的润湿效果，经实测，润湿层深度为 37 ~ 43 cm，有效避免了干旱给当地柚树生长带来的不利影响，同时有效节约了水资源。

| 第三节 |
柚园排水防涝

一、涝害

柚树对土壤空气的含氧量要求较高，根系正常生长要求含氧量达到 10% 以上。如果柚园土壤中的水分过多会充塞土壤空隙使土壤缺少氧气，形成涝害。在涝害的情况下，柚树根系处于积水的环境中，土壤通气不良，根系由于缺氧不能正常生长和吸收养分水分，从而导致树势迅速衰弱。严重时则使树体生长受阻，出现叶片发黄，并大量落叶、落果，如果涝害时间长，柚树抗病能力将减弱，易发生次生灾害，甚至会使柚树死亡。

二、排水防涝

（一）山地的排水系统

山地的排水系统建设重点考虑强降雨等极端天气的影响，防止强降雨形成的地表径流冲走柚园表层土，造成水土流失或毁坏柚园。所以，在建园时，不但要建设排水沟，还要建设背沟，筑牢边埂，通过背沟将大量雨水排到排水沟中。

（二）缓坡地的排水系统

缓坡地栽植柚子时应采用顺坡而下的方式，以利柚园排水，根据周边的地形，可考虑开挖拦洪沟，避免或减少地表径流对柚园土壤的冲刷造成水土流失。

（三）平地和低洼地的排水系统

平地和低洼地柚园的排水，主要是柚园的四周要开挖围沟、腰沟和行沟，使积水顺利地排出果园。对于低洼地柚园，应开挖一个积水池用于贮藏积水，然后用水泵抽出积水，以达到排水的目的。

三、提高柚园土壤抗冲刷能力

为了减少水土流失与土壤被侵蚀，可采取柚园种草和覆草的模式，实践证明，在柚园种草或者覆草，均可显著提高山地、缓坡地的抗冲刷能力。同时，柚园梯面栽培生草能有效改善微域生态环境及根系的土壤条件。生草可选择三叶草等豆科植物。

第五章

苗木培育与高接换种

扫码查看
本章高清图片

| 第一节 |

苗圃建设

健康的苗木是柚子产业发展的基础，随着我国柑橘产业的迅速壮大，检疫性病害时有发生，对柚子产业乃至整个柑橘产业的发展都有很大的影响。因此，苗木繁育和苗木质量越来越受到业内人士的重视。

一、苗圃地的选择

（一）充分考虑检疫性病害

苗圃应该设置在需要苗圃的中心地带，无检疫性病虫害〔溃疡病（CBC）、黄龙病（HLB）、裂皮病（CEVd）、衰退病（CTV）和碎叶病（CTLV）〕地区，同时对现有的柚园和其他柑橘园要有一定的隔离，因为一些危险性病虫害会随着风力、雨水及动物的迁移或人为携带进行传播侵染。如果在苗圃周围 2 ~ 3 km 有柑橘种植园或基地，应建设有简易防虫网室或较高的防虫网屏障保护，防虫网进出口应设立缓冲隔离间。在柑橘溃疡病发生区，苗圃地周围 2 km 以内应无柑橘类植物。疫区育苗基地只能采用网室隔离保存母本树、接穗和苗木或以温室内大棚育苗，不能采用露天育苗。

（二）地理条件

苗圃育苗基地应选择在交通方便、人流量较少的相对独立的地块，要求背风、日照好、排水良好、通风透气，周边没有严重的水源污染和空气污染。

（三）土壤条件

苗圃要选择壤土或沙质壤土，土层要求深厚，有机质 ≥ 20 g·kg^{-1}，pH 为 5.5 ~ 6.5，排水、保水和保肥性能好，这种土壤有利于苗木根系生长发育，地上部生长迅速、健壮。黏土和重黏土往往排水、通气不良，土壤易板结，不便于管理，幼苗生长不良，易得立枯病，且死苗多，所以苗圃土壤不宜选择黏土和重黏土。

（四）灌溉条件

种子萌发和幼苗生长必须保持土壤湿润。幼苗生长期间根系浅、组织细嫩、生长快，对水分的多寡十分敏感，不耐旱。因此，苗圃应建立在水源充足的地方。

二、育苗基地的功能规划

良种壮苗是优质丰产栽培的重要基础，是提高苗木移栽成活率、充分利用土地、降低成本、增加收益的重要保障[①]。专业的育苗基地规划，首先要考虑苗木的安全保障，同时还要考虑繁育功能齐备、管理方便等。

（一）母本园

母本园要求建设成无病毒园，园内植株必须是田间优选单株或引种枝条经病害检验或脱毒处理后，确保无黄龙病（HLB）、溃疡病（CBC）以及病毒病如裂皮病（CEVd）、衰退病（CTV）、碎叶病（CTLV）、温州蜜柑萎缩病（SDV）、脉突病（CVE）等。连续3年具有稳定农艺性状的品种才能作为繁殖材料。

母本园引种是指从科研机构和高等院校引进新品种，引种是柚树育苗基地长期发展的基础，也是推广新品种的主要途径。引种要考虑品种的适应性、纯度、砧木与接穗的亲和性，特别注意引种不能带来危险性病害。

（二）砧木园

砧木园应根据砧木的品种，分单系隔离种植，避免发生杂交变异，同时要确保砧木无毒。

（三）采穗圃

采穗圃是种植采穗树的园圃，采穗树的砧木和接穗均来自砧木园和母本园，采穗树按品种分区种植，各种植区可用围墙或绿篱隔开。

（四）砧木繁殖圃

砧木是指嫁接时承接接穗的植株。砧木繁殖圃一般建成温度和湿度可控的温

---

① 李永学，万恩梅.柑橘露地育苗技术[J].西北园艺（综合），2017（5）：41-42.

室，有利于砧木的繁育，砧木生长快，健壮，能为苗木繁殖圃提供充足的砧木。

（五）苗木繁殖圃

苗木繁殖圃是育苗的最大板块，必须具备配料场、生产物资及苗木装卸场、灌溉系统、新苗繁殖区、老苗更新区、工具消毒区等设施。同时，苗木繁殖圃要用围墙等与外界分隔。

（六）附属设施

为了育苗基地的正常运行，每个园圃应建有员工住房、工具房、仓库、蓄水池、种子接穗储存室、设备仪器室等设施。

|第二节|
砧木的繁殖和移栽

一、砧木选择

目前商品化的砧木有：枳［*Poncirus trifoliata*（L.）Raf］、枳橙（*Citrange*）、红橘（*Citrus reticulata* Blanco）、枸头橙（*C. aurantium* L）、酸橘（*C. reticulata* Blanco）、香橙［*C. Junos*（sieb.）Tanaka］、酸柚［*C. grandis*（L.）Osbeck］、土柚（*Citrus grandis* "Tuyou"）等。根据水晶蜜柚长期种植实践和科技人员的研究，土柚、酸柚宜作为水晶蜜柚的砧木，也有用枳作砧木的情况。

土柚嫁接成活率高，大根多，根深，须根较少，树冠高大，适宜在土层深厚肥沃，排水良好的土壤中生长。不耐寒，抗盐，抗根腐。

酸柚嫁接成活率高，根深，树势旺，较耐旱，不耐水涝，苗期生长快，皮厚。

枳，又名枸橘，是目前应用最多、最广的柑橘砧木，具有适应性强、抗寒、抗旱、抗脚腐病、耐瘠等优点，但易感染裂皮病，对土壤中钠、氯离子敏感，在盐碱土中易黄化、落叶，适于微酸性至中性土壤。枳对多数柑橘品种亲和力强，成活率高。

二、砧木苗培育

（一）砧木种子的采收和保存

砧木果实转黄即可采果取种，枳种一般堆沤后取种。种子取出后，用清水搓洗，清除果胶和杂质，摊放于阴凉通风处反复翻动，待晾干后贮藏或装运。

（二）砧木苗繁育

传统砧木苗繁育采用大田撒播，这里重点介绍营养土育苗技术。在温室营养土苗床上培育方式称为营养土育苗。

1. 育苗基质

育苗基质的制备按照"泥炭：河沙：谷壳 = 2：1：1"进行制备，也可以用菌渣、锯木面、药渣、椰子壳、苔藓等腐熟的有机质细末等进行配比，有机质 ≥ 40%。然后将制备好的基质进行消毒，可选用二氧化氯（ClO_2）或臭氧（O_3）进行消毒处理，如果用臭氧消毒，建议用手提式臭氧发生器现场制取臭氧，立即溶解在水中浇基质。

2. 播种

将基质装入苗床，整平、压实，以条播或点播方式将砧木种子播入苗床，种子播入量为 1 粒 /15 cm²，再盖上 2 cm 厚的基质，浇足水。也可以将基质装入育苗器中，每个育苗器中播入一粒种子，种子上盖上 2 cm 厚的基质，浇足水。温室的湿度控制在 70% 左右，温度控制在 35 ℃以下。种子萌发后，补充 0.2% 尿素。

3. 砧木移栽

当砧木苗长到 15 ~ 20 cm 时，且茎秆木质化时可以移栽，分级取苗，起苗时淘汰根颈或主根弯曲苗、弱小苗和变异苗等不正常苗。砧木移栽一般选择温度适宜的春秋季节。有控温设施的大棚，一年四季均可栽植。

（1）容器苗移栽

将营养钵内装土至合适位置，将砧木放入钵内，用拇指和食指固定营养钵中间，从四周装入营养土，夯实，保证砧木根颈处低于营养钵上口 2 cm 左右，运到田间摆放，浇水、扶苗、补土。

（2）大田苗（裸根苗）移栽

根据地势，横向或纵向挖深浅适宜土沟，放入砧木，回填、压实，浇透水。

┃第三节┃
柚树嫁接苗的培育

柚树苗木是柚子产业健康发展的基础，柚子新品种主要是通过培育嫁接苗进行推广和发展。柚树嫁接苗是指特定接穗与砧木嫁接后培育而成的苗木，从采穗圃采集的特定接穗，嫁接在已经培育好的砧木上，经过科学管理，培育成柚树嫁接苗，也叫柚树商品苗（图5-1），即可进行种植推广。

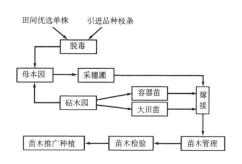

图 5-1　柚树嫁接苗培育示意图

一、苗木嫁接

（一）接穗采集

在采穗圃的采穗树上采集接穗，在树冠外围中上部剪取生长充实健壮、芽眼饱满、梢面平整、叶片完整浓绿有光泽的结果母枝作为接穗，接穗剪下后立即除去叶片（芽接要留叶柄），

图 5-2　处理好的接穗

50 ~ 100 条为 1 束，用四霉素 250 倍液与噁霉灵 1 500 倍液的混合液灭菌消毒，浸泡 1 ~ 2 h，然后用清水冲洗晾干（图5-2），用湿布包好，以备嫁接。

（二）嫁接时间

当栽入营养钵的砧木离出土面 15 ～ 20 cm 处直径达到 0.4 ～ 0.5 cm 时，砧木具备嫁接条件。温室容器苗一年四季均可嫁接，露天容器苗，气温在 12 ℃以上可以嫁接，低于 12 ℃嫁接成活率低。春季以切接（枝接）为主，秋季以芽接为主。

（三）嫁接

1. 切接

在柚树嫁接苗培育中，常用单芽切接（图 5-3），即接穗仅带一个芽，在芽下方 0.8 ～ 1.2 cm 处切一个 45° 角削面，在反面（芽一侧宽大的平面）切削至皮层之下至形成层，在芽体上端 0.2 cm 处切断。在砧木离地面 10 ～ 15 cm 处光滑一面纵切一个嫁接口，嫁接口从韧皮层削至木质层，呈斜口，嫁接口与接穗大小相对应，使二者接合后接触面尽量大。用聚乙烯或聚氯乙烯薄膜包扎露芽，接穗紧紧绑在砧木上，不松动，砧木和接穗的伤口要密封，确保接穗不失水干枯、成活率高、发芽快、苗木生长健壮。

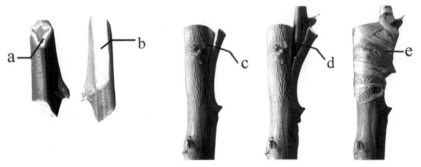

a. 接穗45° 角接口　 b. 接穗切削面　 c. 嫁接口　 d. 砧木+接穗　 e. 捆绑包扎

图 5-3　柚树嫁接苗切接示意图

2. 芽接

芽接法可参考在梨、桃等果树中常用的嵌芽接[1]，砧木离出土面 15 ～ 20 cm 处直径达到 0.8 ～ 0.9 cm 时，选用成熟充实、具一定粗度的新梢作为接穗，削芽

---

① 季祥，陈慧妍. 梨树嫁接育苗技术 [J]. 现代园艺，2018（10）：29.

与丁字形芽相似，在芽的上方横切一刀，使其切透的皮层与木质保持一致，芽的下方也要斜切到粗穗的 1/3 ~ 1/2。

在砧木距离地面 10 ~ 15 cm 处的平滑位置进行横切，再从横切面向下纵切。将芽从撬开的切口皮层中与穗枝进行剥离后，将其插入切口的皮层，紧密衔接。最后用聚乙烯或聚氯乙烯薄膜将砧木和芽缠绕在一起，并露出叶片和芽（图 5-4）。嫁接后砧木上部分继续存留，至接芽成活后解除薄膜，方可剪去砧木上部分。

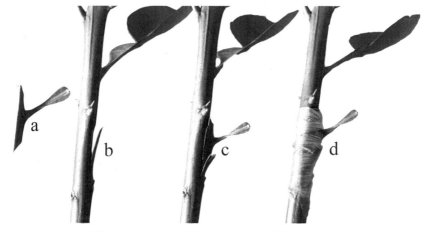

a.削芽片（丁字形）　b.嫁接口　c.砧木+接穗　d.捆绑包扎

图 5-4　柚树嫁接苗芽接示意图

二、嫁接后管理

（一）成活率调查与补接

切接在嫁接后 20 d 左右调查成活率，芽接在 15 d 左右调查成活率。接芽鲜绿或芽已萌动，嫁接成活；接穗枯萎、颜色变暗，没有成活。未成活的应及时补接，补接太迟，易造成管理不便和苗木生长不齐。

（二）解膜

接穗与砧木完全愈合后，解除捆绑薄膜。解膜一定要掌握恰当时间进行，解早了接穗易失水死亡，解迟了薄膜会限制砧穗结合部的生长。

（三）除萌、定干

嫁接 20 d 后，砧木处会长出萌蘖（俗称脚芽）。在接穗没有长出新梢前，若任由萌蘖生长，将极大地消耗树体营养，导致接穗生长受阻。所以要及时抹除萌蘖。接芽萌发时，有时可同时抽出 2 ~ 3 个新梢，应选留 1 个生长良好、粗壮的枝梢，其余的要及早抹去，以集中养分供应主干生长。苗木生长到 30 cm 左右时要摘心或剪顶，促进腋芽萌发形成分枝，即定干。

（四）水肥管理

湿润的土壤有利于苗木生长，所以选择合适的时机浇水，不能出现苗木缺水干枯的现象。水分管理要与施肥有机统一，使苗木生长旺盛、枝梢充实、根系发达，提高大田定植时的成活率。第 1 次追肥可在新梢长出 5 ~ 10 cm 时进行，将水溶性复合肥（26-6-8）稀释 1 200 倍液浇施，30 d 后再浇施 1 次。苗木摘心或剪顶前，每株施底肥 20 g［复合肥（15-15-15）］，以促进萌发分枝，新梢生长健壮。追肥采用叶面喷施，将尿素和磷酸二氢钾按 1 ∶ 1 配制成 0.2% 的溶液喷施叶面，每月喷施 1 次。

（五）病虫害管理

苗木病虫害管理参考第八章病虫灾害及其防治技术进行。

│第四节│
柚树嫁接苗的出圃

一、柚树嫁接苗出圃准备

柚树苗木管理过程中要挂牌区分砧木和品种，随时巡查病虫害的防治情况，苗木长到一定大小便可出圃。起苗前应充分灌水、抹去幼嫩新芽、剪除幼苗基部多余分枝和病虫枝、喷施保护性杀菌剂和阿维菌素等杀虫剂对苗木进行保护。向当地植物检疫机构申请出圃检疫。出圃的柚树苗木须符合下列要求：

①标明接穗和砧木品种来源，要求接穗和砧木品种纯正。

②检验检疫合格，不带检疫性病虫害，无严重机械伤。

③农艺性状符合表 5-1 的要求，根系要发达，根颈部不扭曲。

表 5-1　柚树嫁接苗出圃分级标准

苗木农艺性状指标	砧木			
	土柚、酸柚		枳	
	1 级	2 级	1 级	2 级
苗木径粗※/cm	≥ 1.2	≥ 0.9	≥ 1	≥ 0.8
苗木株高※/cm	≥ 80	≥ 60	≥ 60	≥ 50
分枝数量※/条	≥ 3	≥ 2	≥ 3	≥ 2
侧根最低数/条	≥ 5	≥ 3	≥ 5	≥ 3

注：※ 指标来源于《柑桔嫁接苗》（GB/T 9659—2008）。

二、苗木出圃

（一）起苗

大田苗就地移栽可带土团起苗和定植，如需远距离运输，需对裸根苗枝叶和根系进行适度修剪，用泥浆蘸根后再用稻草包捆，外用带孔塑料薄膜包裹并捆扎牢固。容器苗要连同完整的原装容器一起调运。

（二）包装挂标

出圃苗木须附苗木产地检疫证和质量检验合格证。裸根苗应分品种包装，并在外包装上挂标签，标明品种（穗/砧）、起苗日期、质量、等级、数量、育苗单位、合格证号等。容器苗应逐株加挂品种标签，标明品种（穗/砧）。

（三）运输

苗木运输量较大时，须在车厢上搭架分层。运输途中严防重压和日晒雨淋，到达目的地后，应尽快定植或假植。

|第五节|

高接换种

在柚树种植中，由于市场前景变化、品种老化、原品种适应性差等原因，需对老柚园的品种进行更换。高接换种是老柚园更新品种最有效的技术手段，在柚树种植中被广泛应用。高接换种是利用优良品种的早果、高产、优质的特性，克服原树结果晚、产量低、品质差、不抗病等缺点的一项技术，是改劣换优的快捷措施。

本节以项目组进行的琯溪蜜柚高接换种为水晶蜜柚的案例为主介绍高接换种技术[①]。

一、嫁接前处理

（一）培养树势

在嫁接前 1 ~ 2 个月，施入一定量的高磷复合肥和壳寡糖、氨基酸等生物刺激素，以培肥地力、增强树势。磷素不仅影响柑橘类作物的呼吸作用和光合作用，而且参与形成繁殖器官，此阶段施入磷肥可较大程度上促进树体营养储备；含有壳寡糖、氨基酸等多种生物刺激素的复合生物刺激素 YCB[②] 能刺激作物次生代谢产生大量的化感物质，化感物质能帮助作物抵抗恶劣的非生物环境因素胁迫和抵抗各种生物因素的危害。每棵树施用 0.1 kg "地耕欣" 复合肥（13–33–4–YCB），增强树势效果明显。树体绝大部分树枝枝色深有光泽、硬度高，当年生枝粗壮（枝基部粗度和端部相似）、枝条节间短，新梢长度适中，叶片浓绿、厚、大，此时树势较强，树体营养储备丰富，是进行高接换种的较好时机。反之，如果树枝色调暗淡，新梢虚旺，叶片淡黄，则属于树势较弱，树体营养储备不足，贸然嫁接，愈伤组织形成时间延长，会导致嫁接存活率低下。

---

① 杨德荣，曾志伟，周龙．柚树高产栽培技术（系列）Ⅰ：高接换种 [J]．南方农业，2018，12（10）：35–38.
② 杨德荣，李进平，曾志伟，等．YCB 系列新型肥料的开发与应用 [J]．云南化工，2017，44（8）：19–21+24.

（二）材料准备

嫁接刀、手锯、枝剪等嫁接工具，磨刀石，延展性较好的薄膜条。嫁接刀须将刀口磨成一条直线，无任何缺口，达到锋利无比的状态。在嫁接前使用 5 000 倍高锰酸钾溶液对嫁接工具进行消毒处理。

（三）锯树整形

锯树时确保嫁接口高度为 50 ~ 60 cm（弱小树除外），根据树干粗细弯直、主干分枝情况，调整锯树方位及保留主枝数量。对于弱小的独干，锯除主干 10 cm 以上部分；对于强大的独干，锯除主干 50 ~ 60 cm 以上部分；对于分枝好且强壮的柚树，可沿不同方位留 2 ~ 3 个主枝，在离地 50 ~ 60 cm 处锯除。锯枝时，要保证 2 ~ 3 个主枝错开，沿不同方位分布。

（四）接穗采集与处理

接穗需到柚树育苗基地的无毒采穗圃进行采集，选择树冠外围中上部生长充实、芽眼饱满、粗细适中、叶片完整，有光泽的夏秋梢或春梢作为接穗。接穗剪下后立即剪去叶片，以减少蒸腾损失，避免缺水死亡；每 50 ~ 100 枝绑扎成一捆。接穗可现采现用，短时间不用可采取沙藏或薄膜封藏。采集接穗的时间最好在上午，采下后应及时剪去叶片。

嫁接作业前，接穗应用四霉素 250 倍液与噁霉灵 1 500 倍液的混合液灭菌消毒，浸泡 1 ~ 2 h，然后用清水冲洗，晾干备用。

二、嫁接

（一）嫁接时间

嫁接一般于春季（其中 2 ~ 3 月最佳）或秋季（其中 8 ~ 9 月最佳）进行为宜，早春雨水节气前后，树液开始流动，选择气温在 10 ℃以上的晴天嫁接，秋季选择湿度相对较大、无风、气温在 15 ~ 20 ℃的阴天嫁接为宜。避免在大风天和雨天嫁接。

（二）切接

柚树高接换种时，嫁接方法大多数情况下采用切接，切接步骤参考本章第三节（图5-3）。

三、嫁接后管理

（一）抹除萌蘗

嫁接20 d后，砧木处会长出萌蘗。在接穗没有长出新梢前，若任由萌蘗生长，将极大地消耗树体营养，导致接穗生长受阻。采用3% ~ 5%生理盐水涂抹一次砧木树干，发现可以很好地抑制砧芽萌生，大大减轻抹砧工作量。

（二）解膜

为不影响嫁接口愈合及新芽正常发育，在接穗抽出的第一次新梢老熟后，需及时用刀划断包扎薄膜并解掉，若解膜不及时则嫁接口处会受到薄膜包扎影响形成凹陷，导致新梢头小尾大，容易折断。根据实际情况，风比较小的地方，75 d可以解膜（图5-5）；风比较大的地方，100 d左右可以解膜。

图5-5 高接换种柚树生长观察（2年）

（三）扶梢

当愈伤组织还不完全稳固时，接穗所抽发新梢易受风吹雨打及人为和机械影响而折断。因而，当嫁接后枝梢抽发约 20 cm 长时，需用小木棍或竹片将新梢按生长方向绑束定位。大风地区更应重视扶梢工作。

（四）摘心

摘心可避免嫩梢徒长，且可促进其尽快木质化并萌发新芽。春梢长度达 20 cm 及时进行摘心，待其上萌发的新梢长至 20 cm 时再次摘心，如此反复几次，以促进柚树尽早抽发整齐健康的早秋梢，确保在嫁接后 1 ~ 2 年内形成丰产树冠。

（五）施肥

嫁接后的主要工作是培养形成丰产树冠，幼龄期柚树以营养生长为主，需少量多次施入肥料，尤其要确保氮肥充足，使萌发枝梢整齐健壮、叶片肥厚浓绿。可每半月每株树交替使用 50 ~ 100 g 尿素和复合肥进行浇施，视树冠大小逐渐提高施肥量。

（六）整形

高接换种柚树成活后生长较快，要观察枝梢的生长情况，当接穗与砧木嫁接口愈合 2/3 时（嫁接后 1 年 6 个月左右），进行整形修剪，确定主枝和副主枝，并控制高度，但不能使用拉枝、吊枝、撑枝等方式，以免折断；当接穗与砧木嫁接口 100% 愈合时（嫁接后 2 年左右），按照丰产树冠的标准进行整形修剪，根据实际情况，可结合拉枝、吊枝、撑枝等方式，使新梢沿不同方位水平延伸，充分利用空间，以培养较好的树形。

（七）防治病虫害

为了预防病虫害，同时进一步防止砧木长出萌蘖，可采用生石灰、硫黄和六水三聚磷酸钠（$Na_5P_3O_{10} \cdot 6H_2O$）按质量比 10 ∶ 1 ∶ 0.1 配制成"预防剂"，涂抹在砧木主干上，效果显著。

注意防治蚜虫、粉虱、潜叶蛾、红蜘蛛、黄蜘蛛及各类病虫害。待嫁接后萌芽 80% 以上，新芽长至 2 ~ 5 cm 时，应喷施一次百菌清 + 吡虫啉。

第六章

柚树器官及树体管理

扫码查看
本章高清图片

|第一节|
柚树器官概述

一、根

（一）根的结构

水晶蜜柚砧木大多采用酸柚、土柚或枳实生苗，根系具有完整的主根、侧根和须根。主根是种子萌发时，胚根突破种皮，向下发育而形成的根的主干。主根上分生侧根，侧根再分二级三级侧根，其上着生须根，形成完整的根系（图 6-1）。

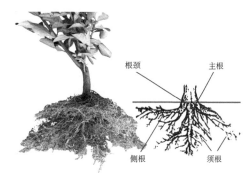

图 6-1　柚树（酸柚砧）根系结构

（二）根毛与菌根

根毛是根系与土壤接触，并从土壤中吸收水分和养分的重要部位，但是柑橘根系的根毛稀少甚至缺乏，水晶蜜柚（酸柚砧）根系在奥林巴斯 CX33 显微镜下根毛不可见。因此，柚树根系强烈地依赖丛枝菌根帮助其吸收水分和养分，丛枝菌根是土壤中的丛枝菌根真菌（arbuscular mycorrhizal fungi，AMF）与植物根系形成的共生体，其共生表现在植物给丛枝菌根提供发育所需糖类，反过来丛枝菌根帮助植物吸收水分和养分①。

（三）根系生长条件

1. 土壤质地

柚树可在山地、缓坡地、平地、江河冲积地栽培，水晶蜜柚要求在海拔800 m 以下，土壤可以是红壤、黄壤、紫色土、冲积土，以及壤土、沙土、沙壤土、

---

① 吴强盛，邹英宁 . 柑橘丛枝菌根的研究新进展 [J]. 江西农业大学学报，2014，36（2）：279-284.

砾壤土、黏壤土等。水晶蜜柚在瑞丽江冲积平原沙壤土上栽培最好。

2. 土壤通气

柚树根对氧气不足有较强的耐受能力，但是土壤中氧气含量低于 3% 时，柚树根系不能正常生长。因此，柚树建园的时候就应搞好果园规划、修建排灌系统，并做好果园土壤改良，多施有机肥，在增强土壤肥力的同时，改善土壤的团粒结构。

3. 土壤含水量

柚树根系生长适宜的土壤含水量为田间最大持水量的 60%～80%，如果田间持水量低于 40%，根系生长会受到影响，须根加速衰老甚至死亡，严重时导致根系和枝梢停止生长。若水分过多，则造成土壤通气性差，氧气不足，会出现闷根、烂根现象。

4. 土壤 pH

柚树根系在 pH 为 4.8～7.5 的土壤中均可生长。pH 超出此范围，可能对根系产生毒害，或者引起矿质元素的可利用性发生改变，产生缺素或元素过量而使植株生长不良。

5. 地上部生长情况对根系生长的影响

根系生长高峰与枝梢生长高峰呈相互消长关系。在瑞丽江冲积平原上，冬春温暖，土壤温度、湿度较高，春梢发生前已开始发根，春梢迅速生长时，根群生长减弱。

二、芽

（一）芽的结构

和其他果树一样，芽是柚树枝、叶、花器官的原始体，营养生长和生殖生长的重要器官。

芽由一个主芽和几个副芽共同形成复芽，一般是主芽先萌发，芽在分化初期先长出苞片（即先长出的叶）包围着芽，在田间也见主芽和副芽同时萌发（枝条营养充足时）。柚树芽以及所有柑橘品种的芽均没有顶芽，是腋芽，一个叶腋内着生 2 ~ 4 个芽。嫩梢顶端会发生"自剪"
（嫩梢顶端自动脱落）现象，剪口下的腋
芽取代顶芽的位置形成假顶芽，侧芽代替
了顶芽的生长，上部侧芽抽发新枝形成一
个假中心轴（图 6-2）。

图 6-2　柚树芽

（二）隐芽

　　柚树枝条前段被折断或短截，会萌发新枝，说明枝梢和枝干基部有隐芽（潜
伏芽、休眠芽），芽的形成与枝条内部的营养状况和外界环境条件相关。由于发
育过程中内在和外界条件的不同，形成的芽有异质性。早春气温低，养分不足，
所以，春梢基部的芽不太饱满，往往形成隐芽；随气温的升高，叶面积的增大，
养分充足，逐渐形成较饱满的芽。在夏季高温高湿季节，养分充足时，抽发的夏
梢芽就饱满肥大。

（三）叶芽与花芽

　　芽萌发后仅生枝叶而没有花的芽称为叶芽。幼年柚树未结果时期，其芽全部
是叶芽。芽在分化初期也都是叶芽，后因营养上的分配和碳氮比的变化，部分的
芽原基质变分化，芽内部的生长点逐步加宽变成花原基，逐渐分化出花器的各部
分而成为花芽。先抽生新梢，而后在新梢上生花蕾的芽叫混合芽或混合花芽。

三、枝梢

　　枝梢是由芽抽生、生长发育而成的重要器官，是形成树冠和开花结果的重要
基础。新生枝条横切面呈三角形，幼枝表皮有叶绿素和气孔，能进行光合作用，
直到外层木栓化、内部绿色消失后逐渐老熟，老熟后的枝梢变为圆形，有刺。幼
龄柚树在养分平衡的基础上一年抽梢 6 次，即春梢 1 次，夏梢 2 次，秋梢 2 次，
冬梢 1 次，水晶蜜柚（酸柚砧）幼龄树枝梢抽发量大，顶端优势强，枝梢生长和
延伸，不断扩大树冠，是形成丰产树冠的基础。成年柚树主要抽发春梢，抽发少
量夏梢、秋梢，而冬梢很少抽发。

芽萌发后，生长到一定程度，顶芽停止生长，开始展叶，这个时期为抽梢期，之后为展叶期。

四、枝梢分类

（一）柚树枝梢按抽发时期分类

柚树枝梢按其抽发时期可分为春、夏、秋、冬梢，由于季节、温度和养分不同，枝梢的形态和特性各异，叶片变化大。

1. 春梢

春梢是指立春前后至立夏前抽发的枝梢，是柚树一年中最重要的枝梢。树体经冬季休眠，贮藏养分较充足，所以，春梢发梢多而整齐，枝条节间密，叶片呈长椭圆形（图6-3）。

长势强壮的春梢是抽发夏秋梢的基枝，长势中等的春梢是翌年的结果母枝；混合芽发育的春梢是当年的结果枝；春梢的数量和质量取决于树体的营养状况，上年树体养分积累充足，则春梢数量多、质量好，而春梢的数量和质量又决定当年结果枝和来年结果母枝的数量和质量。培养数量多、质量好的春梢是获得高产稳产的先决条件，初结果树要适当控制春梢抽发数量，集中树体养分，提高花质，保花保果，使柚树早产丰产。

①春梢抽发　②春梢展叶　③春梢老熟

图6-3　柚树春梢

瑞丽水晶蜜柚立春前后抽发春梢，春分后进入展叶期，谷雨前后春梢基本老熟。如果树体营养生长过于旺盛，谷雨（4月19～21日）后春梢还不老熟，就会与开花结果产生营养竞争而加重生理落果，所以，要对旺长春梢进行摘心，促使其抽生为节间短的春梢，减少生理落果，培养翌年良好的结果母枝。

2.夏梢

夏梢是立夏至立秋前抽发的枝梢。因其发生时期正处在高温多雨季节，生长势旺盛，枝条长20～40 cm、粗壮叶大面厚，翼叶较大或明显，叶端钝，易徒长（图6-4）。幼龄柚树可以抽发2次夏梢，一般情况下萌发不整齐，病虫害危害重，特别是虫害危害后易形成"牛尾巴"枝条。幼龄柚树的夏梢可加速扩大树冠，提早挂果；初结果树的夏梢，组织发育充实的也可成为来年的结果母枝，但是，初挂果树夏梢大量抽发会引起落果，因此，对夏梢应采取抹除的办法进行控制，抹除时留2～3片叶为宜，以免抹后继续抽生。

3.秋梢

秋梢是立秋至立冬前后抽发的枝梢，生长势比春梢强、比夏梢弱，叶片大小介于春、夏梢之间（图6-5），晚秋梢组织发育不充实，在冬季最容易受冻，所以，要采取各种措施控制晚秋梢。幼龄柚树和结果少的挂果树常抽发较多的秋梢。组织充实的早秋梢可以发育成来年的结果母枝。

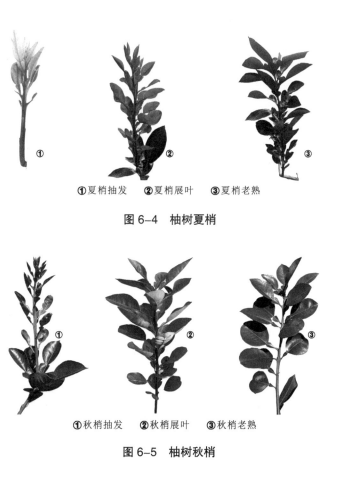

①夏梢抽发　②夏梢展叶　③夏梢老熟

图6-4　柚树夏梢

①秋梢抽发　②秋梢展叶　③秋梢老熟

图6-5　柚树秋梢

4.冬梢

冬梢是立冬前后抽发的枝梢。瑞丽水晶蜜柚幼树抽发大量的冬梢，挂果树冬梢抽发较少，如果挂果树抽发冬梢较多，应及时抹除，因为过多的冬梢抽发会影响夏、秋梢养分的积累，不利于花芽分化（图6-6）。

（二）柚树枝梢按用途分类

柚树枝梢按用途分为徒长枝、结果枝、结果母枝。

1.徒长枝

在树干上萌生出来的，节间长、特别粗、叶大而薄、组织不充实、生长特别快的直立枝，叫徒长枝。徒长枝长达1.5～2 m，影响主干的生长和扰乱树冠。依据树形，一些徒长枝可改造为各类枝梢的更新枝，也可将徒长枝用来更新复壮衰老树。对不需利用的徒长枝应及时除去。

2.结果枝

结果枝是着生花果的枝条，由结果母枝顶芽或附近数芽萌发而成，由于树体间和枝芽间赤霉素（GAs）含量的差异，结果枝萌发为无叶单花枝、有叶单花枝、无叶花序枝、有叶花序枝、腋花枝（图6-7），幼龄柚树有叶花序枝较多，成年柚树无叶花序枝较多。

①冬梢抽发　②冬梢展叶　③冬梢老熟

图6-6　柚树冬梢

①无叶单花枝　②有叶单花枝　③无叶花序枝　④有叶花序枝　⑤腋花枝

图6-7　柚树花枝

①无叶单花枝在柚树上时有发生，但不多见，不是柚树主要的结果枝。

②有叶单花枝在柚树中部顶端强壮枝上抽生，坐果率高，结果可靠。

③无叶花序枝在较弱的结果母枝上抽生，坐果率低，但是由于花量多，只要做好疏花疏果和加强水肥管理，可以培养成主要的挂果枝。

④有叶花序枝在柚树中下部新梢顶端抽生，坐果率高，结果可靠。

⑤腋花枝在柚树中下部外围强壮结果母枝上抽生，由于结果枝上有叶片，所以，结果可靠。

3. 结果母枝

结果母枝是着生结果枝的枝梢统称。组织充实的枝梢，其上着生混合芽，翌年抽出结果枝。水晶蜜柚的春梢和秋梢都可能成为结果母枝，春梢抽生比较一致，不论幼龄柚树，还是强壮柚树或老龄柚树均能抽生。处于盛果期的成年柚树和衰老柚树，一般情况下不抽生夏秋梢或少抽生，所以，柚树结果母枝大部分是春梢。

五、叶

柚叶为单身复叶，椭圆形或卵状椭圆形或倒卵形，因品种不同，柚叶的形态有差异。例如：水晶蜜柚和琯溪蜜柚的叶片形态的差异就很大，水晶蜜柚的叶尖比较尖，琯溪蜜柚的叶尖平凹；水晶蜜柚叶翼呈楔形，琯溪蜜柚叶翼呈卵状椭圆形；琯溪蜜柚叶片较水晶蜜柚叶片稍厚重；琯溪蜜柚叶片张开，水晶蜜柚叶片直立；

琯溪蜜柚叶脉比水晶蜜柚明显；二者颜色相近（图6-8）。

柚叶是柚树进行光合作用的重要器官，光合效能随展

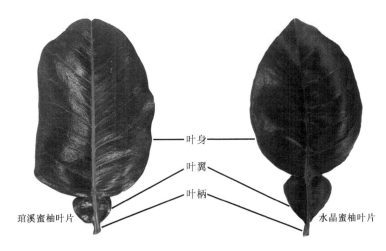

叶身

叶翼

叶柄

琯溪蜜柚叶片　　　　　　　　水晶蜜柚叶片

图6-8　柚叶（单身复叶）形态

叶后叶龄增加而提高，叶片成熟后光合效能处在高峰，至入冬前下降。

柚叶是贮藏有机养分的重要器官，柚树40%以上的氮素和大量的糖类贮藏在叶片中，因此，从柚叶的发育状况就能反映柚树生理状况和矿质营养状况。柚树要求有一定叶果比，才能保证连年丰产，因此，保果必须先保叶，树冠有茂盛的叶片才能获得高产。

六、花

（一）花的结构

柚花的童期为3～4年（土柚、酸柚实生繁殖砧木），每年春季开花一次，花芽分化在冬季开始。柚花成熟花器形态及构成见图6-9。

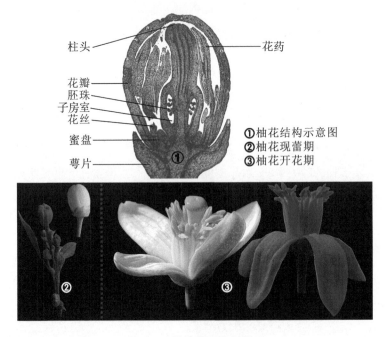

柱头　　　　　　　　　花药

花瓣
胚珠
子房室
花丝

蜜盘　　　　　　　　①柚花结构示意图
　　　　　　　　　　②柚花现蕾期
萼片　　　　　　　　③柚花开花期

①
②
③

图6-9　柚花的形态及构成

（二）花芽分化

花芽分化的整个过程包括成花诱导、花芽发端、花芽形态建成（花芽发育）

三个阶段①。

在顶端生长点分化为花芽过程中，顶端营养生长的分生组织变宽，且略呈扁平，转变形成花发生顶端分生组织，由此形成花托和花的附属器官。花原基部分分生组织向外生长并弯曲覆盖。

每一次的花轮部分在前一轮的内侧上方形成，萼片首先形成，使基部联结形成杯状花萼。接着，萼片的远端弯曲，包围着其他花部。随后，花冠原基膨大，推开萼片向外伸长形成花瓣原基。花瓣原基略至覆盖状，花瓣边缘由互锁的乳头状小突起联结在一起，形成完全闭合的、圆顶状的覆盖体，然后在花冠内侧形成一单轮的雄蕊原基。

雌蕊由子房（有 8 ～ 18 个心室）、花柱和柱头所组成。在早期发育阶段，心室腔先形成，随后在两侧心室之间及心室内侧隆起产生花柱，形成花器的完整雏形。

（三）花芽分化的影响因子

1. 植物激素

（1）内源赤霉素（GAs）

GAs 存在于柑橘中，促进枝叶生长，与花芽形成的生殖生长产生冲突，抑制花的形成。

（2）脱落酸（ABA）

ABA 在花芽诱导期可促进花芽分化，在形态分化期有利于花芽的形态建成，说明同一激素在果树生长发育的不同时期起到了不同的作用。

（3）细胞分裂素（CTK）

花芽分化时，CTK 含量增高。CTK 或反映根部生长状态的信号因子，或激活芽内细胞使其开始分裂。

（4）乙烯（Eth）

Eth 原本是一种气体激素，有研究认为，曲枝、拉枝、环剥、夏剪等果树栽培措施能够促进果树花芽孕育，可能是与芽内 Eth 的含量高有关。

---

① 于越，安万祥，董德祥，等 . 柑橘花芽分化研究进展[J]. 中国果菜，2019，39（9）：53-56.

2. 人工合成激素

植物生长调节剂是依据天然植物激素的结构及其作用机制人工合成的物质，其与植物激素具有相似的生理作用和生物学效应，在农业生产上使用，能够有效调节作物的发育过程。例如 2,4- 二氯苯氧乙酸（2,4-D）被大规模地用作除草剂和防止果实早期脱落剂，低浓度促进细胞分裂、高浓度抑制植物生长，可以调节柑橘从营养生长转向生殖生长，促进花芽分化，调节花期。

（四）花期

柚树花期可分为现蕾期和开花期。

从柚树春梢发芽，并能辨认出花芽起，到花蕾由淡绿色转变为白色至花初开前成为现蕾期；花瓣开放，能见雌、雄蕊时为开花期。全树有 5% 左右的花开放为初花期，有 70% 的花开放为盛花期，80% 以上花瓣开始脱落至全部脱落完为谢花期。

七、果实

（一）柚树果实外形及结构

柚树果实由子房发育而成。子房的外壁发育成柚子果实的外果皮，因富含油胞，故又叫油胞层；子房中壁发育为中皮层即海绵层，因原色为白色，故又叫白皮层；子房的内壁为心室，发育成囊瓣，内含汁囊（汁胞）和种子，成熟柚子果实的外形及结构见图6-10。

1. 果蒂

柚子果实以果蒂为基础，果蒂是萼片与果梗的合称。

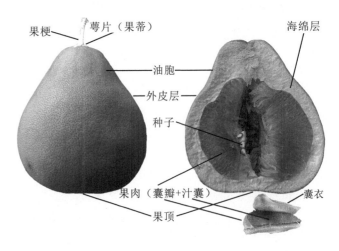

图 6-10　柚树果实的形态及构成

2. 外皮层及海绵层

水晶蜜柚的油胞点明显呈淡黄色，外皮层为黄绿色。水晶蜜柚的外皮质地较珀溪蜜柚不坚实，耐压性和耐碰撞性极差。海绵层较厚。

3. 果肉

汁囊（汁胞）是柚子果实的食用部分，囊瓣的皮称为囊壁或囊衣，由子房内壁心室皮发育而来，水晶蜜柚囊衣较薄，一般为白色，有的略带红晕，囊瓣14～16瓣。许多汁胞聚合一起形成的可食部分即为果肉。

4. 种子

种子着生于囊瓣内端部位，水晶蜜柚单性结实无种子，与珀溪蜜柚等品种异花授粉后有种子。

5. 中心柱

水晶蜜柚中心柱空虚。

6. 外形

水晶蜜柚果实形状呈葫芦形且葫芦头明显，与珀溪蜜柚等异花授粉后，果实近梨形。

（二）柚树果实的生长

柚树果实自谢花后子房膨大到果实成熟将经历细胞分裂期、果实膨大期和果实成熟期几个阶段（图6-11）。

细胞分裂期　　　　果实膨大期　　　　果实成熟期

（❶果实膨大前期；❷果实膨大后期）

图6-11　柚树果实的生长周期

1. 细胞分裂期

细胞分裂期主要是果皮和汁囊的细胞反复分裂，细胞核数量（核质）增加，从而增大果体。细胞分裂期需要较完全的有机和无机营养，主要依靠树体贮备在枝叶中的养分，新根、新叶供给不足，因此，适量喷施叶面肥和氨基酸等生物刺激素，可促进细胞分裂和提高坐果率。

2. 果实膨大期

果实膨大前期汁囊和海绵层的细胞增大，但汁囊的增大仍缓慢，主要是海绵层在继续增厚；果实膨大后期海绵层逐渐变薄，汁囊迅速增长、增大，汁囊含水量迅速增加，故又名上水期。种子内含物已充实硬化。

在该时期，柚子果实可溶性固形物含量随钾肥使用量增加而增加，柠檬酸和维生素 C 的含量也增加。所以，在果实膨大期需要对柚树补钾，由于枝条中的镁向果实转移，也要及时补镁，否则叶片会表现出缺镁的症状。

3. 果实成熟期

柚子幼果果皮含有叶绿素，能进行光合作用和其他复杂的合成作用，其合成产物可维持果实本身呼吸作用的消耗，在果实未成熟时期，由于类胡萝卜素被叶绿素的绿色所遮盖，柚子外皮层较绿。进入成熟期后，叶绿素合成被抑制和不断被分解，同时类胡萝卜素的合成在不断增加，果皮显现出淡黄色或黄色。完全成熟的水晶蜜柚，水分含量 85% ～ 90%、可溶性固形物 9% ～ 13%、总酸 0.3 ～ 0.5 g·100 g^{-1}、维生素 C 含量 30 ～ 60 mg·100 g^{-1}、蔗糖 4.0 ～ 6.5 g·100 g^{-1}、葡萄糖 0.50 ～ 0.80 g·100 g^{-1}、果胶 0.50 ～ 0.60 g·kg^{-1}、纤维素 0.30% ～ 0.60%、木质素 1.7% ～ 3.0%。

| 第二节 |

保花促果措施

柑橘的特点是花朵开放茂盛，但果实坐果率却不足 10%，柑橘的坐果率相对较低，发育不全、畸形的花很难长出果实[①]。所以促花保果的意义非常大，在柚树栽培中，常用的促花保果的措施有授粉受精、控水和补水、环割和环剥、扎干、应用植物生长调节剂、根外追肥等。

一、授粉受精

柚树正常花要经过授粉受精后才能结实，花粉进入子房的过程即授粉，精子与卵子结合即受精。通常雄蕊先熟，雌蕊后熟，柱头成熟时即可授粉。授粉后花药中的花粉发芽，花粉管伸长，通过花柱进入子房，花粉放出两个精子，一个精子的精核与子房中的卵子结合成合子，合子发育成种子；另一个精子的精核刺激子房膨大，发育成果实。

水晶蜜柚与琯溪蜜柚进行异花授粉后为有籽果实，如果授粉受精条件不良，花后生理落果严重，对产量和品质会产生影响。无核水晶蜜柚可以不经受精单性结实。

（一）蜜蜂授粉

组织蜂农在柚树花期进入柚园放蜂授粉[②]，蜜蜂授粉可提高坐果率，增加单果质重，改善果实品质，减少畸形果，从而达到增产提质的目的[③]。在柚树花期禁止使用对蜜蜂有伤害的化学农药，特别是烟碱类的农药，当不得不使用农药时，要求使用生物农药，使用化学农药要求在蜜蜂入场前 10 d 和蜂场撤离后才能喷施农药。

---

① 何邕东. 柑橘不采用激素的保花保果技术要点 [J]. 农家参谋, 2018（7）: 87+78.
② 朱祚亮, 余昌清, 王运凤, 等. 宜都市柑橘蜜蜂授粉与病虫害绿色防控技术集成推广示范 [J]. 湖北农业科学, 2018, 57（S2）: 90-91+95.
③ 高丽娇, 姬聪慧, 刘佳霖, 等. 意大利蜜蜂授粉对柑橘生长发育及品质的影响 [J]. 云南农业大学学报（自然科学版）, 2019, 34（4）: 678-682.

（二）野生蜂授粉

在没有蜂农入园的情况下可以采用野生蜂授粉。野生蜂以壁蜂为主，壁蜂属于膜翅目切叶蜂科，是一种体色黑灰色的野生蜂，其体形相比于蜜蜂略小，体长10 ~ 15 mm，雄蜂个体略小于雌蜂[1]。

野生蜂授粉通常的方法是在盛花期对整个柚园喷洒米酒，即将 50% vol 傣家米酒稀释 50 倍，用喷雾器对整个柚园的柚树进行喷洒，米酒能吸引周边的野生蜂大量聚集柚园觅食授粉，在授粉期间禁止使用对蜜蜂有伤害的化学农药。野生蜂授粉是在瑞丽水晶蜜柚种植中主要授粉方式。

（三）人工授粉

人工授粉是采用人工操作的方式把花粉传送到柱头上以提高籽实率，或有方向性地改变植物物种的技术措施。由于人工授粉工作量极大，所以，在柚树生产中一般不采用。以水晶蜜柚异花授粉为例，授粉的基本步骤如下。

1. 去雄

把水晶蜜柚未成熟花的全部雄蕊去掉。

2. 授粉

采集琯溪蜜柚的花粉，撒在去了雄花的水晶蜜柚雌花柱头上即完成授粉。

如果水晶蜜柚高位嫁接了琯溪蜜柚，可用毛笔蘸琯溪蜜柚的花粉，然后涂粘在水晶蜜柚雌花柱头上即可。

二、控水和补水

（一）控水时期

冬季柚树处于低温和干旱的环境，有利于柚树花芽分化，在柚树种植过程中，控水是促进柚树花芽分化的重要措施，立冬（11 月 7 ~ 8 日）至小寒（1 月 5 ~ 7 日）期间不能进行灌水或浇水。对长势强旺不开花的成年柚树，采用控水的方法能有效促进花芽分化，增加开花量和挂果量。

---

① 王粟娥．壁蜂的生活习性及其果树授粉技术 [J]. 现代农业科技，2017（1）：88+90.

（二）开沟晒根

开沟晒根也是一项重要的控水措施。成年柚树在采摘结束后（10月中旬）应结合开冬肥施肥沟进行晒根，晒根的时间为 10 ～ 20 d，如果气温低，晒根时间也应相应减少，否则会引发流胶病。

（三）适度补水

柚园在大寒（1月20 ～ 21日）后适度灌溉补水，能加强光合作用，有利于恢复树势和花芽分化。

三、环割和环剥

环割和环剥已被广泛应用于柚树栽培中，是调控柚树生长发育的常用手段之一，通过环割和环剥手段，控制柚树营养生长达到促花保果、增加产量以及提高果实品质等目的。其调控原理主要是通过切断主干或枝条韧皮部，阻断同化物经韧皮部的向下运输，导致同化物在环割和环剥口上方积累，从而达到调控柚树生长的目的。

（一）环割和环剥对象及时期

①对强旺树、结果较多的丰产树以及以往开花结果少的树体，可在柚树花芽形态分化期（立冬至冬至）进行环剥，以促进花芽分化，增加翌年花量。但是，10年生以上的柚树最好不要进行环剥，应环割。

②对初挂果柚树在现蕾期和开花期进行环剥，对树势强、花少的柚树在现蕾期和开花期进行环割，以提高坐果率。

③树势强、花多的树则宜在谢花2/3至第一次生理落果末期进行环割，以提高坐果率。

（二）环割和环剥方法

柑橘种植实践证明，环割和环剥是有风险的。有文献记载[1]，湖南省安化易

---

① 沈兆敏，等 . 柑橘整形修剪和保果技术 [M].2 版 . 北京：金盾出版社，2016.

嘉堂在安障林场先后环剥 1 100 株幼、旺结果树，环剥在主干、主枝上进行，环剥宽 3 ~ 5 mm，全部去掉韧皮部，露出木质部，剥后 1 个月将环剥口用塑料薄膜带包扎，环剥时间为 9 月。当年冬季出现落叶比未环剥的树严重，叶色稍显发黄。至翌年春季萌芽时，环剥树均开花满树，但大多数是退化结果枝，很少有营养型春梢抽生。而未环剥的树，花量虽少，但抽梢和生长正常。至 5 月，环剥树有 80% 以上的叶色严重发黄，并有少部分开始落叶死亡。解开塑料薄膜检查，发现有一半以上的树，环剥口未长出愈合组织。挖开土层检查根部，凡环剥口未愈合的树，根系开始出现死亡。后虽用柑橘树皮桥接环剥口的措施挽救，仍死树 30 多株，不少树由于愈合不良而树势难以恢复。

所以，为了稳妥起见，环割和环剥应该在柚树的骨干枝或强旺枝上进行，不提倡在主干上进行。

1. 环割方法

用酒精或高锰酸钾对需要环割的部位进行消毒处理，环割刀具须将刀口磨成一条直线，无任何缺口，达到锋利无比，然后用酒精或高锰酸钾对刀具进行消毒处理。在被环割枝条基部以上 5 ~ 10 cm 较平滑处，用环割刀具螺旋式环割皮层 1 ~ 3 圈，切断韧皮部，不伤及木质部，螺距 1 ~ 5 cm（图 6-12 左）。对生长过旺的柚树，可根据需要，在第一次环割后 15 d 左右，于原来环割处以上 3 ~ 5 cm 处进行第二次环割。

环割　　　　　　环剥

图 6-12　环割和环剥

2. 环剥方法

枝条环剥部位和环剥刀具的消毒与环割相同。在被环剥的枝条基部上

10 ~ 20 cm 较平滑处，剥去枝干上宽 0.3 ~ 0.5 cm 的一圈皮，留下 0.2 cm 不剥皮，有利于伤口愈合（图 6–12 右）。环剥时要求上下切口平滑、整齐、不破裂，并且不能伤及木质部。

3. 环割和环剥后的处理

环割和环剥后用 40% 百菌清悬浮剂涂抹伤口，然后用塑料薄膜进行包扎，以利于愈合伤口和防止流胶病的发生，伤口愈合后应及时解膜。

环割和环剥后 15 d 左右如发现叶色变黄或出现落叶现象，应及时对环割和环剥枝用尿素和 2,4– 二氯苯氧乙酸 （2,4–D）混合液喷施叶面。环割和环剥后 30 d 内要避免喷施石硫合剂、松碱合剂等农药，以免出现大量落叶现象。

（三）环割和环剥对叶片的影响

梁春辉等[①] 研究表明，环割和环剥均显著降低了柑橘叶片叶绿素相对含量和净光合速率，其中以环剥的影响效应最为显著。叶绿素作为最重要的光合色素，在捕获光能和传递过程中起关键性的作用，其含量的迅速下降被认为是叶片衰老的重要标志。

环割 2 次及环剥处理 30 d 和 60 d 均显著增强了柑橘叶片超氧化物歧化酶（SOD）、过氧化物酶（POD）和过氧化氢酶（CAT）活性，环割和环剥后 30 d 柑橘叶片中抗氧化物质抗坏血酸（AsA）和还原型谷胱甘肽（GSH）含量均显著低于对照，这可能是由于伤害导致产生大量活性氧，AsA 和 GSH 作为非酶抗氧化物质参与了自由基的淬灭，也有可能是因为环割和环剥抑制了 AsA 和 GSH 的生物合成。环割和环剥早期叶片抗氧化物质含量的降低说明环割和环剥早期降低了柑橘叶片的非酶促防御系统，使叶片受到一定程度的氧化伤害。后期各处理叶片 AsA 和 GSH 含量显著上升，可能是由于植物伤口的愈合，以及保护酶系统的清除作用，让 AsA 和 GSH 合成逐渐恢复，而后通过 AsA–GSH 循环代谢参与植物体内活性氧自由基的清除。

（四）扎干

扎干，也有文献叫箍干和环扎。扎干是通过紧扎在枝干上的铁丝挤压韧皮部

① 梁春辉，陈惠敏，李娟，等 . 环割对柑橘叶片衰老的影响 [J]. 园艺学报，2018，45（6）：1204–1212.

筛管等输导组织，使之部分损伤、破碎，或细胞腔变小，阻断同化物经韧皮部的向下运输，导致同化物在捆扎铁丝上方积累，从而达到调控柚树营养生长的目的。

图 6-13　扎干

扎干的时间、促花原理、效果以及风险均与环割和环剥相同。扎干的部位应选择骨干枝或主枝上的光滑处，用直径 1～2 mm 的铁丝扎一圈，以扎紧且铁丝不陷入皮层为度（图 6-13）。扎后 30～40 d 解除铁丝，根据实际情况，也可至翌年春季再解除铁丝。

四、植物生长调节剂的应用

潘东明等[①]认为应用多效唑进行化学调控，结合必要的栽培措施，不论对树势旺盛的初果树、旺长树，还是盛果树均有显著的促进花芽分化、增花多果的效果。曾兴、黄建华等[②]用多效唑、细胞分裂素、爱多收（邻硝基酚钠 0.6%+ 对硝基酚钠 0.9%+5- 硝基邻甲氧基苯酚钠 0.3%）、碧护（含有天然植物内源激素、黄酮类物质和氨基酸等 30 多种植物活性物质）进行联合试验，研究其对脐橙保花保果作用，证明碧护 15 000 倍 + 多效唑 1 000 倍能够有效增加总蕾花和有效花数量，减少畸形花数量。

植物生长调节剂在柚树上的应用需要进行小区试验，找到最优的浓度后，才能进行大面积推广应用。

五、根外追肥

花蕾期用 0.3%～0.5% 尿素 +0.3% 磷酸二氢钾混合液喷施柚树叶面，隔 10 d 左右喷施第二次；盛花期喷施氨基酸和微量元素，用"小屁孩 TM"牌中微量元素水溶肥，按 500～600 倍液喷施叶片一次，隔 10 d 左右，用"小屁孩

① 潘东明，郑诚乐，艾洪木，等 . 琯溪蜜柚无公害栽培 [M]. 福州：福建科学技术出版社，2017.
② 曾兴，黄建华，赖剑锋 . 几种果园常用生长调节剂对脐橙生殖生长、产量及品质的影响 [J]. 园艺与种苗，2018，38（8）：1-3+8.

TM"牌中微量元素水溶肥和虾肽氨基酸免疫膏（原浆）按 1 ∶ 1 配制混合液，然后稀释 500 倍再喷施一次。

|第三节|
柚树整形修剪

柚树如果任其自然生长，就会形成高大柚树，例如云南省瑞丽市弄岛镇主干路（23°52′37″N，97°40′22″E）的行道树就有几棵是柚树（图6-14），它们就是任其自然生长的典型柚树，根部发生独立的主干，主干高大，树干和树冠有明显区分，形成伞形树冠，树形絮乱，树冠枝条重叠郁闭，高度可达到 8 ～ 10 m。如果我们种植的柚树也由其自然生长，那么，所有农事无法进行，就会出现"栽而无收"的情况。所以，柚树的整形修剪具有十分重要的意义。

图 6-14　自然生长的柚树

柚树整形修剪是以其枝、芽和开花结果的生物学特性为基础，以培育丰产的树形结构、调节生长与结果的矛盾、提高产量为目的的生产技术措施。

整形，就是将树体整成丰产柚树的形状，使树体的主干、主枝、副主枝等具有明确的主从关系、数量适当、分布均匀，从而构成高产稳产的特定树形。

修剪，就是在整形的基础上，为使树体长期维持高产稳产，而对枝条所进行的剪截活动。

一、整形与修剪的关系

修剪包括修整树形和剪截枝梢两部分，即整形是修剪的一部分。整形则是按设计的树形要求，陆续将柚树培养成我们所需要的树形，目的是确保柚树的柚子产量和品质，不出现大小年，使柚树进入丰产期后处在优质、稳产的生长状态。

整形是柚树从幼苗至衰老更新都要进行的一项重要技术措施。采用控制和调节枝梢生长的各项技术措施，培育高度适当的主干，配备一定数量、长度和位置合适的主枝、副主枝等骨干枝，并使枝组间相互平衡协调。随着树冠的生长、扩大，为避免树形受破坏，还应继续进行修剪，使树冠始终保持一定的形状。

整形与修剪是人的意愿和柚树生物学特性高度统一的一项农业措施。我们既要遵循柚树自然生长的树形，也要培育符合各项农事作业需要的树形。柚树自然生长中的缺陷，可以用整形修剪来弥补。

柚树整形修剪的目的是：

①培育优质、丰产稳产的树形，使树体能在较长的时期里承担最大的挂果量。

②使树体能合理地利用空间,确保空气流通,光照通透适宜,有利于光合作用。

③将树干高度和树冠大小控制在一定的范围内，使之方便开展农事活动。

④整形修剪还要为省力化操作创造有利的条件，使树形适应特殊管理的需要。

二、整形修剪原则

（一）整形原则

1. 因地制宜原则

生态条件、立地环境以及栽培方式的不同，对柚树的树形和生长结果的影响各异。因此，整形须遵循因地制宜原则，使树形既适应环境的需要，又能达到丰产的目的。例如瑞丽江冲积平原土层高湿、沙壤厚，适培高干树形；山地湿度较低，土层浅薄，适培矮干树形。

2. 因树整形原则

砧木品种不同，采用的树形也不同。乔化砧木和生长势强旺的品种，要培养较高大的树形。农业措施不同，所需的树形也不同，例如瑞丽市弄岛镇陈氏柚园因采用盖塑料薄膜防雨水和增加积温的农业措施，其树形为主干形，既能有效实现雨水顺流，也能起到积温的效果。与其相邻的曹氏柚子园为了方便套袋、修剪和其他农事活动，其树形为矮化开心形。

（二）修剪原则[①]

1.根据品种（品系）、砧木、树势、结果量和管理水平进行修剪

结果多、树势较弱的柚树，以缩剪为主，并结合疏剪，减除量应适中。

结果少的衰弱柚树，应视情况，逐年进行枝组、侧枝回缩，重剪复壮，配合多施氮肥，促其尽快复壮树冠。

栽培管理水平高，肥、水条件好，土层深厚肥沃，树势强旺的柚树，应予以轻剪，以疏剪为主，反之，宜重剪，以短截为主。

2.充分利用光源

柚树树冠各部受光量与抽生新叶量关系密切，光照强度不足，开花量和坐果率会降低。要尽可能保留叶片，减少无用枝干，做到抽密留稀，上稀下密，外稀内密，使整个树冠达到"大枝少，小枝多，内膛充实，外围稀疏，分布匀称"的状态。

3.疏短结合，轻重适当

通常，结果幼树宜轻剪，复壮树则短缩衰退枝，疏删密弱枝群，适当重剪。幼龄树多用摘心、抹芽放梢技术轻剪，翌年花量过多的树宜重剪。丰产稳产树应疏、短剪结合，中度修剪，翌年花少的树应轻剪。强树弱枝开花结果的，轻疏强枝；弱树健壮枝开花结果的，多疏弱枝。

4.尽可能多留叶片

叶片不仅是合成有机养分的器官，还是贮藏养分的仓库。修剪过重，叶片损失过多，常引起枝梢徒长，产量下降。所以，修剪量通常是宜轻不宜重。幼树下部和中部辅养枝能合成养分供应根系和树冠生长，并具有树干遮荫作用，应尽可能保留。修剪量是以剪除叶片多少为标准，剪除叶片总量少于20%为轻度修剪，20%～30%为中度修剪，多于30%为重度修剪。

---

① 杨德荣，曾志伟，周龙. 柚树高产栽培技术（系列）Ⅳ：修剪[J]. 南方农业，2018，12（28）：54-57.

三、柚树整形

（一）柚树树冠结构

了解柚树树冠结构是柚树整形的重要前提，按照柚树的生长特性，其树冠由主干、骨干枝（主枝、副主枝、侧枝）以及小枝组等 3 部分组成（图 6-15）。

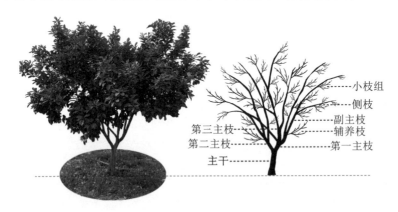

小枝组
侧枝
副主枝
第三主枝————辅养枝
第二主枝————第一主枝
主干

图 6-15　柚树树冠结构

1. 主干

自地面根颈以上到第一主枝分枝点的部分称为主干。主干可在定干时人为决定，主干高，柚树长得高大，结果晚；主干矮，树冠形成快，结果早。主干高度要综合考虑结果早晚、田间机械操作等因素。如果主干太矮，不利于机械开沟、除草等农事作业的实施。以酸柚或土柚作为砧木的柚树，主干高度应在60 ~ 80 cm 比较适宜，以枳壳作为砧木的柚树，主干高度在 40 ~ 60 cm 比较适宜。

2. 骨干枝

骨干枝是构成树冠的主要大枝部分,由中心主干枝、主枝、副主枝和侧枝组成。

（1）中心主干枝

主干以上逐年培育向上生长的中心大枝称为中心主干枝。主干型柚树的中心主干枝较为突出，而开心形柚树的中心主干枝不突出。

（2）主枝

主干型柚树在中心主干上选育配备的大枝为主枝，从下而上分别称为第一主枝、第二主枝、第三主枝、第四主枝等；开心形柚树从主干分叉处选育配备的大枝为主枝，依据主枝的大小或高度分别称为第一主枝、第二主枝、第三主枝、第四主枝等。主枝是形成树冠的主要骨架枝。选配大枝不宜过多，以免影响树冠内部及下部的光照。

（3）副主枝

选育配置在主枝上的大枝为副主枝，每个主枝上可配置 2 ~ 4 个副主枝，副主枝也是树冠的骨架枝。

（4）侧枝

着生在副主枝上的大枝或主枝上暂时留用的大枝称为侧枝。侧枝起支撑枝组、叶片和花果的作用，形成树冠绿叶层的骨架枝。

3. 小枝组

着生在侧枝上 5 年生以内的各级小枝组成的枝组称为小枝组，有的文献又称枝序或枝群，系树冠绿叶层的组成部分，有营养枝、结果枝之分。

（二）柚树常见树形

在柚树栽培中，一般情况下以主干形和开心形两种树形为主（图 6-16）。柚树具有干性较强、树冠大以及自然分层的特点，能自然形成或培养成有中心主干的自然圆头形树形。可以通过不同的修剪方法（短截、疏枝、甩放、抹芽与放梢、摘心、弯枝等，后文均有详细介绍）和对自然圆头形的柚树开天窗，将柚树整形成开心形。

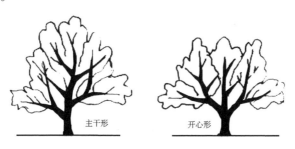

主干形　　　开心形

图 6-16　柚树常见树形

四、柚树修剪

（一）短截

短截是指将柚树枝梢剪去一部分的修剪方法，骨干枝的延长枝，或是有较大空间的枝梢上，促其延伸或填补空间时使用短截。短截可分为轻度短截、中度短截、重度短截和极重度短截（图6-17）。对多年生的枝梢进行回缩时，也是采用短截法进行。

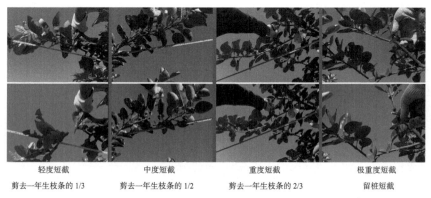

| 轻度短截 | 中度短截 | 重度短截 | 极重度短截 |
| 剪去一年生枝条的1/3 | 剪去一年生枝条的1/2 | 剪去一年生枝条的2/3 | 留桩短截 |

图6-17　短截修剪法

轻度短截后，留芽数多，养分分散，可促其抽发较多的短小枝，且枝梢的长势较弱。

中度短截主要是引导主侧枝生长，中度短截后饱满芽较多，萌发的新梢量中等，具有成枝力高、生长势强、母枝增粗快等作用。

重度短截主要目的是枝梢更新和填补空间，重度短截后去除了先端优势的饱满芽，可抽发2～3根较强枝梢填补空间，长势和成枝率较强。

极重度短截时，由于枝梢基部芽的质量较差，抽生的新梢有时也不强壮。生长势极强的直立徒长枝一般采用极重度短截疏去。

总之，随着短截程度加重（轻度—中度—重度），萌芽抽梢数就会减少，但抽发枝梢的长度会增加，形成中长枝。柚子花芽均着生在枝梢上部节位的芽上，如果全部短截会使枝条当年失去开花结果能力，导致开花量极少甚至无花。

（二）疏枝

疏枝也叫疏剪，是指把一年生枝梢从基部剪除的修剪方法。疏枝与极重度短截的区别是疏枝不留桩，极重度短截需留桩（图6-18）。疏枝的目的是增加枝梢间的间距，改善整个树体和树冠局部的通风透光条件，促进花芽分化。由于疏枝后的伤口较大，所以，锯完枝条后应立即在伤口处涂上愈伤膏。

图6-18　疏枝

疏枝会减少枝梢数量，从而减少柚树的生长量。在柚树的修剪中，对树冠紧密的柚树，可疏除强旺枝和密挤枝。

（三）甩放

甩放又称为缓放，即对一年生枝梢不进行修剪。在柚树生产中，为了缓和幼树和强旺树长势较平的当年结果母枝的生长势，使其不抽枝或者只抽发一些中小枝，可采用甩放的方法，即不进行修剪，使枝梢多长叶片，多贮藏营养，促进从营养生长转向生殖生长，有利于花芽分化，同时还能有效调整叶果比。但直立强旺枝梢不宜采用甩放法。

（四）抹芽与放梢

抹芽是指将不符合生长需要的嫩芽、嫩梢抹除的方法。由于柑橘芽均为复芽，把零星的主芽抹除后，可刺激副芽和枝梢上附近其他芽抽出较多的新芽。对成年柚树反复抹除夏梢可以有效减少夏梢与幼果争夺养分，有利于幼果的生长发育。反复抹除冬梢能贮藏较多养分，有利于花芽分化。

经过反复几次抹芽，直到预定抽梢时间停止抹芽作业，使众多的芽同时萌发，这个过程称为放梢，放梢有利于树体管理和病虫害的集中统防。

（五）摘心

摘心是指对正在抽生的嫩梢，在其自剪前，用手指或剪刀摘去其先端的幼嫩部分的方法。对于骨干枝的延长枝，在新梢伸长至 40 ~ 60 cm 时进行摘心，可起到限制枝梢徒长、促进分枝的作用。

（六）弯枝

通过拉、撑、吊、按等手段，把柚树直立枝拉平或拉斜的方法叫弯枝。弯枝能有效打开树体的光路、缓和生长势，有利于由营养生长向生殖生长的转化。弯枝是使直立徒长枝转化为结果枝组的一种有效方法。

五、不同生长阶段柚树修剪的注意事项

（一）幼龄柚树的修剪

幼龄柚树的修剪以整形为主，通过修剪，将幼龄柚树培养成主干型或开心形的树形，柚树童期（种植后的 1 ~ 3 年）为定干期，配置 3 个主枝，每个主枝上再配置 2 ~ 3 个副主枝，通过弯枝（拉、撑、吊、按等）手段，加大主枝与主干的分支角度，矫正主枝间距离。并将多余的弱枝、强旺枝（徒长枝）、交叉枝、重叠枝剪除，对主枝延长枝作短截或疏剪，尽可能保留枝梢作辅养枝，投产前 1年进行抹芽放梢。

（二）结果初期柚树的修剪

结果初期是指树冠还在扩大、产量逐年增长的时期，水晶蜜柚的童期为 3 年，从种植后的第 4 年至第 7 ~ 8 年为结果初期。

结果初期的柚树修剪，主要是调整树冠生长量和结果量的矛盾，如果结果量大，则树冠生长量小（树冠扩大慢），反之则树冠能快速扩大。

结果初期柚树的修剪要点：

①适当控制营养生长，减少营养消耗，除利用一部分夏、秋梢扩大树冠外，其余梢剪除，以减少养分消耗，有利于开花结果。由于春梢作为柚树主要的结果母枝，故应尽量保留，对树冠内膛的阴枝、弱枝、无叶枝也要保留，有的可培育为结果母枝。

②短截只适用于主侧枝的延长头，压制顶端优势，分枝延伸，并让其少结果使之逐渐增粗。对顶端及外围的夏、秋梢适当修剪，可促使抽发内膛枝，增加结

果枝数量，使树冠层次分明和通风透光，减少因荫蔽而发生枯枝、病虫枝。

③结果初期的柚树辅养枝为主要的结果和产量形成的部位，结果多时辅养枝就不会增粗，减少对主侧枝的干扰。待侧枝上的枝组大部形成后，结果部位就应转至主侧枝上，再逐步清理过多的、部位不好的辅养枝，或疏除或缩小其分布范围给主侧枝的枝组让出空间。

（三）盛果期柚树的修剪

柚树进入盛果期后，树冠已达到应有的大小不再扩大，结果部位明显由下向上扩展，这个时期的修剪目的是维持丰产树形多挂果，同时要树势维持在较好的水平，防止柚树早衰。

1. 春季修剪

春季修剪是指在春梢抽生、现蕾时进行的复剪。主要目的是调节春梢和花蕾及幼果的数量比例，防止春梢抽生过旺，加剧落花落果。同时对现蕾、开花结果过多的树再次疏剪成花母枝，减少花朵和幼果。

2. 夏秋季修剪

夏秋季修剪指柚树第二次生理落果期（5～6月）前后的修剪，通常采取疏春梢、抹夏梢和秋梢的修剪方法。

（1）疏春梢

春梢如抽发过多，就会与花果争夺养分而加剧落花落果，因此应将树上过多的春梢疏除一部分，以利于保花保果，剩下的留作来年的结果母枝。花枝上的春梢应大部分疏去，无花枝上的春梢按"三剪一，五剪二"的原则疏除，通常使新老叶之比保持在1：1.5，遇干旱或气温较高时新老叶之比以1：2为宜，以减轻异常落果。

（2）抹夏秋梢

夏梢、秋梢抽生正值果实膨大期和转色期，此期梢果矛盾突出，所以必须及时抹除夏梢和秋梢，以保果稳果。

水晶蜜柚主要以发育分化完全的春梢作为结果母枝，盛果期需把秋梢和夏梢全部抹除。在小满（5月20～22日）至大暑（7月22～24日）抹除夏梢；在白露（9月7～9日）至秋分（9月22～24日）抹除秋梢。每隔3～5 d抹除一次，直到抹完为止（图 6-19）。

3. 冬季修剪

冬季修剪从采果后到春季萌芽前进行，柚树处于相对休眠状态，生理活动减弱，此时修剪养分损失较少。冬季修剪能调节树体营养、复壮树体、恢复树势、协调生长与结果的关系，使翌年抽生的春梢生长健壮、花器发育充实。冬季修剪主要包括对以下几类枝条的修剪。

图 6-19　柚树抹梢

（1）病虫枝和枯枝的修剪

病虫枝和枯枝通常采用极重度短截，剪除后清除出柚园并烧毁，以减少病虫源。针对尚有利用价值的病虫枝，可采用轻度短截或中度短截将存在病虫害的部分剪除，保留未受害的健壮部分（图 6-20）。

图 6-20　剪除病虫枝

（2）密生枝和荫蔽枝的修剪

密生枝按"三去一，五去二"的原则剪弱留强。对密生的丛生枝，因其生长纤细衰弱，常采用极重度短截从基部剪除。荫蔽枝因光照条件差，一般生长都较弱，可全部剪除，根据需要可采用轻度短截或中度短截或重度短截进行剪除。

（3）交叉枝和重叠枝的修剪

交叉枝和重叠枝可依据"去弱留强，去密留稀，抑上促下"的修剪方法进行短截。

（4）强旺枝和骑马枝的修剪

强旺枝（徒长枝）一般采用极重度短截剪除（图 6-21），针对需要在树冠空缺处补缺的强旺枝，留 30 cm 左右短截，促其形成分枝进行补空。骑马枝（即大枝空膛处的直立枝）可根据需要进行短截，促其分枝，补充树冠。强旺枝和骑马枝的修剪是维持丰产树形的依据。

（5）下垂枝的修剪

如果下垂枝属健壮枝，则采取分年回缩，回缩部位以结果果实不下垂碰到地面为度，待结果后视情况再进行回缩；如果下垂枝属弱枝，则从弯曲处短截；长势弱或过密的从基部进行极重度短截。

图 6-21　强旺枝极重度短截

（6）结果母枝和结果枝的修剪

结果母枝须保留健壮有叶的枝条，但为防止出现大小年现象，对结果母枝可采用轻度短截的方法修剪一部分，使其抽生营养枝，成为下一年的结果母枝，若不易出现大小年，也可对结果母枝去弱留强。

柚树冬季修剪是剪除枝梢量最大的一次，完成病虫枝和枯枝、密生枝和荫蔽枝、交叉枝和重叠枝、强旺枝和骑马枝、下垂枝以及结果母枝和结果枝的修剪后，冬季修剪就完成了，修剪前后的树冠差异很大（图6-22）。

图 6-22　柚树冬季修剪前后对照

（四）衰老树修剪与复壮

1. 衰老树的修剪

盛产期的柚树结果多年后，树势生长逐渐衰弱，树冠内侧大小枝部分出现枯萎，大部分枝序干枯，内膛空秃严重，新梢弱，花量大，挂果率低，品质差，说明柚树进入衰老期了。进入衰老期的柚树会逐渐丧失结果能力。因此，修剪上应采取枝组、主枝更新，剪去部分结果枝，减少花量，保留叶芽和营养枝，使树冠内、外部衰弱枝组和侧枝更新，恢复树势，延长结果期。

2. 衰老柚树的复壮

为了使衰老柚树继续成为丰产树，除修剪以外，还必须改良土壤和更新根系。

（1）土壤改良

柚树衰老的因素很多，土壤微环境被破坏是重要因素，所以必须对土壤进行改良，改良土壤的方法参见第二章第二节土壤健康管理。

（2）更新根系

柚树更新根系的主要方法是断根。于 7 ~ 8 月，在柚树冠滴水线偏内处挖宽 50 cm、深 60 cm 的环状沟，并将直径 1.5 cm 以下根系的伤口剪平。然后结合土壤改良，将土壤改良剂与表层土混合均匀，填入沟内，再对其灌一次水，以促发新根，更新根系。

通过断根改良达不到更新根系目的的，可采用砧木靠接换根。首先选择根系发达健壮、无病虫害的酸柚大苗（直径 2 ~ 3 cm）作为砧木，种植在需要换根的柚树基部不同方向的适当位置，一般情况下种植一株，根据需要也可以种植 2 株或以上，待酸柚苗成活后，在离地面 20 ~ 30 cm 处剪断酸柚砧木，并将砧木向上削成楔形，在柚树根部合适位置从下往上切削一个嫁接口（图 6-23 ①），把砧木插入嫁接口里，使酸柚砧木顶部与柚树切口的底部紧贴（图 6-23 ②），最后用塑料薄膜进行包扎（图 6-23 ③）。嫁接完成后，要立即对酸柚浇灌 0.2% 虾肽氨基酸（原浆）溶液，并要确保浇透。

嫁接口全部愈合后（嫁接后 50 ~ 60 d）进行解膜。随着酸柚砧木生长形成柚树新的根系，逐步替代原柚树根系向树体提供养分和水分。在 1 年左右，靠接的酸柚砧木粗度不断增加，靠接换根成功（图 6-23 ④）。

图 6-23 砧木靠接换根

第七章

自然灾害及其防治技术

扫码查看
本章高清图片

| 第一节 |

旱害及其防治技术

旱害是偶发性的自然灾害，是一时的气候异常而导致的自然灾害。干旱在瑞丽很常见，但由于瑞丽江的水资源丰富，所以，干旱对柚树种植一般不会产生太大的影响。但是，瑞丽偶尔也会发生旱害。

一、旱害对柚树的影响

（一）影响柚树树体

植物生长要长期适应自身所处的自然环境，它们在干旱胁迫下的抗旱性表现都是由其植物本身的生理抗性和结构特性，以及植株的生长发育过程中与环境相配合的程度决定的[1]，适度干旱有利于柚树主根向下快速生长，但过度干旱形成旱害对柚树的影响是非常广泛和深刻的，旱害对植株生长的各个不同的阶段均会造成影响，包括柚树植株的花芽萌发、坐果、营养生长和生殖生长等过程，还影响柚树植株的代谢过程，包括光合作用、呼吸作用、营养元素和水的吸收和运输等。同时旱害对植物生产力的影响是最常见的自然灾害。轻度旱害对植物的伤害比较容易观察，通常是柚树叶片尖端最先发生萎蔫，组织结构发生变化，这种变化会影响柚树光合作用、呼吸作用，还会影响柚树植物蛋白质的分解、渗透物质的积累、核酸代谢和激素代谢等。重度旱害会引起植株机械性的损伤，最终导致植株死亡。

（二）诱发柚树病、虫害

一旦发生干旱或旱害，春季和秋季易暴发红蜘蛛，并且防治难度非常大。夏季易暴发锈壁虱，同时还可能会发生急性炭疽病。

---

[1] IVANO B, CLAUDE H, DAWES M A, et al. How tree roots respond to drought[J]. Frontiers in plant science, 2015, 6（10）: 547–560.

二、抗旱措施

（一）选择有利于抗旱的柚园地址

选择海拔 800 m 以下的瑞丽江冲积平原建设柚园，要求周边植被茂盛、表层土深厚（60 cm 以上）、有机质含量高，干旱期能取到井水。

（二）保护柚园生态环境

1. 保护果园周边植被

坡地柚园周边的植被可提高柚园的空气湿度，降低柚园空气温度，减少土壤水分的蒸发。坡地柚园上方应建设涵养林，对提高柚园的抗旱能力有明显效果，这也是我们常说的"有林土不干"。

2. 建设防护林

防护林在高温干旱季节，能降低柚园温度，减少水分蒸发，还能提高空气湿度，延缓干旱的发生[1]，减轻干旱的不利影响，在夏、秋高温干旱季节，防护林可降低果园气温 0.7 ~ 2 ℃，提高空气相对湿度 3.5% ~ 14%，提高土壤含水量 4.7% ~ 6.4%[2]。项目组在柚子科技示范园周围种植皇竹草作为防护林，效果显著。

（三）建设蓄水与灌溉设施

根据柚园的实际情况，如果地下水位较低，为了防止降水的时空分布不匀造成缺水，柚园需要修建蓄水与灌溉设施，以解决干旱期的柚园浇水问题。蓄水设施的建设应因地制宜、就地取材，以节省建设费用。

（四）柚园防旱抗旱措施

1. 深翻改土

土壤深翻，结合埋施有机肥、作物秸秆和杂草等改土材料，增厚土层，提高土壤肥力，引导柚树根系向下深扎，增加根系吸收水分和养分的范围。同时，土层增厚使土壤的蓄水能力增加。

---

① 杨德荣，曾志伟，周龙．柚树高产栽培技术（系列）Ⅱ：防护林对柚园田间小气候、病虫害和果实品质的影响初步观察[J]．南方农业，2018，12（19）：11-14+18.
② 沈兆敏，周玉彬，邵普芬．柑橘[M]．武汉：湖北科学技术出版社，2003.

147

2. 中耕

降雨后初晴，地表稍干，适合浅锄时。分布在土壤内部相互贯通的孔隙，可以看成是许多形状不一、直径各异、彼此连通的毛细管[1]，进行中耕松土，切断土壤毛细管减少土壤水分蒸发。

3. 园区覆盖

干旱季节用稻草、茅草等在柚园地面进行全园覆盖，厚度 15 cm 以上，树干周围 10 cm 左右应空出，减少土壤水分蒸发。但在高温季节不宜覆盖，否则会使土壤温度过高，导致根系异常甚至死亡。

4. 生草栽培

在柚园种植百喜草（*Paspalum notatum* Flüggé）能增加土壤的蓄水能力，提高土壤含水率，高温干旱季节可降低土壤温度和树冠层空气温度，减轻干旱。李国怀等[2]研究发现，柑橘园种植百喜草后，与清耕对照相比，7月地表极端高温降低 23.3 ~ 26.1℃，20 cm 土壤极端高温降低 4.8 ~ 5.9 ℃，树冠层空气平均相对湿度提高 5 ~ 7 个百分点，7 ~ 11 月夏秋高温连旱季节土壤含水率提高 1.7 ~ 2.2 个百分点。

5. 应用抗旱保水剂

抗旱保水剂是具有高吸水保水能力的高分子化合物，可吸收自身质量数百倍至上千倍的水，可反复吸水，吸水后膨胀为水凝胶，在土壤干旱时可释放出 80% ~ 95% 所持水分供植物利用。刘春生等[3]研究 KD-1 型抗旱保水剂发现，使用抗旱保水剂后，土壤的含水量显著增加，各级团粒结构的数量也均有增加。

6. 灌溉

灌溉是防止干旱最直接、最有效的措施，安装有滴灌、喷灌和渗灌等现代灌溉设施的柚园，干旱时只需定期开启灌溉设施即可。所以，规模种植的柚园，必须建设科学的灌溉系统，最好是灌溉系统和施肥结合，形成高效的水肥一体化系统，实现灌溉和施肥的有机统一。

---

[1] 张平，吴昊，殷洪建，等．土壤构造对毛细管水上升影响的研究[J]．水土保持研究，2011（4）：265-267.
[2] 李国怀，伊华林，夏仁学．百喜草在我国南方生态农业建设的应用效应[J]．中国生态农业学报，2005，（4）：197-199.
[3] 刘春生，杨吉华，马玉增，等．抗旱保水剂在果园中的应用效应研究[J]．水土保持学报，2003，（2）：134-136.

| 第二节 |
涝害及其防治技术

柑橘树既需水喜湿又怕水，不耐缺氧，在长时期灌水或渍水的情况下，土壤水分过多，植株根系受损，势必造成大树枝条卷缩，幼树树苗干枯。当柑橘园地下水位过高时会影响根系生长，甚至出现烂根。柑橘树因水分过多导致根系由黄变黑、发生腐烂，以及严重时出现树体死亡的现象，称为涝害[①]，柚树同理。涝害的种类很多（暴雨洪涝、溃决洪涝、海泛洪涝），但在瑞丽以暴雨洪涝为主，特别是在瑞丽江冲积平原地势平坦的柚园经常发生暴雨洪涝。

一、影响涝害严重程度的因素

（一）淹水时间

柚园淹水时间越长，受害越重。项目组刚接下柚园时调查，原种植的琯溪蜜柚，由于排水不畅，多次受涝害，柚园形成了998个空缺位（即因涝害死亡了998棵琯溪蜜柚），所以，项目组首先解决了排水问题，再在空缺位上补种水晶蜜柚998棵。

（二）淹水深度

柚园淹水深度越深，受害越重。项目组观察了瑞丽市玉柚柚子专业合作社的柚园（23°52′39″ N，97°41′44″ E），地势较低的一片柚树，在遇上暴雨洪涝时，柚树枝条卷缩度显著大于地势较高区域的柚树，柚树长势较弱。瑞丽市玉柚柚子专业合作社最终不得不放弃该地势较低区域柚子种植，改为种植水稻。

（三）树龄大小

当发生涝害时，1～2年生的幼龄柚树受涝害较重，盛产树（老树）的抗涝性较强。

---

① 陈永兴. 柑橘树涝害的成因及其预防救护措施[J]. 果农之友，2010（9）：27+37.

（四）土壤质地

通常黏土、黏壤土柚园涝害较重，砂土、砂壤土柚园涝害相对较轻。

（五）栽培管理

标准化栽培的柚树，在树龄相同的情况下，由于栽培管理好、树势强壮、主干较高、无病虫危害，抗涝性明显较栽培管理差、树势弱、主干低矮、病虫危害重尤其是天牛蛀干的树受害轻。

二、减少涝害的措施

（一）合理选址

选择合适的柚园地址，避免在低位的河滩地、低洼地等易被洪水淹没的地方建园。在坡地建柚园，避免在陡坡、松软坡地等容易滑坡地带建柚园。

（二）维护排水系统

标准化柚园均配有排水系统，做好排水系统的维护是减少涝害的措施，对排水系统的排水沟、排洪沟等进行日常维护，保持排水通畅。大雨或暴雨后，要及时将积水排出，并清理排水沟、排洪沟的淤泥。

（三）栽培生草

柚园实行生草栽培，提高果园抗冲刷能力，减少水流对土壤的侵蚀。

三、涝害的补救

（一）扶树洗叶

对歪、倒的树体，要及时培蔸扶正，架立支架。但培土不超过根颈部，可利用沟中的水洗净柚树枝干和叶上的淤泥，若沟中无水时可用喷雾器喷洗枝干和叶片。

（二）裸根培土，柚园中耕

泥土被冲走、根系裸露的柚树，要及时进行培土，保护根系。在柚园地面稍干时，全园中耕，改善土壤透气性能，并施尿素、硝酸钾或腐熟有机肥液肥等，促进树势恢复。新梢叶片展开转绿时，喷布 1 ~ 3 次 0.3% ~ 0.5% 的磷酸二氢钾，加速叶片老熟。

（三）病害防治

为防止病害暴发，应尽快对树冠、枝干和地面喷布 1 ~ 2 次杀菌剂（代森锰锌、百菌清、丙森锌和咪鲜胺等）消毒。

|第三节|
风害及其防治技术

适度风速对改善柚园环境有良好作用，有利于柚园空气的流动，促进果园内热量的交换，促进光合作用，减少病虫害的发生，尤其是对种植密度比较高的郁闭柚园有利。但是，风速过快的强风则会对柚树造成危害。瑞丽的风一般不会像沿海地区的台风那样破坏力强，然而，经过项目组三年的观察和对长期种植柚树的老柚园调查发现，在瑞丽，风害是常年发生的自然灾害。

一、强风对柚树的危害

（一）直接危害

强风对柚树的直接危害主要表现为撕裂和吹落叶片，折断枝条，擦伤柚子果实，形成花斑果。特别是高接换种的柚树，高接后萌发的接穗芽长势强、叶片大、嫁接口尚未牢固，很容易被风从嫁接口折断。在风口地带的柚树，长期受大风的影响，使整个树体歪斜，出现偏冠和偏心现象，影响柚树正常发育，给整形修剪带来困难，且易遭日灼危害。

（二）间接危害

1. 生理危害

风夹带尘粒伤害植物细胞，妨碍昆虫传粉等。风使柚树叶片脱水，时间一长就限制了树体生长[1]。

2. 诱发病害

在高温多雨的情况下，风能使柚树溃疡病、树脂病和炭疽病等病菌重复侵染，不断扩大危害。

二、减少风害的措施

（一）建造防护林

建造防护林是减少风害最直接、最有效的措施，有条件的柚园可以建成主林带和副林带垂直模式，形成防护林网，防风作用更显著。

（二）设立防风网

没有防护林的柚园，可在柚园的迎风面张挂渔网或尼龙网，形成防风网，可有效降低风速。

（三）栽桩拉线

对高接换种嫁接口尚未包圆的柚树，应在砧木旁上风口栽桩，用塑料绳将接穗芽固定，防止强风折断接穗芽。

三、风害后的处理

（一）柚园清理

对风折断的枝条要剪断，剪口涂上愈伤膏。吹掉的柚子果实要及时捡除并深埋或烧毁。

---

① NEWHOUSE A C, 张运涛, 赵常青. 怎样识别果树叶部风害[J]. 河北果树，1993（3）：43-44.

（二）病害防治

对有溃疡病的柚园，风害后要及时喷布一次如氢氧化铜、波尔多液、噻枯唑、松脂酸铜和噻菌铜等，减少溃疡病的扩散。喷布代森锰锌、丙森锌、多菌灵、甲基托布津、百菌清、波尔多液等预防脂点黄斑病、炭疽病等。

| 第四节 |

雹害及其防治技术

冰雹灾害作为一种由强对流天气系统引起的剧烈气象灾害，尽管冰雹的出现局地性强、历时短，但其来势迅猛、灾害严重、破坏力强等特征对当季农作物的影响往往是毁灭性的，一旦发生，易造成人民生命财产严重损失，尤其在林果作物即将成熟、收割的时候，突发冰雹可对大片果树造成打击式伤害。

在瑞丽，轻度的降雹经常发生，雹害并不常见，但也会时有发生雹害。瑞丽市气象局气象资料显示，2020 年 3 月 23 日 19 时，受南支槽影响，瑞丽市弄岛镇、姐相镇一带出现短时强对流天气，过程伴有冰雹，最大冰雹直径约 10 mm，19～20 时最大小时降水量出现在姐相站及俄罗村站，为 14.8 mm，24 日 17 时40 分左右，弄岛镇一带再次出现短时强对流天气，过程伴有冰雹，最大冰雹直径约 15 mm，造成瑞丽市弄岛镇、姐相镇部分农作物受灾，截至 3 月 28 日 17 时30 分，全市受灾人口 715 户 3 329 人，农作物受灾面积 335.38 hm^2，主要受灾农作物有玉米、香料烟、柚子、砂糖橘、辣椒、蔬菜等，直接经济损失 455.28 万元 [1]。瑞丽柚子科技示范园的损失巨大，90% 的春梢果被打烂，项目组及时清除了被打烂的幼果，再留秋梢果。

---

① 周龙，宋晓萌，吴瑞宏，等. 雹害对瑞丽柚子的影响及其补救措施[J]. 园艺与种苗，2020（9）：12-13+37.

一、冰雹对柚树的危害

（一）直接伤害

柚树的雹害与冰雹的大小、降雹强度和柚树物候期有关。冰雹打烂、打落柚树叶片，砸伤砸落嫩芽、花蕾和果实，砸伤枝干皮层使木质部裸露，直径大于10 mm的冰雹还可砸断柚树枝条。轻度的降雹对柚树损伤不大，但高强度的降雹可致整个柚园的大部分叶片和果实砸落，枝干上伤痕累累，导致绝收。当柚树处于花期或幼果期，冰雹可致大幅度减产；而在果实成熟时，冰雹砸伤的柚子果实商品性下降（图7-1），并且果实不耐贮藏。

图7-1　受雹害的柚树果实

（二）间接伤害

遭受冰雹危害的柚园，枝叶和果实伤口多，容易感染溃疡病、疮痂病、树脂病和炭疽病等。枝干上的皮层被砸烂，使木质部裸露，刺激周边隐芽萌发，消耗树体大量养分，在坐果期会加重幼果的生理落果。在冬季到来之前，如果枝干上裸露的木质部还未被周边皮层分化的愈伤组织所覆盖，则容易遭受冻害。

二、雹害的防御措施[①]

（一）灾前预防措施

1. 加强雹害预警

在冰雹多发地区设置单独的冰雹天气监控预测部门，在冰雹易发时期加强对冰雹天气的监测，做到全方位、全天候的监控预警。当地监控部门应增加对卫星云图、天气雷达跟踪冰雹系统的使用频率，提高预测的准确率及精准度。根据产生冰雹的天气形势及冰雹发生的特征规律，建立精细化网格点预报预测业务，做

---

① 周龙，宋晓萌，吴瑞宏，等．雹害对瑞丽柚子的影响及其补救措施[J]．园艺与种苗，2020（9）：12-13+37．

出准确的冰雹预报，并运用气象雷达进行跟踪监测，及时提供准确的冰雹预报服务和预警信息，增强早期预警、提前防范的能力，以便各级领导正确决策和有关部门组织群众进行防御冰雹灾害，努力减轻冰雹灾害对农业生产的危害。

2. 强化人工消雹

成立专门的人工消雹组，不断强化人工消雹工作队伍的技术水平，科学地进行人工消雹工作，增强作业效果，减轻冰雹带来的不利影响，保障人民的生命及财产安全。当监测到有冰雹发生时，气象部门要抓住有利时机积极开展人工消雹作业，达到大冰雹化小，小冰雹变成水滴的目的，最大限度地减少雹害对农作物造成的损失。

3. 改善小气候

根据冰雹发生有"走老路"的特点，在多雹地带大力植树造林，增加植被覆盖，使地面增温缓慢，不易产生强对流，破坏冰雹形成的地形条件，达到减少雹灾的目的。

（二）灾后补救措施

1. 清杂除残

及时清理果园中的残枝和落叶落果，深埋或移出园外，以防病虫害蔓延。清剪断枝、残枝。尽快对砸断和砸折的各种受伤枝条进行疏枝、短截，去烂留健，去重留轻，及时剪除折断的枝条。对于雹伤密度大、破皮严重、无法恢复的枝条要从基部或完好处剪掉，多留雹伤轻的发育枝或枝组，避免造成大伤口。对于雹害严重无商品价值的果实应当摘除，减少营养消耗。

2. 病虫害防治

冰雹灾害对果树树体造成大量伤口，病菌容易通过伤口侵入，害虫也会大量滋生。因此，冰雹灾害后要立即喷施保护药剂进行统防统治，主要以百菌清、多菌灵、代森锰锌等杀菌剂和吡虫啉、甲维·毒死蜱等杀虫剂喷施2次左右，保护叶片和果实，使叶、果免遭病菌和害虫的侵染。同时，药液中加入氨基酸类或磷酸二氢钾叶面肥给树体补充营养。

3. 补充树体营养

冰雹灾害后常造成果树叶片损伤、光合作用减弱，有机物积累减少，树体后期生长发育受阻，急需补充树体养分。要及时对果树追肥，追施速效性复合肥料，增加树体营养，促进恢复树势，用量 0.5 ~ 1.0 kg/ 株。新叶抽生出来后及时叶面喷肥，每隔 10 d 喷 1 次 0.3% 磷酸二氢钾（KH_2PO_4）溶液，连喷 2 ~ 3 次，可及时解决树体营养不足问题。

4. 中耕松土

雹害过后易造成地面板结，影响根系吸收作用，应及时进行中耕松土，使土壤疏松透气，根系恢复正常生理活动，同时有条件的情况下使用水肥一体化技术进行微生物菌剂灌根。

5. 冬剪轻剪

雹害后，树体一般衰弱，枝条养分水平差、抗冻能力低，冬季修剪移至第二年春季进行，并宜采用轻剪措施。修剪宜轻，多留枝，以使树冠丰满，恢复树势。

6. 及时追肥，恢复树势

遭雹害果园中的果树一般叶片残缺不全，树体光合面积减小，应及时补养。一是追施速效水溶肥，少量多次，以快速恢复树势；二是结合喷药进行叶面追肥。

第八章

病虫灾害及其防治技术

扫码查看
本章高清图片

| 第一节 |
农药与植物保护的基本概念

一、农药与植物保护的关系

农业可持续发展在我国占有很重要的地位，而植物保护是促进农业可持续发展的一个前提，要想促进农业可持续发展，就要采取积极的措施保护植物。深入推进农业供给侧结构性改革，促进农业的可持续发展，加强植物保护是一项重要的措施①。农业生产中病虫害的发生会抑制作物正常生长发育，影响植物代谢和产量品质，减少种植户的收益，影响农业的可持续发展，所以，植物保护应主要从农药入手。

我国的《农药管理条例》定义了农药的概念：是指用于预防、控制危害农业、林业的病、虫、草、鼠和其他有害生物以及有目的地调节植物、昆虫生长的化学合成或者来源于生物、其他天然物质的一种物质或者几种物质的混合物及其制剂。农药包括用于不同目的、场所的下列各类：第一，预防、控制危害农业、林业的病、虫（包括昆虫、蜱、螨）、草、鼠、软体动物和其他有害生物；第二，预防、控制仓储以及加工场所的病、虫、鼠和其他有害生物；第三，调节植物、昆虫生长；第四，农业及林业产品防腐或者保鲜；第五，预防、控制蚊、蝇、蜚蠊、鼠和其他有害生物；第六，预防、控制危害河流堤坝、铁路、码头、机场、建筑物和其他场所的有害生物。

农药是一种重要的农业生产资料和救灾物资。农药自问世以来，在解决人类对食物的需求，预防人、畜疾病等方面发挥了重要作用。随着历史的发展和科技的进步以及农业生产水平的提高，农药的种类也经过了一个逐步淘汰和发展的过程。人们对农药的认识和要求也发生了很大变化。没有农药就没有现代农业，但是如果现代农业过度依赖于农药，食品安全就将面临巨大的威胁。为此，人们提

---

① 王丽娥．植物保护在农业可持续发展中的地位和作用 [J]．农业开发与装备，2020（5）：70+88．

出了现代农药的概念。

二、现代农药的特点

现代农药是化学与生物学、医学、环境、生态等多学科相互渗透的结果，人们对其产品的质量和安全性要求非常高，它同医药一样，是技术密集型的精细化工产品和生物技术的高新产品。现代农药具有以下特点。

（一）高效

高效即生物活性高，用很少的农药就能够有效预防和控制较大面积有害生物的危害。

（二）安全

安全即对人、畜等高等动物的毒性低。但安全性是非常复杂的问题，它不仅包括药剂本身及其代谢产物对人、畜等高等动物低毒，而且包括对天敌、水生生物、土壤中一切有益生物低毒。

（三）无公害、无污染

要求现代农药没有环境污染和残留毒性，即其安全性较常规农药有显著的提高，在正常使用条件下，不会造成"公害"或"污染"。因而，今后的农药将朝着作用方式多样化的方向发展，由强调杀死到以多种作用方式控制有害生物，这在杀虫剂方面尤其突出，如不孕剂、驱避剂、拒食剂、引诱剂和昆虫生长调节剂的应用，使成虫不孕、产卵量减少，卵孵化率降低，蛹不能正常羽化，幼虫不能正常蜕皮或正常取食，等等。这样药剂对生物的作用强度降低了，而选择性和对有益生物的安全性将大大提高。与环境相容性好、安全性强的生物源农药、生物农药和转基因植物农药，将会有更大的发展。

（四）经济

经济即应用成本低，这样才能被更广泛地应用，达到节本增效的目的。农药的"高效、安全、经济"是一个统一的整体，缺一不可，只有同时具备了这三个条件的农药才是好的农药品种，否则将会逐步被淘汰。

三、农药的作用方式和机理

杀虫剂是农药的一个子类，也是柚树病虫灾害防治的重要工具，本小节以杀虫剂为主阐述农药的作用方式和机理。

（一）杀虫剂的作用方式

1. 胃毒作用

杀虫剂喷洒在农作物上，或拌在种子或饵料中，当害虫取食时，杀虫剂随食物一起进入害虫消化道，被吸收以后通过血淋巴扩散到神经、肌肉等各种组织中，产生毒杀作用，这种杀虫作用称为胃毒作用。杀虫剂发挥胃毒作用，需要具备三个条件：

①害虫对杀虫剂没有拒食现象；②害虫取食以后不会发生呕吐而将药剂排出；③杀虫剂在害虫消化道内能稳定地被吸收。

2. 触杀作用

杀虫剂喷撒到昆虫身上或植物表面或栖息场所，害虫接触杀虫剂后，杀虫剂通过害虫表皮或感觉器官甚至气门进入虫体，即可经过血淋巴循环扩散到神经、肌肉或腺体等靶标，引起害虫中毒死亡，这种作用称为触杀作用，其特点是对象广泛，而且作用较快。杀虫剂发挥触杀作用关键在于穿透表皮，它与以下两个因素有关。

（1）昆虫的表皮特性

表皮是昆虫保护身体的组织，具有免受外界异物侵害和防止水分散发的功能，也是阻挡杀虫剂进入虫体的屏障。昆虫的表皮不但因种而异，而且因虫态和虫龄不同而异，一般来说初龄幼虫或刚蜕皮的昆虫表皮层蜡层未形成，外表皮没有鞣化，药剂最容易穿透。

（2）药剂的穿透性能

药剂必须具备较大的脂溶性才能穿透富含蜡质的上表皮，同时需有一定的水溶性才能顺利地通过外表皮和内表皮中的几丁蛋白复合层。因此，一种具有良好穿透性能的杀虫剂，应既有很好的脂溶性，又有合适的水溶性，也就是说杀虫剂应有适宜的水脂分配系数，才能突破昆虫的表皮屏障，发挥药效。

3. 内吸作用

一种杀虫剂能被植物的根、茎、叶等组织所吸收，起到杀死取食汁液的害虫的作用。这类药剂称为内吸杀虫剂，有的杀虫剂进入植物体内以后，还能通过输导组织扩散到植物的各个部位，使植株汁液中含有药剂，当害虫吸食汁液时能杀死害虫，这种作用称为内吸输导作用。具有内吸作用的药剂，对刺吸式口器昆虫有特效，广泛用来防治蚜虫和飞虱等类害虫。内吸杀虫剂的使用方法除叶面喷洒以外，还可用拌种或浸种方法，使植物吸收药剂，或用茎干涂抹、包扎甚至注射的方法，使树枝、叶片内液汁含有药剂。有的将药剂制成颗粒剂，播种时随种子下地，或在幼苗边开沟撒施，由植物根系吸收。这些施药方法都能发挥杀虫作用，而对天敌和施药的人也比较安全。

4. 熏蒸作用

有的药剂容易挥发形成气体，通过昆虫气门进入呼吸系统，再扩散到昆虫体内各个作用部位，最终导致害虫中毒死亡。具熏蒸作用的药剂称为熏蒸剂，施用此类药剂通常需要有密闭的设施，因此多用于仓库、帐篷或温室内，也可用特制的塑料膜包裹处理对象，有时也用来处理大船、车厢，熏蒸仓库贮物害虫、白蚁或苗木害虫，如溴化甲烷、磷化铝（气化时产生磷化氢）是过去使用较多的熏蒸剂。利用熏蒸剂的穿透作用来杀货物中埋藏较深的害虫。有的药剂在田间施用时，也有熏蒸作用，如敌敌畏。有的在加热以后，可以产生熏蒸作用，如电热蚊香内的杀虫成分。

（二）杀虫剂的作用机理

杀虫剂机理包括杀虫剂穿透体壁进入生物体内以及在体内的运转和代谢过程，杀虫剂对靶标的作用机制以及环境条件对毒性和毒效的影响。杀虫剂对昆虫的作用，在群体水平和个体水平上，主要研究药剂室内毒力测定理论与方法，田间防治效果与影响因子，害虫的再猖獗与抗药性；在器官组织水平上主要研究药剂的穿透屏障，活化和代谢机制，药剂与靶标的作用；在生化与分子生物学水平上研究酶与蛋白质对药剂的代谢与吸附，药剂分子结构与酶或受体的结合，染色体与基因突变对药剂的敏感性及耐药性的关系，等等。

1. 神经毒性

以神经系统作为作用靶标发挥毒性，其药剂统称神经毒剂。有机磷、氨基甲酸酯或拟除虫菊酯类杀虫剂，无论以触杀作用或胃毒作用发挥毒效，它们的作用部位都是神经系统，都属神经毒剂，但是各类药剂的化学结构不同，它们的具体靶标和作用机理并不相同。

2. 呼吸毒性

以昆虫呼吸系统为靶标的杀虫剂具有呼吸毒性。昆虫的呼吸有两个过程：

首先，昆虫通过气门与体外进行气体交换，吸入氧气排出二氧化碳；其次，氧气进入昆虫体内，通过气管和微气管输送到各种组织和细胞，并在细胞内参与物质代谢，产生能量。

矿物油类能机械地阻塞昆虫气门，使昆虫窒息而抑制呼吸代谢过程中的酶类。很多呼吸毒剂有抑制呼吸，导致氧气不能正常传送或能量不能产生，如一氧化碳、硫化氢等抑制细胞色素氧化酶；鱼藤酮、氢氰酸等抑制呼吸过程的电子传递系统，从而阻断昆虫的正常呼吸。很多熏蒸剂不但是通过气门产生熏蒸作用，而且会破坏昆虫的呼吸系统。因此，也是呼吸毒剂，呼吸毒剂的药效与气体浓度、熏蒸时间和环境温度有关。

3. 生长调节作用

有一类新农药，它不同于神经毒剂或呼吸毒剂，不能直接快速杀死害虫，而是干扰昆虫生长发育或蜕皮，从而具有调节昆虫生长的作用，造成种群数量减少，因此又称为抑虫剂。它的作用靶标是昆虫体内独特的激素或合成酶系统，所以对人畜来说非常安全，广泛使用的昆虫生长调节剂，可分四种类型。

（1）保幼激素类似物

这类药剂能使害虫保持幼虫期，延缓发生变态的效应，对消除害虫危害的效果不明显，目前大多用于养蚕方面，它能使蚕儿个体增大，提高产丝量，如烯虫酯及类似物。

（2）抗保幼激素类似物

这类药剂、有抑制保幼激素的功能，使用以后会干扰幼虫生长，产生不正常的早熟蛹，从而使害虫不能正常繁殖后代，如早熟素。

（3）几丁质合成酶抑制剂

这类药剂中大多属苯甲酰脲类化合物，它主要靶标是抑制幼虫蜕皮时合成新表皮的几丁质合成酶，阻止昆虫形成正常表皮，产生畸形幼虫或使新表皮破裂，造成虫体死亡，如除虫脲、定虫隆。这类药剂在幼虫蜕皮期使用效果明显。当甲虫（如天牛成虫）取食灭幼脲以后，还会影响到下一代卵内胚胎的发育，因而不能正常孵化。还有一种噻嗪酮，对飞虱和叶蝉等同翅目害虫特别有效，虽然它不属苯甲酰脲类，但作用机制也是抑制昆虫表皮中几丁质的合成，并干扰新陈代谢，致使若虫蜕皮畸形而缓慢死亡，部分害虫即使不死，表现出寿命缩短、产卵量减少、卵不能孵化或孵化后立即死亡，能明显抑制种群数量。

（4）干扰昆虫蜕皮的药剂

这类药剂使用以后，能引起昆虫不规则地蜕皮而死，如酰肼类化合物米满（MIMIC）。鳞翅目幼虫取食米满以后，在不该蜕皮时发生蜕皮，但并不能完全蜕皮，从而导致幼虫脱水、饥饿而死，这类药剂是当前正在开发的新品种，对夜蛾科和螟蛾科害虫都有很高的毒性，使用的时间限制较小，对人畜也很安全。

昆虫生长调节剂大多有明显的胃毒作用，它能干扰消化道中前、后肠内表皮的形成，破坏围食膜，但触杀作用较小，因此对天敌比较安全，通常药效较慢而残效期长。

4. 杀卵作用

药剂接触虫卵后，能封闭卵壳或进入卵内抑制胚胎发育，不使卵孵化的作用。具杀卵作用的药剂称为杀卵剂，杀卵剂的作用方式有三种：一是药剂使卵壳变性，造成胚胎坏死，如石灰硫黄合剂；二是在卵壳外形成油膜覆盖，致胚胎窒息而死，如矿物油乳剂；三是药剂能穿透卵壳，渗入卵黄膜内，破坏胚胎的形成与发育。有机磷杀虫剂进入胚胎以后，可使正在发育的神经系统中毒。灭幼脲、卡死克能通过母体传到卵中，雌蛾即使能正常产卵，但药剂阻碍了胚胎的几丁质合成，从而导致幼虫不能孵化或孵化后立即死亡。还有一些药剂，喷到卵壳表面，待初孵幼虫取食卵壳时中毒死亡，这类药剂虽不是直接杀卵剂，但是能抑制初孵幼虫的生存。

在田间虫量大、产卵期长的情况下，杀卵剂能有效控制虫口基数，特别是有杀卵效果的杀螨剂，如溴螨酯，不但能杀若螨和成螨，而且有杀卵作用，因此喷药后效果特别明显，但必须将药液直接喷到卵上才能奏效。

5. 驱避作用

某些挥发性的化合物，产生刺激源，作用于昆虫的感觉器官以后，昆虫会远离刺激源而去的行为反应。它是昆虫对某些物质存在的负趋化性。有驱避作用的物质称为驱避剂或忌避剂。我国古代就有利用艾青、芸香或樟木驱虫、防虫的习惯。在 20 世纪 30 年代，国外开始用香精油和香茅油来驱避蚊虫。近年来，人们也会用驱蚊露、驱蚊霜等驱避蚊虫，其主要成分除驱蚊胺以外，还有薄荷、丁香之类的天然物质。研究人员发现在农业生产中一些产卵驱避剂有减少害虫在作物上产卵的效果。

6. 拒食和抑食作用

一种化学物质抑制昆虫的嗅觉，使其找不到食物、离开食物或停止取食的现象。有的虽然也能少量取食，但其中某些化学物质能破坏昆虫的味觉，或引起昆虫口器神经、肌肉麻痹而停止取食，这两类现象分别称拒食作用和抑食作用，有时统称拒食作用，如植物性杀虫剂印楝素和川楝素都有拒食作用。拒食剂或抑食剂，虽不能立即杀死害虫，但能有效避免害虫危害，对人畜也很安全，很有开发应用前景。

7. 引诱作用

某些化合物挥发的气味，能诱集昆虫前来取食、交配和产卵。这类物质称为引诱剂。昆虫对引诱剂具有正趋化性。早期应用的引诱剂多属取食引诱剂，如利用多种饵料的香味，做成毒饵能诱杀昆虫。随着性引诱剂的研究和开发，现在已有大量性诱剂用于引诱害虫，加上毒物可以直接杀虫，也可用于害虫测报，但性引诱剂，只对雄虫有效，这是很大的缺憾。近年来从家蝇身体上分离到多种信息素，通用名为诱虫烯，它是顺 -9- 二十三碳烯和顺 -9- 二十一碳烯的混合物，对雄雌家蝇都有引诱作用，与杀虫成分配合在一起，即能发挥杀蝇效果。某些化合物能吸引昆虫产卵，大多属寄主植物内的次生性物质，如芥子油气味能引诱菜粉蝶产卵。防治害虫时可将害虫诱到田外或非寄主上产卵，减轻危害。目前未见有商品化的引诱产卵的药剂。

8. 不育作用

能够抑制昆虫生殖系统发育或生殖细胞发生，形成相关化学物质的药剂，称昆虫不育剂。害虫强大的繁殖能力，给人类社会和农业生产造成极大的危害。长期以来，人们希望能找到一些化合物能够引起害虫不育，从而达到控制害虫的目的。早在 20 世纪 60 年代，人们就筛选了很多烷化剂，如氮丙啶类的绝育磷、硫绝育磷，这些化合物对雄虫、雌虫都有效，不育效果非常明显。它的主要作用机理是对核酸及蛋白质产生烷化作用，因此对高等动物与人类很不安全，至今无法使用。还有一类是二甲氨基化合物，如不孕津及其类似物，虽然对哺乳动物毒性较低，但不育效果也相对较差。还有一类属核酸代谢剂或脱氧核糖核酸（DNA）、核糖核酸（RNA）的抑制剂，虽然都有不育效果，但都没有商品化。现在生产上应用的不育剂都不是单纯的不育剂，大多数属于生长调节剂类型，由于对昆虫具有破坏激素平衡、抑制昆虫生殖腺发育或阻止胚胎发育的功能，因而兼具不育效应。

四、农药的残留

（一）农药残留的概念

农药残留是与食品安全高度关联的一个概念，农药残留是指农药使用后残存于生物体、农副产品和环境中的微量农药原体、有毒代谢物、降解物和杂质的总称。农药残留是人们非常关心的问题，它不仅关系人们的身体健康，而且已成为影响农产品贸易的重要障碍。农药残留是使用农药后的必然现象，只是残留的时间有长有短，残留的量有大有小。研究农药残留的目的是通过合理用药以减少农药残留量和残留农药对人类和环境、生态系统的不良影响。

（二）影响农药残留的相关因素

在果树、牧草、蔬菜上使用农药，不论是作叶面喷洒或种子处理、土壤处理，在植物体内外或所收获的农副产品上或多或少都有一定量的残留农药，这些农药虽经一定时间后或经人为的清洗，其残留微量的有毒物质有些已经分散和逐渐消失，但不能认为已无残留存在，若长期食用超过允许残留量的食物，会影响人体健康，乃至使得人体发生慢性中毒。因此，必须高度重视农药在收获的农副产品中的残留量，以确保食品安全。

收获农产品农药残留量的大小，取决于以下几方面的因素：

①残留量大小因农药品种和性质的不同而有很大的差异。凡受日光、温度、湿度、空气、土壤和水分影响小的农药，分解就慢、挥发就少、化学性能稳定和残效期长，在农副产品或农作物上的残留量就要大，如三氯杀螨醇、氯丹、七氯、西玛津、绿麦隆、2,4-D 等，这些农药在农产品上的残留量就会高。至于像内吸磷、甲拌磷、涕灭威、磷胺和克百威等内吸传导能力强的药剂，不论是作叶面上喷施或作土壤、种子处理都能被植物吸收和运转到植株各部分，残留时间长，残留量当然也相应增大，如涕灭威可被薄荷大量吸收，虽然能防治害虫，但是人吃了这种薄荷也有危险。但是也有像敌百虫、敌敌畏、马拉硫磷、辛硫磷、甲基对硫磷、拟除虫菊酯、乐果等药剂施在作物上，经过 5 ~ 10 d，绝大部分或全部分解成无毒物质，这一类农药残效期短，在农副产品上的残留量也极微，安全性相对高。大部分有机磷农药很容易在自然环境下分解成无毒物质，持效期都不很长。

②作物上残留农药量的大小因农药剂型的不同而异。一般来说，容易产生机械流失的（如风吹、雨淋等），农药的残留量就低，如粉剂为低，可湿性粉剂次之，乳油残留量则较高。从光照、温度所引起化学分解来看，粉剂直径比较大，颗粒剂直径更大，它们和空气接触面积较小，不易分解，药剂残留量也就大，而乳油由于在作物表面能形成一层薄薄的膜，和空气接触面积大，易于分解，降低了药剂的残留量。由于乳油能溶解作物表面的蜡质层，药剂渗入到农作物表层的量多，且吸附力较强，减少了药剂的挥发和分解，不易受到雨水的冲刷，从而又提高了药剂的残留量。

③农药残留量高低与使用方式是密切相关的。一般非内吸性药剂叶面喷雾比喷粉、撒毒土、泼浇等使用方式的残留量要高些。而内吸性药剂则以拌种、浸种、闷种和涂茎、包扎使用方式的残留量要高于叶面喷洒。例如，用甲拌磷拌棉种，药效能维持 40 ~ 45 d，若用同种药剂作喷雾试验（农业农村部药检所禁止用甲拌磷作叶面喷洒，这里仅做对比实验），则药效能维持 15 d 左右。又如用内吸磷作包扎树干防治柑橘蚧壳虫，药效可维持几个月。这主要是由于拌种或涂茎的处理方法，使药剂能较多地被吸入到种子或植株体内，不大容易和空气接触，分

解消失的速度就慢了，而喷雾和喷粉，药剂易受到空气、阳光、雨水和蒸发等的影响，被分解消失，故药剂的残留量就低。

④药剂残留量的高低，随着施药量、施药浓度和施药次数的增加而增加。末次施药距收获期愈近，农副产品残留量也会愈高。因此，一般应根据农药稳定性的大小规定在农作物上末次施药期与收获的间隔期，例如，敌敌畏用于蔬菜等食用作物喷药后 5 ~ 7 d 方可收获，乐果则需 14 d，有的药剂间隔期还更长，这样才能保证收获的农副产品不至于超出允许的农药残留量。

⑤农副产品中含农药残留量的高低因作物种类及施药部位的不同而异。不同的作物对药剂的稳定性影响不同，残留时间有长有短。例如，对硫磷在桃树果实上的半衰期为 3 ~ 7 d，在梨树果实上仅为 2 d，但在有的果实上长达 61 ~ 78 d。此外，叶面积大、叶面结构粗糙不平、毛茸多，容易聚集、附着较多的农药，其残留量相对较高。在同一作物的不同部位也有很大的差异，药剂在果树叶子内的半衰期虽然较短，但残留量较高。因为无论是内吸性还是非内吸性药剂，在相同施药条件下，作物对农药吸附能力，地上部分强，在农药吸收量上，蔬菜类以叶菜最高，果菜次之，瓜菜又次之，根茎菜很低，粮食籽实就更低。

⑥农药的残留量受自然因素影响。施药后如遇到降雨、刮大风、强日照或高温等自然气象因素，则药剂会加速分解消失或被雨水淋刷掉一部分，残留于农副产品的药量也会大大降低，但对环境中的残留和污染会增加。

⑦土壤中农药的持续存在，对农副产品特别是某些块根作物造成污染。特别是土壤性质对农药量消减影响很大，如沙性强、有机质少、碱性、潮湿、无植被覆盖等，都能加快农药分解，降低农副产品中的残留量。

⑧不同的栽培方法，农副产品的农药残留量也不同。大田栽培中农药残留比温室栽培容易消失，分解速度也快，农药的残留量也低。

⑨作物生长速度快的，农药残留量相对要低于作物生长速度慢的。

⑩贮藏期长、通风良好的情况下，可使农药残留量降低。

五、农药的分类

根据防治对象（或用途）分为杀虫剂、杀螨剂、杀线虫剂、杀菌剂、除草剂、杀鼠剂、植物生长调节剂等，根据农药的来源分类可分为矿物源农药（石硫合剂、波尔多液、磷化铝、石油乳剂等）、生物源农药（植物源农药、动物源农药、微生物源农药）和化学合成农药三大类，根据化学组成和结构分为有机化合物（如有机磷、有机氮、有机硅、有机氟等）、金属有机化合物（有机汞、有机锡），以及一般有机化合物（如卤代烃、醛、酮、酸、酯、酰胺、脲、腈、杂环）等；根据药剂作用方式可分为触杀剂、胃毒剂、内吸剂、熏蒸剂、引诱剂、驱避剂、拒食剂、不育剂、昆虫生长调节剂等。杀菌剂可分为保护剂、内吸剂，除草剂可分为触杀剂、内吸剂等。

六、农药的毒性

（一）农药毒性的概念

农药的毒性，是指极少剂量的农药就能对人体、家畜、家禽及有益动物产生直接或间接的毒害作用，或使其生理功能受到严重的破坏作用，具有这种性能就称之为农药毒性。各类农药毒性的高低，除主要受农药化学结构、理化性质的影响外，还与农药的剂量、剂型、接触途径、持续时间、有机体的种类、性别、可逆性、蓄积性以及在体内的代谢规律等密切相关。农药毒性大小常通过所产生损害的性质和程度来表示。对人、畜的危害可分为急性毒性、慢性毒性、迟发性神经毒性、致畸、致癌、致突变作用等。对于上述各种毒性方式，致畸、致癌、致突变作用在新农药开发中是一项十分重要的指标，但由于是通过实验动物得出结论的，短时间内不能肯定对人类的危害，还要通过人群流行病学调查才能得出最终结论。因此，在生产实践过程中，与人类关系密切的主要是急性毒性和慢性毒性。

（二）农药急性毒性

农药急性毒性，是指供试动物经口或经呼吸道吸入或经皮肤等途径，一次进入有毒药剂，在 20 ~ 48 h 内有半数受试动物死亡时所需的药剂有效剂量。常以致死中量 LD_{50}（mg/kg）或致死中浓度 LC_{50}（mg/m^3）表示。不同的给药方式毒性结果数据不同，其数值愈大，则急性毒性愈小。根据对大白鼠口服施药测得的 LD_{50} 值，可以将化学物质分为六个不同的毒性级别（表 8-1）。不同国家对农药急性毒性有不同的分级标准。我国推荐农药急性毒性分级标准见表 8-2[①]。

表 8-1　化学物质的毒性分级标准

毒性级别	LD_{50} / mg · kg^{-1}
剧毒	<1
高毒	1 ~ 50
中等毒	>50 ~ 500
低毒	>500 ~ 5 000
微毒	>5 000 ~ 15 000
无毒	>15 000

注：本表数据来源于《农药性能品级检验标准、生产常用数据、计算速查及产品质量缺陷防治实用手册》。

（三）农药慢性毒性

农药慢性毒性是指动物在长期（1 年以上）连续摄取一定剂量药剂，缓慢表现出的病理反应过程，常以毒性试验结果来衡量。将微量农药长期掺入饲料中饲育动物，为 6 个月至 2 年，甚至几个世代，观察被试动物在实验期内所引起的慢性反应，如致畸、致癌、致突变等，并找出最大无作用量、最小中毒量、确实中毒量。其中，最大无作用量，是指完全没有作用的最大浓度；最小中毒量，是指表现出中毒性变化的最小浓度；确实中毒量，是指确实发生中毒致死的浓度。根据这些浓度可以计算出供试动物每千克体重相应的药剂毫克数。

表 8-2　农药急性毒性分级标准见

毒性分级	级别符号语	经口 LD_{50} / (mg · kg^{-1})	经皮 LD_{50} / (mg · kg^{-1})	吸入 LD_{50} / (mg · kg^{-1})
Ia	剧毒	≤ 5	≤ 20	≤ 20
Ib	高毒	>5 ~ 50	>20 ~ 200	>20 ~ 200
II	中等毒	>50 ~ 500	>200 ~ 2 000	>200 ~ 2 000
III	低毒	>500 ~ 5 000	>2 000 ~ 5 000	>2 000 ~ 5 000
IV	微毒	>5 000	>5 000	>5 000

农药慢性毒性的大小，一般用最大无作用量或每日允许摄入量（ADI）表示，

① 徐登高，冯春刚 . 农药毒性分级及建议 [J]. 植物医生，2015，28（3）：35-37.

ADI 是指将动物试验终生，每天摄取也不发生不利影响的剂量。其数值的大小是根据最大无作用量再乘以一百乃至几千的安全系数而算出来的量，单位是每千克体重的药剂毫克数（$mg \cdot kg^{-1}$）。当然在确定安全系数时，动物之间的差别以及人与动物的差别等问题都应考虑。对农药来说毒性是愈低愈好，这也是新农药发展的方向，但完全无毒的农药几乎不存在。

（四）农药的毒力

农药的毒力，是指农药在较单纯的条件下或在室内人为控制的条件下对有害生物（病菌、昆虫、杂草、鼠类等）发生毒作用的程度。农药的生物活性愈高，其毒力愈强。一般情况下，毒力愈强的药剂对有害生物的控制效果也就愈好，其单位面积用药量少，对环境的影响也相应减少，这是新农药创制中必须考虑的重要方面。

（五）农药的药效

农药的药效，是指农药在田间、试验小区等实际使用中对病、虫、草、鼠等有害生物的防治效果。农药的田间药效是农药使用者和经营者最关心的问题，因为药效好或药效高，农民使用后就能很好地控制有害生物，减少损失。当然一种好农药能否取得好的药效还与农药的剂型、施药的方式方法、施药时间、靶标生物的生育期、气象条件等密切相关。因此，一种农药在推广之前，首先要进行田间药效试验示范，验证药效及对作物的安全性，明确应用技术后再大面积推广应用。

｜第二节｜
柚树病害识别与防治

柚树的病害多达 36 种，常见的有黄龙病、溃疡病、碎叶病、脂点黄斑病、疮痂病、流胶病、炭疽病、煤烟病、青苔病、果疫病和脚腐病等①。这里主要介绍柚树常见病害的识别与防治。

一、黄龙病

（一）病原物、流行规律及寄主

1. 病原物

人类对柑橘黄龙病病原菌的认知经历了"病原生理因子、病毒阶段""病原类菌原体、类立克次氏阶段""病原类细菌阶段"，直到 1984 年，Garnier 等通过电镜观察发现黄龙病病原的膜结构外壁和内壁间存在肽聚糖，与革兰氏阴性细菌的细胞壁结构相似，故认为黄龙病病原是一种革兰氏阴性细菌。1995 年，黄龙病病原归为候选的薄壁菌门韧皮部杆菌属（Candidatus *Liberibacter* spp.），属于真细菌的变形菌纲（Proteobacteriacea）α 亚纲成员。根据黄龙病病原物对热的敏感性、虫媒和地理分布，将其分为 3 个种：亚洲种（Candidatus *Liberibacter asiaticus*，Las），其传媒昆虫为亚洲柑橘木虱（Diaphorina *citri*）；非洲种（Candidatus *Liberibacter africanus*，Laf），其传媒昆虫为非洲柑橘木虱（Trioza erytreae）；美洲种（Candidatus *Liberibacter americanus*，Lam），其传媒昆虫为亚洲柑橘木虱。亚洲种属于耐热型，发病的合适温度为 27 ~ 32 ℃，常在低海拔炎热地区存在；非洲种属于热敏感型，发病合适温度为 22 ~ 25 ℃，只能在海拔 700 m 以上地区种植的柑橘上发现；美洲种也属于耐热型，发病合适温度为 27 ~ 32 ℃，在症状表现上更接近于亚洲种。

---

① 杨德荣，曾志伟，周龙. 柚树高产栽培技术（系列）Ⅶ：植物保护［J］. 南方农业，2019，13（13）：17-23.

2. 流行规律

黄龙病传播途径主要是通过带病接穗、苗木及柑橘木虱虫媒进行传播，也可通过菟丝子（*Cuscuta chinensis*）将黄龙病菌从柑橘传播到草本植物长春花（*Catharanthus roseus*）上。病原菌主要在田间韧皮部组织中越冬，初侵染源为田间病株、带菌苗木及带菌柑橘木虱。

在田间传播黄龙病的柑橘木虱主要是亚洲柑橘木虱和非洲木虱，二者喜食嫩芽，卵大多产在嫩叶边缘，若虫生活在叶子边缘的背侧或者叶脉和叶柄部。非洲木虱的若虫会植入叶片背部形成凹巢，有突起状，当成长为成虫后，巢空，突起状仍在。而亚洲柑橘木虱一般不会使叶片产生突起状，但严重时会使叶片扭曲[①]。

3. 寄主

柑橘黄龙病的植物寄主主要是柑橘属及芸香科柑橘亚科近缘属植物。除芸香科植物外，柑橘黄龙病细菌还可以通过菟丝子传播给长春花、烟草和番茄等非芸香科植物。长春花染病后的症状比柑橘更明显，病菌密度更高，因此，常被用作黄龙病草本指示植物。

（二）柚树黄龙病的症状

柑橘类植物（柚类、甜橙类、宽皮柑橘类、柠檬类、金柑类）感染黄龙病菌后并不立即显症，存在潜伏期。潜伏期的长短因品种、树龄、健康状况、种植环境等而异，但相比其他病原体，黄龙病菌的潜伏期较长。

黄龙病侵染柚树后，柚树叶片的典型症状是黄化、变小。据病程长短，叶片黄化有：斑驳型黄化、均匀黄化等。染病早期，叶片常显现为斑驳型黄化，待病菌散播到全树后，新梢抽生的叶片一般为均匀黄化（图8-1）。

图8-1　柚树黄龙病症状

① YANG D R, ZENG Z W, ZHOU L, et al. Identification and control of HLB disease in citrus grandis[J]. Asian agricultural research, 2019, 11（3）: 78-82.

病根表皮易脱离、腐烂，黄龙病菌优先定殖在根中且分布较为均匀，这也是仅仅砍除病枝并不能有效控制黄龙病的原因所在。

苗期染病的幼树表现为全株黄化，肥水条件差时最为明显。成年树染病后，常在感染部位出现有斑驳黄化叶的枝梢，此种枝条和附近正常枝梢色差明显，肉眼明确可辨。病树新梢细弱。柚树一旦感染黄龙病，轻者影响产量和品质，重者将造成"树死园毁"。为此，对黄龙病的识别和防治非常重要。田间农事作业中，黄龙病的症状常常与柚园管理不善造成的现象相近，普通农户难以有效甄别。

（三）柚树黄龙病的识别方法 [①]

1. 田间识别法

田间识别法主要是依据新梢成熟期的症状和表现来识别黄龙病，如果当年新梢出现黄梢和叶片出现斑驳症状，很多种植户基本上会把该柚树判定为疑似黄龙病病树。但是黄龙病的症状很容易和其他由于管理不善、营养不良或病虫害引起的症状相混淆，特别是已经感染黄龙病但尚未表现明显症状的植株难以依据症状做出准确的判定。

2. 实验室鉴定法

实验室鉴定法是识别黄龙病的主要方法，经过柑橘学者多年的研究，先后报道了电镜观察法、血清学诊断法、核酸探针杂交法及PCR（聚合酶链式反应，polymerase chain reaction）扩增法。但是由于时间、费用等因素，在实际生产中，柚树种植户几乎不会送样本到高等院校和科研院所进行实验室鉴定。

①电镜观察法。电镜观察可以把黄龙病菌的形态、大小及细菌体的壁膜结构等特征观察清楚，做出的诊断非常准确，是一种重要的鉴定和诊断方法。

②血清学诊断法。由于黄龙病菌目前还不能进行人工培养，不能获得病菌纯培养物，因此要制备高效的黄龙病菌单克隆抗体比较困难。即便已获得，但因其单克隆抗体专一性过强，难以适应不同地域的黄龙病菌变异菌株，可能会发生漏检，故其应用与推广也受到很大的限制。

---

① YANG D R, ZENG Z W, ZHOU L, et al. Identification and control of HLB disease in citrus grandis[J]. Asian agricultural research, 2019, 11（3）: 78-82.

③核酸探针杂交法。核酸分子杂交的原理是：具一定同源性的 2 条核酸单链间核苷酸键有亲和力，在一定的条件下，这 2 条单链按碱基互补原则退火（形成双链）。杂交的双方是待测核酸及标记探针，标记物常选用放射性同位素或非放射性物质如生物素等。杂交后，通过标记探针放射自显影或尼龙膜显带就可达到检测的目的。核酸分子杂交技术的优点是：检测快速、专一，灵敏度高达纳克（ng）级。但由于分子探针杂交过程复杂、需要大量 DNA 等，限制了该技术的广泛应用。

④PCR 扩增法。目前，PCR 技术因具有快速简便、灵敏度高、特异性强等优点，已成为国际上最为可靠并广泛采用的检测方法。在常规 PCR 基础上发展出了灵敏度更高，特异性更强的巢式 PCR 技术（nested-PCR）。为克服常规 PCR 和 nested-PCR 不能准确定量、容易交叉污染和容易产生假阳性问题，又逐步发展出了实时荧光定量 PCR（real-time fluorescent quantitative PCR）技术。该技术融合了 PCR 和 DNA 探针杂交技术，是在 PCR 反应体系中加入荧光基团，利用荧光信号累积实时监测整个 PCR 过程，最后通过标准曲线对未知模板进行定量分析的方法。该技术作为核酸定量的手段，以其高灵敏性、高特异性、高精确度、实时性、污染少等优点，实现了 PCR 从定性到定量的飞跃，在柑橘黄龙病检测中得到广泛应用。

3. 指示植物鉴定法

指示植物鉴定是将可疑的枝条嫁接到容易感病的指示植物上，接种 3 ~ 4 个月后观察其发病情况。虽然指示植物嫁接鉴定相对于田间诊断法更为准确，但周期太长，不利于快速检测。

①木本指示植物鉴定。不同地区使用的指示寄主也不同，如南非用伏令夏橙，印度用莱檬作为黄龙病的指示植物，而在我国多用椪柑作为黄龙病的指示植物，椪柑嫁接后在 25 ~ 32 ℃条件下，3 个月左右叶片出现斑驳黄化。

②草本指示植物鉴定。在防虫隔离网室内播种草本指示植物长春花，待植株生长至 4 ~ 6 片叶时，采用大花菟丝子（*Cuscuta reflexa*）或草地菟丝子（*Cuscuta campestris*）接种。长春花和菟丝子接种 3 个月左右开始表现明显症状，初为下部叶片最先从叶脉处开始黄化，上部叶片仍表现为健康的绿色，之后整个叶片逐

渐均匀黄化，并且黄化的叶片由下而上逐渐增多，最后黄化叶片逐渐脱落。

③木虱传毒鉴定。从田间怀疑病株上，采木虱50～100头，接到指示植物上，或采用饲养的4龄、5龄若虫或成虫，在病株上吸毒30 min，保持8～12 d，整个生活期保持传染性，最后观察指示植物的变化。

4.试剂鉴定法

可以用"黄龙病快速检测试剂盒"（专利号：ZL201820411023.5）进行快速检测。这种方法的优点是快速和低成本，但对有争议的树，应采摘叶片到实验室鉴定。

（四）柚树黄龙病的防治

1."三步法"

迄今为止，柑橘黄龙病菌不能在离体条件下获得纯培养，因此对该病的研究受到制约。在市场上也找不到一种药剂直接杀死黄龙病的病原菌，因此，对黄龙病的防治一直是采用我国植物病理学家林孔湘教授提出的"三步法"，即使用无毒繁殖材料，铲除病原（树）和防控木虱。该方法至今仍然是黄龙病防控的不二方法，已为世界各国普遍采用。

2.严格实施植物检疫及建立无病苗圃

要防止黄龙病从疫区传染到新区，加强植物检疫是最重要的手段。建立无病苗圃，无病苗圃的选点要远离黄龙病疫区或者与黄龙病疫区隔离。除严格选择无病的母株外，繁殖材料还要通过消毒处理。接穗或苗木用49 ℃湿热空气处理50 min，或接穗用47～50 ℃热水间歇热处理6～12 min，每24 h一次，共处理3次，或者接穗用四霉素与噁霉灵混合液灭菌消毒，浸泡1～2 h，然后用清水冲洗，晾干备用，可有效脱除黄龙病菌。

3.防除柑橘木虱

柑橘木虱属半翅目（Hemiptera）木虱科（Psyllidae），主要危害芸香科植物，柑橘木虱的寄主植物有：柑橘、黄皮、九里香、枸杞和橙等。其中，木虱在柑橘上危害最重，是传播柑橘黄龙病主要的自然媒介。传播黄龙病的柑橘木虱主要是亚洲柑橘木虱（Diaphorina citri）和非洲柑橘木虱（Trioza erytreae）。近年来在云南省德宏州发现的柚喀木虱（*Cacopsylla citrisuga* Yang & Li）也是黄龙病的传播媒介。3 种木虱成虫的形态特征见图 8-2。

Diaphorina citri   Trioza erytreae   Cacopsylla citrisuga Yang & Li

图 8-2　柑橘木虱

防除传播黄龙病的这 3 种柑橘木虱，是有效防治柚树黄龙病的重要环节。

（1）利用捕食性天敌瓢虫防治柑橘木虱

据报道，在美国佛罗里达州，六斑盘瓢虫、双带盘瓢虫、血红斑瓢虫、楔斑溜瓢虫、墨西哥瓢虫、奇氏光缘瓢虫和异色瓢虫是柑橘木虱的主要捕食性天敌，在自然条件下，它们对柑橘木虱卵和若虫的捕食量累计可达 80% ~ 100%。广东省昆虫研究所庞虹研究发现，六斑月瓢虫、红星盘瓢虫和龟纹瓢虫不仅可以捕食爬行能力较弱的木虱若虫，还可以捕食活动能力较强的木虱成虫，其中红星盘瓢虫在个别果园对柑橘木虱若虫的捕食量可以超过 80%，几种瓢虫在自然界中对柑橘木虱起着重要的控制作用。

所以，在柚园科学适量释放捕食性天敌瓢虫，可以降低柑橘木虱的虫口基数，有利于柚园防除柑橘木虱，但必须与化学防治有机结合，才能达到事半功倍的效果。

（2）化学防治柑橘木虱

化学防治柑橘木虱目前仍然是柚子生产中的主要手段，其技术要领是：选择有效的农药品种，科学配制农药，减少或延缓木虱对农药抗药性；选择好防治时期，避免黄龙病的传播。

①推荐用下列农药品种防治柑橘木虱：

脲类杀虫剂：虱螨脲（Lufenuron）；拟除虫菊酯类杀虫剂：溴氰菊酯（Deltamethrin）、联苯菊酯（Bifenthrin）、甲氰菊酯（Fenpropathrin）、高效氯氟氰菊酯（Lambda-cyhalothrin）等；第二代烟碱类杀虫剂：噻虫嗪（Thiamethoxam）、噻虫胺（Clothianidin）等；大环内酯类杀虫剂：阿维菌素（Abamectin）、多杀霉素（Spinosad）等；噻二嗪类杀虫剂：噻嗪酮（Buprofezin）等；有机磷类杀虫剂：毒死蜱（Chlorpyrifos）等；吡啶类杀虫/杀螨剂：吡虫啉（Imidacloprid）、啶虫脒（Acetamiprid）等；苯甲酰胺类杀虫剂：氯虫苯甲酰胺（Chlorantraniliprole）等；生物源杀虫/杀螨剂：甲氨基阿维菌素苯甲酸盐（Emamectin benzoate）等；昆虫生长调节剂：吡丙醚（Pyriproxyfen）。

②化学防治时期：柑橘木虱一般每年发生 6 ～ 12 代。成虫当年在柚子叶背越冬，来年的 3 月上中旬在春梢上产卵繁衍，第一代发生于 3 月中旬至 5 月上旬，最后一代发生于 10 月上旬至 12 月上旬。只要有嫩梢抽发，成虫即产卵，嫩梢数量决定世代的多少。伴随春梢、夏梢和秋梢的抽发高峰，若虫出现 3 个发生高峰。所以，化学防治时期为春梢、夏梢和秋梢的抽发期。

4. 挖除病树

国内外实践证明，及时挖除病株是有效防控黄龙病的关键手段，仅剪除病枝对防治黄龙病是无效的。挖除病树后，在穴内撒施适量的生石灰，在太阳下暴晒 10 ～ 20 d 后，可以重新补苗。

5. 黄龙病防治案例

（1）快速检测步骤

第一步：对疑似黄龙病柚树不同位置分别采摘老叶 10 片。

第二步：用砂纸沿叶脉两侧反复擦拭 30 次左右，将叶片组织擦拭在砂纸上。

第三步：将砂纸放入预先准备好的小塑料袋内，然后滴入试剂 A 大概 1 mL（30 滴左右），用手反复搓，使砂纸上的叶片组织完全溶解。

第四步：在溶解好的试剂 A 中再滴入试剂 B 1 ～ 2 滴，20 s 后观察试剂颜色变化。如果试剂颜色变成深色或黑色，将该叶片标"+"，如果试剂颜色变成棕色或浅棕色，将该叶片标"–"。

按照上述步骤，每棵柚树做 10 次（不同位置的 10 片老叶），最后统计"+"和"–"的数量。"+"数量大于"–"数量，初步判定该柚树感染了黄龙病，否则没有感染黄龙病，黄化是其他原因造成的。

（2）实验室鉴定

将快速检测判定感染黄龙病的 2 棵柚树的叶片样本和没有感染黄龙病的 2 棵

柚树的叶片样本，采用巢式 PCR 方法一扩检测鉴定，结果与快速检测的结果一致（图 8–3）。

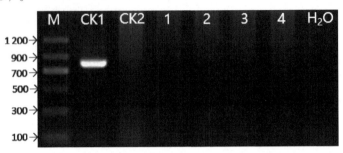

图 8–3　CGO3F/CGO5R 引物 PCR 产物 1.2% 琼脂糖凝胶电泳图

（3）挖除病树

项目组对鉴定为黄龙病的柚树进行挖除，挖除病树后，在穴内撒施适量的生石灰，在太阳下暴晒 20 d 后，重新补上柚树幼苗。

（4）防治柑橘木虱的药剂筛选试验

传播黄龙病的亚洲柑橘木虱、非洲柑橘木虱和柚喀木虱在瑞丽均可见，为了防止木虱从其他感染黄龙病的柚树传染到柚子科技示范园，项目组展开了柑橘木虱的防治，并研究筛选木虱防治的最佳药剂配方。

首先，设计柑橘木虱防治处理配方（表 8–3）。依据周龙等[1] 提出的"柑橘病虫害的分类分级调查方法"，随机调查 10 棵树，挂牌标记，统计柚树叶片上柑橘木虱活虫数量，分别统计柚树柑橘木虱成虫、若虫数量。

表 8–3　柚树柑橘木虱防治处理及稀释倍数

处理	农药及稀释倍数
TT1	22.4% 螺虫乙酯悬浮剂 2 000 倍
TT2	22.4% 螺虫乙酯悬浮剂 2 000 倍 +5% 吡丙醚水乳剂 1 000 倍
TT3	5% 阿维菌素悬浮剂 4 000 倍 +240 g／L 噻呋酰胺悬浮剂 1 500 倍
TT4	5% 氯虫苯甲酰胺悬浮剂 3 000 倍 +5% 阿维菌素悬浮剂 4 000 倍
TT5	6% 联苯·啶虫脒微乳剂 1 000 倍 +10% 甲氨基阿维菌素苯甲酸盐 10 000 倍
TT6	20% 甲氰菊酯乳油 2 000 倍 +25% 噻虫嗪水分散粒剂 6 000 倍
CK	喷清水

注：CK 为空白对照，后文同。

[1]　周龙，杨德荣，曾志伟. 柑橘病虫害的分类分级调查方法 [J]. 特种经济动植物，2020，23（5）：48–52.

其次，在施药后 3 d、7 d、15 d、20 d 各调查标记叶片上残留虫量，依据公式（8-1）计算虫口减退率，以施药前和施药后各时期的 100 片叶活虫数，依据公式（8-2）计算校正防治效果（表 8-4）。

$$\text{虫口减退率（\%）} = \frac{\text{药前虫口基数} - \text{药后虫口数}}{\text{药前虫口数}} \quad \cdots\cdots\cdots\cdots\cdots\cdots\cdots \text{（8-1）}$$

$$\text{防治效果（\%）} = \frac{\text{处理区虫口减退率} - \text{CK 虫口数减退率}}{100 - \text{CK 虫口减退率}} \quad \cdots\cdots\cdots\cdots\cdots \text{（8-2）}$$

表 8-4　不同处理对柚树柑橘木虱的防治效果

处理	药前虫口基数 / 个	3 d		7 d		15 d		20 d	
		虫口减退率 /%	防效 /%	虫口减退率 /%	防效 /%	虫口减退率 /%	防效 /%	虫口减退率 /%	防效 /%
TT1	670	11.91	23.55	44.83	56.17	73.23	79.62	77.59	84.66
TT2	668	47.65	54.57	82.22	85.88	89.22	91.79	92.93	95.16
TT3	660	36.16	44.60	80.76	84.72	84.17	87.95	85.93	90.37
TT4	673	48.20	55.05	52.03	61.89	59.46	69.14	70.44	79.76
TT5	664	54.08	60.15	83.02	86.51	83.87	87.72	87.27	91.29
TT6	675	52.91	59.13	77.85	82.40	80.87	85.44	85.77	90.26
CK	666	−15.23	—	−25.88	—	−31.37	—	−46.07	—

结论，防治效果中，TT2>TT5>TT3>TT6>TT1>TT4，TT4 的防治效果最低（20 d 后为 79.76%），说明单剂 5% 氯虫苯甲酰胺悬浮剂加 5% 阿维菌素悬浮剂需要与其他药剂复配以后才能增强防治效果。

在木虱防治中，建议使用 TT2（22.4% 螺虫乙酯悬浮剂 2 000 倍 +5% 吡丙醚水乳剂 1 000 倍）、TT5（6% 联苯·啶虫脒微乳剂 1 000 倍 +10% 甲氨基阿维菌素苯甲酸盐 10 000 倍）、TT3（5% 阿维菌素悬浮剂 4 000 倍 +240 g /L 噻呋酰胺悬浮剂 1 500 倍）和 TT6（20% 甲氰菊酯乳油 2 000 倍 +25% 噻虫嗪水分散粒剂 6 000 倍）等处理交替使用。

二、溃疡病

（一）柚树溃疡病的症状

柚树溃疡病的典型症状与其他柑橘品种的溃疡病症状相似，是形成木栓化突起，可危害叶片、枝梢、果实，果实病斑与叶片和枝梢上的相似，表面木栓化突起和中央裂口更为明显。

图 8-4　柚树溃疡病叶片症状

柚树叶片感病初期，叶背面出现黄色（或淡黄色）油渍状小点，随后逐渐扩大成近圆形，再逐渐形成木栓化突起，表面粗糙，呈现凹陷破裂的灰褐色火山口状（图 8-4）。发病后期，叶片呈现出直径为 4 ~ 6 mm 的黄色晕圈，有的病斑会连在一起，大约 7 d，病斑连在一起的病叶先脱落。柚树枝梢感病后，其病班隆起和火山口症状更突出，病斑与病叶上的相似，或圆形，或椭圆形，或联合成不规则形状，黄褐色居多，浅黄色相对少，且嫩梢（横切面为三角形）更易感病。

（二）柚树溃疡病的病原菌及其传播特点①

柚树溃疡病的病原菌为地毯黄单胞菌柑橘致病变种（*Xanthomonas citri* subsp. citri，Xcc），是革兰氏染色阴性细菌，属于薄壁菌门、假单胞菌科，定殖于寄主组织的细胞间隙和维管束。

1. 病菌潜伏及传播特点

病菌主要潜伏在被感染的叶片、枝梢、果实的病斑组织中越冬（适宜条件下，病菌存活时间可达一年以上），翌年春季，温度适宜多雨时，病菌从病斑中逸出，由风雨、昆虫、枝叶接触和人工农事操作（如修剪等）等途径侵入柚树表面的气孔、皮孔和伤口，传播到当年新生幼嫩组织上。三龄幼虫期及蛹期柑橘潜叶蛾（*Phyllocnistis citrella*）是主要的昆虫传播媒介，而潜叶蛾成虫则不是柚树溃疡病的有效传病媒介。

新梢叶片开始伸展之时，此时气孔处于开放阶段，间隙大，病菌最易侵入，而老熟的叶片（革质化后气孔不再形成），病菌难以侵入。

---

① 曾志伟，周龙，杨德荣，等．柚树溃疡病发生规律及综合防控技术 [J]．现代化农业，2019（9）：9-12.

2. 溃疡病的发生与气象条件、果园规划的相关性

春夏两季是柚树溃疡病的高发期，连续的阴雨天气更易导致溃疡病的大面积扩散。气象条件相同的情况下，排水通畅的柚园不易感病，而排水不畅、杂草丛生的果园易感病。柚树溃疡病适合发病的温度为 20 ~ 35 ℃（最适温度 25 ~ 30 ℃），在温度适合情况下，雨量和降雨日数与病害的发生呈正相关。

3. 溃疡病的发生与果园栽培管理的相关性

冬季清园不科学（病虫枝未集中焚烧处理、用药不合理等）、施肥不当（偏施氮肥）、修剪不当（夏梢生长过旺）的柚树易感溃疡病。

（三）柚树溃疡病综合防控技术

柚树溃疡病的防控是系统工程，涉及植物检疫、无病苗圃选育、防护林种植、清园以及病虫兼治等一系列措施。

1. 严格实施植物检疫

防止溃疡病从疫区传染到新区，实施必要的植物检疫是非常有效的手段。政府相关农业主管部门在种苗、枝条（或接穗）流通环节实施检疫，可有效规避带病苗木及接穗进入新区。种植户新定植苗木或嫁接时，也有必要送检，检疫溃疡病、碎叶病、黄龙病等检疫性病害，降低种植风险。

2. 建立无病苗圃及培育标准化无病苗木

近年来，许多大型种植户建有自己的苗圃基地，无病苗木是预防溃疡病的重要保障。苗圃基地除需设置隔离区、严格选择无病母株外，其所采集嫁接用接穗需进行消毒处理，以脱除病菌。接穗可要用 47 ~ 50 ℃热水间歇热处理 6 ~ 12 min，每 24 h 一次，共处理 3 次，或者接穗用四霉素与噁霉灵混合液灭菌消毒，浸泡 1 ~ 2 h，然后用清水冲洗，晾干备用。标准化无病苗木出圃时应满足下列条件：

①接穗和砧木品种纯正，可溯源。

②不携带黄龙病、矮缩病毒、碎叶病毒、裂皮病毒和溃疡病等检疫性病害；无红蜘蛛、潜叶蛾、蚜虫等虫害。

③嫁接口愈合正常，砧穗结合部曲折度小于 15°，嫁接部位（嫁接口）离地

面至少 10 cm，主干直径不小于 0.8 cm。

④叶片浓绿、肥厚，芽眼饱满，根系发达。

3. 种植防护林

种植防护林后，形成小面积控制的统防统治区域（利于区域生态环境改善），减少病虫害的发生和传播；减少叶片晃动，提高叶片有效光合作用，提高果实产量和品质，增强作物抗逆性。防护林不但可以明显改善柚园田间小气候，而且对柑橘溃疡病防控效果较好。因此，在成片的柚园周边种植防护林，对防止柚树感染柑橘溃疡病是非常有效的农业措施。项目组选择多年生禾本科植物皇竹草（又名王草、粮竹草等）作为防护林。皇竹草能长到250 cm 以上，防护林作用效果显著。

4. 清园

柚树果实采收后，许多的虫卵、病原菌寄生在作物病虫枝叶、树皮裂缝、病果、落叶落果、杂草、土壤中。柚树越冬休眠期前后清园，可以有效铲除越冬病虫害，降低病虫害越冬基数，减少翌年生长期病虫害的发生。清园比不清园的病株率减少 69.5%，病叶率减少 67.3%。柚园清园的主要内容有：

①柚树冬剪时，要剪除病虫枝与病果，并集中烧毁；修剪大枝伤口并涂抹1.6% 噻霉铜涂抹剂或愈伤膏［丙烯酸合成树脂，参见《合成树脂乳液外墙涂料》（GB/T 9755—2014）］，形成隔离层，防止病原菌浸入。

②应用化学药剂防治螨类、蚧壳虫、蚜虫等害虫，以及溃疡病、黄斑病等病害，全园喷施一次石硫合剂，10 ~ 15 d 后，对园区统一喷施一次广谱杀菌剂（百菌清、代森锰锌等）和杀虫剂（阿维菌素、吡虫啉等）。

③用生石灰、硫黄和三聚磷酸钠（$Na_5P_3O_{10} \cdot 6H_2O$）按一定比例配制成"涂白剂"进行涂白，预防病害、害虫（昆虫）以及螨类害虫的危害。

5. 病虫兼治

柚园柑橘溃疡病化学防治，必须坚持病虫兼治的原则，防治柑橘溃疡病的药剂和防治柑橘潜叶蛾的药剂要同时使用，才能做到既防治了柑橘溃疡病，又切断了传毒媒介。防治溃疡病常见的农药有：铜制剂（如氢氧化铜、王铜、硫酸铜钙、噻森铜等）、枯草芽孢杆菌、中生菌素、噻唑锌等；防治柑橘潜叶蛾常见的农药有：吡虫啉、阿维菌素、晶体敌百虫、除虫脲、氯氰菊酯、甲氰菊酯等。潜叶蛾一般危害新梢，春梢、夏梢、秋梢集中生长期有必要进行统防。

（四）亚磷酸二氢钾与噻唑锌防治柚树溃疡病的试验

1. 试验材料

供试柚树：云天化"高原特色作物（瑞丽柚子）科技示范园"内柚树，2017 年 12 月由琯溪蜜柚高接换种为水晶蜜柚品种，树高 1.7 ~ 2.2 m，树盘 1.5 ~ 2.3 m；供试药剂 5 ：1 噻唑锌（$C_4H_4N_6S_4Zn$）悬浮剂，浙江新农化工股份有限公司生产；供试药剂 2：亚磷酸二氢钾（KH_2PO_3），云南云天化以化磷业研究技术开发有限公司提供。

2. 试验方案设计及操作方法

试验设 5 个处理，重复 3 次，共 15 个小区（每个小区 5 棵柚树）共 75 棵柚树，随机排列，挂牌标识。试验方案见表 8-5。为了防止柑橘潜叶蛾再次传播柑橘溃疡病，于 2018 年 5 月 5 日对整个科技示范园区用 2% 阿维菌素水分散粒剂按 600 倍液统防 1 次。5 月 10 日按照试验方案喷施药剂（亚磷酸二氢钾、20% 噻唑锌 SC），10 d 后开始调查。

表 8-5　柚树柑橘溃疡病试验方案

T 处理	亚磷酸二氢钾		农药		操作方法
	型号	稀释倍数	型号	稀释倍数	
T1	KH_2PO_3	500	20% 噻唑锌 SC	300	混合喷施
T2	KH_2PO_3	600	20% 噻唑锌 SC	300	混合喷施
T3	KH_2PO_3	700	20% 噻唑锌 SC	300	混合喷施
T4	KH_2PO_3	800	20% 噻唑锌 SC	300	混合喷施
CK			20% 噻唑锌 SC	300	仅喷施农药

注：SC 指悬浮剂。

3. 溃疡病调查方法、严重度分级和计算公式

依据周龙、杨德荣和曾志伟提出的"柑橘病虫害的分类分级调查方法"的调查方法和叶（果）病斑分级方法，进行调查和分级，并依据公式（8-3）和公式（8-4）计算和统计分析。

$$病情指数 = \frac{\Sigma(各级病叶数 \times 该病级值)}{调查总叶片数 \times 最高级值} \times 100 \quad \cdots\cdots\cdots\cdots\cdots\cdots\cdots（8\text{--}3）$$

$$相对防治效果（\%）= \frac{CK\,病情指数 - 处理病情指数}{CK\,病情指数} \times 100 \quad \cdots\cdots\cdots\cdots\cdots（8\text{--}4）$$

4. 药效分析

将 2018 年 5 月 20 日和 6 月 9 日两次调查的数据采用 Excel 2003 进行统计，并按照公式（8--3）计算病情指数，按照公式（8--4）计算相对防治效果，用 IBM SPSS Statistics 24.0 软件进行数据处理和分析，并用新复极差（Duncan）法和最小显著差异（LSD）法进行处理间差异显著性检验（表8--6）。

表 8--6   试验调查与分析

处理	病情指数								相对防治效果 / %	
	2018 年 5 月 20 日调查数据				2018 年 6 月 9 日调查数据				5.20	6.9
	I	II	III	平均	I	II	III	平均		
T1	5.55	5.32	6.00	5.62	0.72	0.73	0.81	0.75	76.01 a	87.71 a
T2	10.50	9.67	10.09	10.09	2.21	2.08	2.08	2.12	56.96 b	65.36 b
T3	12.01	10.93	10.75	11.23	2.73	2.86	2.58	2.72	52.08 b	55.57 b
T4	13.03	11.40	12.92	12.45	3.45	3.21	3.67	3.44	46.88 c	43.83 c
CK	22.95	23.45	23.91	23.44	7.03	6.28	5.08	6.13	—	—

注：不同小写字母表示不同处理差异显著性（$p < 0.05$）。

两次调查的相对防治效果 T1>T2>T3>T4>CK，亚磷酸二氢钾（KH_2PO_3）500 倍液与 20% 噻唑锌悬浮剂 300 倍液协同的防治效果最好，相对防治效果分别为 76.01% 和 87.71%，达到了显著水平。而亚磷酸二氢钾（KH_2PO_3）600 倍液和 700 倍液与 20% 噻唑锌悬浮剂 300 倍液的协同的防治效果也优于 CK（只喷施 20% 噻唑锌悬浮剂）处理。

三、碎叶病

（一）碎叶病症状

碎叶病（碎叶病病毒英文名为 citrus tatter leaf virus，CTLV）是一种危害柑橘的病毒病，现已报道发生过柑橘碎叶病的国家有美国、日本、南非、澳大利亚和中国，尤其以日本和中国发生最为普遍。项目组所在柚园原种植的 3 002 棵琯溪蜜柚，有 202 棵感染了碎叶病。

CTLV 主要症状是新抽出的叶片出现扭曲破碎和凹凸不平，严重感病的柚树后期枝梢纤细、节间缩短，叶片变小、皱缩（图 8-5），柚树植株矮化，剥开接合部树皮可见木质部间有一圈缢缩线，受强风等外力推动，病树砧穗接合处易断裂，断裂面光滑。感病的柚树虽然能挂果，但产量降低，果实变小[1][2]。

（二）CTLV 概述

CTLV 属发状病毒科（Capilloviridae）发状病毒属（Capillovirus）单链正义 RNA［（+）ssRNA］病毒，呈弯曲线状颗粒，大小（600 ~ 700 nm）×（13 ~ 15 nm），基因组包含 6 496 个核苷酸，

图 8-5 柚树碎叶病症状

蛋白外壳的分子量为 27 kDa。CTLV 寄主范围广，能够感染多个柑橘品种[3]。

CTLV 主要通过汁液进行传播，嫁接工具是其主要传播途径，远距离传播则是带毒苗木和接穗，目前尚未发现昆虫传播。

（三）CTLV 的检测鉴定

1. 指示植物检测法

指示植物检测法又叫生物学检测法，通常在隔离温室或网室进行。该方法简单、易行，不需要昂贵的设备，且结果直观，鉴定结果可靠，能准确地反映病毒

---

① 刘科宏，周常勇，卢志红.柑桔碎叶病的检测及其防治[J].中国南方果树，2009，38（3）:49-50.
② 杨德荣，曾志伟，周龙.柚树高产栽培技术（系列）Ⅶ: 植物保护[J].南方农业，2019，13（13）: 17-23.
③ 李月，张志标，周玉蓉，等.我国柑橘主要病毒类病害及其脱毒技术研究进展[J].安徽农学通报，2020，26（8）: 80-82.

的生物学特性。到目前为止，指示植物鉴定仍是 CTLV 鉴定的重要依据和手段之一。常用的木本指示植物有腊斯克枳橙、特洛亚枳橙、卡里佐枳橙和厚皮来檬等，主要症状为叶片变小，产生黄白色斑点，叶缘破碎和扭曲畸形。

2. 血清学检测

血清学方法是检测植物病毒最为常用和有效的手段之一。从草本寄主昆诺藜（Chenopodium quinoa）中提纯苹果茎沟病毒（ASGV），制备抗血清，采用酶联免疫吸附测定法（ELISA）检测 CTLV 病毒。

3. 分子生物学检测

通过 PCR 检测病毒核酸来证实病毒的存在，比血清学方法的灵敏度更高，检测病毒的范围更广，可以检测各种病毒、类病毒，并且可进行大批量的样本检测。

半巢式 PCR。利用两套 PCR 巢式引物进行了两轮 PCR 扩增反应，半巢式 PCR 降低了扩增多个靶位点的可能性，增加了检测的灵敏性和可靠性。项目组所在柚园的碎叶病采用半巢式 PCR 检测鉴定。

（四）碎叶病防治

1. 培育无病毒苗木

利用柑橘病毒脱毒技术（热处理及化学处理脱毒、茎尖培养脱毒、茎尖嫁接脱毒）培育柚树苗木，从源头上杜绝带毒苗木进入园区，定植无病毒苗木。

2. 挖除园区带毒病树

对园区有症状的柚树进行检测鉴定，确定为 CTLV 的柚树，要进行挖除，并用石灰对树坑进行消毒，然后晒坑 10 d 左右，便可以重新种植。

3. 农具消毒

在进行农事操作时，对工具（剪刀、嫁接刀、砍刀等）要进行消毒，用高锰酸钾或 1% 次氯酸钠等浸渍工具，避免人为造成汁液传播。用手指抹芽（梢）时，要用酒精擦手。

四、脂点黄斑病

（一）柚树脂点黄斑病的症状

主要危害成熟叶片，发病初期叶背上出现针头大小褪绿小点，后扩展为大小不一的黄斑，对光透视呈半透明状，在叶背面出现疱疹状淡黄色且突起的小粒点，分布分散或几个群生在一起，随着叶片长大，病斑变为褐色至黑褐色脂斑。脂点黄斑病使光合作用受阻，引起大量落叶，严重影响柚树的树势。后期也可危害柚树果实，在果实上形成不规则淡黄色斑块，或多个病斑融合成大小不一的脂斑，影响柚子的外观品质（图8-6）。

（二）脂点黄斑病的病原

病原为子囊菌亚门球腔菌属的柑橘球腔菌（*Mycosphaerella citri* Whiteside），无性态为灰色

图8-6 柚树脂点黄斑病症状

疣丝孢［Stenella citri-grised（Fisher）Sivanesan］[1]。

传播途径：病原菌生长适温为10 ~ 35℃，最适温度为20 ~ 25℃。病原菌对pH的适应范围比较广，pH在4 ~ 9均能生长；病原菌多以菌丝体在树上病叶或落地的病叶中越冬，也可在树枝上越冬；冬季未清园的橘园越冬病原体多，来年暴发的可能性大。老病区和重病区病原菌相对多，往往容易发生蔓延，都应作为防治的重点。

（三）柚树脂点黄斑病的防治

1. 农业防治

柚树脂点黄斑病的农业防治，应从冬季清园做起，结合防治其他病虫害。做

---

① 张凤如，殷恭毅.柑桔脂点黄斑病病原菌的研究[J].植物病理学报，1987（3）：27-34.

好修剪工作，剪除过密枝和病、枯枝叶，清除园内枯枝病叶，集中园外烧毁。清园后可用 0.8 ~ 1°Bé 石硫合剂树冠喷雾。同时，可用石灰消毒，每 667 m²（1 亩）地面撒施石灰 50 ~ 80 kg，既可起到消毒杀菌作用，又可改良土壤酸性。

2. 化学防治

化学防治推荐使用下列杀菌剂，在发病初期或发病前喷施：50% 多菌灵·锰锌可湿性粉剂、10% 苯醚甲环唑水分散粒剂、0.3% 多抗霉素水剂、75% 百菌清可湿性粉剂、80% 代森锰锌可湿性粉剂、50% 苯菌灵可湿性粉剂、10% 苯醚甲环唑水分散粒剂、250 g/L 吡唑醚菌酯乳油、60% 吡唑醚菌酯·代森联水分散粒剂、67% 吡唑醚菌酯·丙森锌水分散粒剂、75% 肟菌酯·戊唑醇水分散粒剂。

（四）柚树脂点黄斑病防治药剂的筛选试验

1. 试验条件

项目组在弄岛柚园（23°52′N、97°42′E）开展试验，每隔一垄选出 10 棵柚树为 1 个小区，隔离垄作为小区保护行，随机排列区组，试验设 6 个处理（表 8-7），重复 3 次，共 18 个小区。

表 8-7　脂点黄斑病试验方案

处理	杀菌剂及其用量（稀释浓度）
TT1	60% 吡唑醚菌酯·代森联水分散粒剂 1 500 倍
TT2	80% 代森锰锌可湿性粉剂 600 倍
TT3	50% 多菌灵·锰锌可湿性粉剂 1 500 倍
TT4	75% 肟菌酯·戊唑醇水分散粒剂 4 000 倍
TT5	75% 百菌清可湿性粉剂 1 000 倍
CK	喷清水

2. 施药

2020 年 4 月 20 日上午喷药 1 次，2020 年 5 月 10 日第 2 次喷药，共喷药 2 次。用背负式电动喷雾器，将药液均匀喷施到柚树树叶片正反面、嫩梢及幼果表面。

3. 药效调查与分析

每次喷施药剂之后 10 d 调查，共调查 2 次。依据周龙等[1] 提出的"柑橘病虫害的分类分级调查方法"的调查方法、叶（果）病斑分级方法以及计算公式，进行调查、分级，计算病情指数和相对防效，采用 Excel 2010、IBM SPSS Statistics 24.0 软件进行数据的初步处理和分析，并用 Duncan 法和 LSD 法进行处理间差异显著性检验（表 8-8）。

表 8-8 试验药剂对柚树脂点黄斑病的防治效果

处理	杀菌剂及其用量（稀释浓度）	第 1 次施药后的防效 / %	第 2 次施药后的防效 / %
TT1	60% 吡唑醚菌酯·代森联水分散粒剂 1 500 倍	48.26 b	77.42 b
TT2	80% 代森锰锌可湿性粉剂 600 倍	39.40 c	68.48 c
TT3	50% 多菌灵·锰锌可湿性粉剂 1 500 倍	40.11 c	72.43 c
TT4	75% 肟菌酯·戊唑醇水分散粒剂 4 000 倍	51.95 a	83.69 a
TT5	75% 百菌清可湿性粉剂 1 000 倍	27.39 d	51.68 d
CK	喷清水		

注：同一列中数值后不同小写字母表示处理间（$p<0.05$）差异显著性。

从表 8-8 可以看出，TT4 处理（75% 肟菌酯·戊唑醇水分散粒剂 4 000 倍）防治效果最优，TT1 处理（60% 吡唑醚菌酯·代森联水分散粒剂 1 500 倍）次之，TT4 和 TT1 的处理达到预期防治效果，在柚树脂点黄斑病的防治中可以交替使用，TT5 处理（75% 百菌清可湿性粉剂 1 000 倍）防效最差，在柚树脂点黄斑病的防治中 75% 百菌清可湿性粉剂不宜单独使用，可以与其他杀菌剂混配使用。

五、疮痂病

（一）柚树疮痂病的症状

柚树疮痂病侵染初期，柚树叶片出现水渍状圆形小斑点，呈黄褐色，随着叶片生长病斑不断扩大，同时向叶片的一面隆起，多生于叶背，形成圆锥形状，或

① 周龙，杨德荣，曾志伟. 柑橘病虫害的分类分级调查方法 [J]. 特种经济动植物，2020，23（5）：48-52.

向内凹陷形成漏斗形状。后期常脱落而形成穿孔，会引起叶片幼果木栓化、扭曲畸形、果实品质下降。病斑连合时叶片歪扭，表面粗糙，枝梢变短。幼果果面呈瘤状突起，木栓化。天气潮湿时，斑面长灰色薄粉霉即分生孢子（图8-7）。

图8-7　柚树疮痂病症状

（二）疮痂病的病原及发病规律

1. 疮痂病的病原

柑橘疮痂病病菌是一类真菌，无性阶段属于半知菌亚门，痂圆孢属，有性阶段属于子囊菌门，痂囊腔菌属。引起疮痂病的病原有三种，第一种是 *Elsinoe fawcettii Bitancourt et Jenk.*（无性态为 *Sphaceloma fawcettii Jenkins*）引起普通疮痂病（Citrus scab），广泛分布于世界上气候湿润的柑橘产区，只有在地中海产区没有发现该病；第二种是 *Sphaceloma fawcettii via. Scabiosa Jenk*（有性态未知），引起 Tryon 疮痂病（Tryon's scab），此病主要分布于澳大利亚；第三种是 *Elsinoe australis Bitancourt et Jenk.*（无性态为 *Sphaceloma australis Bitancourt et Jenk*），引起甜橙疮痂病（Sweet orange scab），主要分布于南美洲南部，大洋洲，美国，韩国济州岛，印度等地。*Elsinoe fawcettii* 和 *Elsinoe australis* 的有性态只在巴西发现，其他地方均未发现。我国的疮痂病均为普通疮痂病菌。三种疮痂病病原通过菌落颜色、分生孢子的大小和形状均不能很好的区分，只有通过其致病型和分子手段鉴定[1]。

2. 疮痂病的发病规律

病菌以菌丝体在病组织内越冬。次年春季，菌丝体在合适的温度和湿度下产生分生孢子，分生孢子借风雨等传播到春梢的叶、花和幼果等幼嫩的器官上，孢子萌发牙管侵入表皮，经过 3 ~ 10 d 后就表现出病斑。新斑产生的分生孢子再次侵染柚树组织。普通疮痂病菌只侵染感病品种的幼嫩组织，可以危害柚树的春梢、夏梢和秋梢以及幼果，随着组织老化，感病率也就随之降低，到组织成熟时，

---

① 张利平. 柑橘疮痂病研究进展[J]. 浙江柑橘，2015, 32（3）: 30-32.

一般就不会感病。

柑橘疮痂病病原细胞分泌痂囊腔菌素，痂囊腔菌素是一种非寄主选择性苊醌类光敏化合物，目前发现的有四种衍生物 A、B、C、D，在有光照的情况下，痂囊腔菌素吸收光能与氧产生活性氧和超氧化合物，活性氧和超氧化合物会造成生物大分子如脂肪酸、酶、糖类、核酸的氧化，从而导致细胞死亡，试验显示痂囊腔菌素可以快速杀死柑橘细胞和烟草细胞[1]。

（三）柚树疮痂病的防治方法

1. 培育无病苗木

选取健康的砧木、接穗，从源头上阻断传染源。

2. 化学防治

（1）在柚树春梢嫩芽 3 ~ 4 cm 喷施 80% 代森锰锌可湿性粉剂或者 50% 苯菌灵可湿性粉剂 1 次。

（2）在谢花 2/3 时，喷施下列杀菌剂 1 ~ 2 次（1 种或 2 种混配喷施，交替使用）：250 g/L 啶氧菌酯悬浮剂、250 g/L 嘧菌酯悬浮剂、70% 代森联水分散粒剂、80% 代森锰锌可湿性粉剂、50% 苯菌灵可湿性粉剂、25% 溴菌腈微乳剂。

（四）柚树疮痂病防治药剂的筛选试验

1. 试验条件及试验方案

项目组在弄岛柚园（23°52′ N、97°42′ E）开展试验，每隔一垄选出 10 棵柚树为 1 个小区，隔离垄作为小区保护行，随机排列区组，试验设 4 个处理（表8-9），重复 3 次，共 12 个小区。试验主要目的是筛选谢花后的疮痂病的防治药剂。

表 8-9　柚树疮痂病试验方案

处理	杀菌剂及其用量（稀释浓度）
TT1	80% 代森锰锌可湿性粉剂 600 倍
TT2	80% 代森锰锌可湿性粉剂 600 倍 +70% 代森联水分散粒剂 800 倍
TT3	250 g/L 啶氧菌酯悬浮剂 800 倍

[1] LIAO H L, CHUNG K R. Cellular toxicity of elsinochrome phytotoxins produced by the pathogenic fungus, Elsinoë fawcettii causing citrus scab[J]. New phytologist, 2010, 177（1）: 239-250.

续表

处理	杀菌剂及其用量（稀释浓度）
TT4	25% 溴菌腈微乳剂 800 倍
CK	喷清水

2. 施药

2020 年 4 月 5 日（谢花 2/3 左右）上午喷药 1 次，2020 年 4 月 25 日第 2 次喷药，共喷药 2 次。用背负式电动喷雾器，将药液均匀喷施到柚树叶片正反面、嫩梢及幼果表面。

3. 药效调查与分析

每次喷施药剂之后 10 d 调查，共调查 2 次。依据周龙等[①] 提出的"柑橘病虫害的分类分级调查方法"、叶（果）病斑分级方法以及计算公式，进行调查、分级，计算病情指数和相对防效，采用 Excel 2010、IBM SPSS Statistics 24.0 软件进行数据的初步处理和分析，并用 Duncan 法和 LSD 法进行处理间差异显著性检验（表 8-10）。

表 8-10　试验药剂对柚树疮痂病的防治效果

处理	杀菌剂及其用量（稀释浓度）	第 1 次施药后的防效 / %	第 2 次施药后的防效 / %
TT1	80% 代森锰锌可湿性粉剂 600 倍	82.06 b	90.72 b
TT2	80% 代森锰锌可湿性粉剂 600 倍 +70% 代森联水分散粒剂 800 倍	90.40 a	95.84 a
TT3	250 g/L 啶氧菌酯悬浮剂 800 倍	73.16 c	73.93 c
TT4	25% 溴菌腈微乳剂 800 倍	57.31 d	60.48 d
CK	喷清水		

注：表中数值为 3 次重复试验的平均值；同一列中数值后不同小写字母表示处理间（$p<0.05$）差异显著性。

从表 8-10 可以看出，TT2 处理（80% 代森锰锌可湿性粉剂 600 倍 +70% 代森联水分散粒剂 800 倍）防治效果最佳（第 1 次施药后防效为 90.40%，第 2 次施药后 95.84%），整组筛选试验的防治效果 TT2>TT1>TT3>TT4，TT4 处理（25%

---

① 周龙，杨德荣，曾志伟. 柑橘病虫害的分类分级调查方法 [J]. 特种经济动植物，2020，23（5）：48-52.

溴菌腈微乳剂 800 倍）不能用于防治柚树疮痂病。

六、流胶病

（一）柚树流胶病的症状

流胶病主要危害柚树主干和主枝，尤以西南向主干受害重。发病初期皮层生红褐色水渍状小点，略肿胀发软，上有裂缝，流出露珠状胶汁。后病斑扩大成圆形或不规则形，流胶增多，组织松软下凹，皮层变褐，流胶处以下的病组织黄褐色，有酒糟味，病斑向四周扩展后期皮层卷翘脱落或下陷，但不深入木质部，有别于其他柑橘树脂病引起的流胶型症状以及脚腐病的流胶症状（图8-8）。剥去外皮层，可见黑褐色、钉头状突起小点（即子座）。潮湿条件下，从小黑点顶端涌出淡黄色、卷曲状分生孢子角。染病株叶片黄化，树势衰弱。当病斑环绕树干一周时，病树死亡。

（二）流胶病的病原及发病规律

1. 流胶病的病原

柚树流胶病是由昆

图 8-8　柚树流胶病症状

虫、线虫、真菌、细菌等多种因素引起的一种复合病害，相关研究发现引发流胶病的真菌有疫霉属（*Phytophthora* sp.）、拟茎点霉（*phomopsis* sp.）以及壳囊孢菌（*Cytospora* sp.）等。

Cytospora sp. 是一种壳囊孢菌，属真菌界无性型子囊菌。子座黑褐色，钉头状，内生分生孢子器 1 ~ 3 个。分生孢子器扁球形或不规则形，褐色，具一共同孔口。分生孢子器内壁上密生长短不一的分生孢子梗，梗单胞无色，丝状，$18.8\,\mu m \times 1.3\,\mu m$，顶生分生孢子。分生孢子腊肠形或长椭圆形，两端钝圆，微弯，单胞，无色，$(7 ~ 10)\,\mu m \times (2.5 ~ 3)\,\mu m$。菌丝生长温度范围 8 ~ 30 ℃，

20℃最适。分生孢子器和分生孢子的形成最适温度为 20 ～ 25 ℃，在此温度下培养 26 d 产生子座，35 d 便从分生孢子器中涌出分生孢子角。分生孢子萌发适温 8 ～ 30 ℃，20 ℃最适。分生孢子萌发需要水滴或水膜存在。最适孢子萌发 pH 为 6。

项目组观察发现，菌核引起的流胶病在冬季发病率很高。

2. 发病规律

吉丁虫（俗称爆皮虫、锈皮虫）危害的伤口以及日灼、冻害、机械伤、生理裂口等均可引发流胶病。传播途径和发病条件病菌以菌丝体和分生孢子器在病组织上越冬，翌年产生分生孢子，借风、雨、昆虫传播，从伤口侵入引起发病，潜育期 7 ～ 9 d，伤口多，发病重。

（三）柚树流胶病的防治方法

①选排灌方便、地势较高的缓坡地建立柚园；在平地建设柚园，应采用深沟高畦种植。

②加强树体管理，科学施肥和修剪，增强树势，提高树体抗病能力。避免在柚园套种其他高秆和需水量大的间作作物。

③防治吉丁虫、天牛等的危害，割草时避免造成伤口，修剪时对较大伤口要涂抹愈伤膏。

④化学防治：发病期用利刀浅刮病部（以现绿色为宜），然后纵刻病部深达木质部若干条，宽度 2 ～ 3 mm，用 20% 噻菌铜悬浮剂 50 倍液喷雾，充分喷透，确保药液抵达木质部。发病后期，用刀刮除病部后，用多菌灵·戊唑醇膏剂或 40% 百菌清悬浮剂涂抹病部，5 ～ 10 d 涂抹 1 次，直到柚树康复。

七、炭疽病

（一）柚树炭疽病的症状

由于病菌种类、发病部位、发病时期等因素的不同，炭疽病的症状变化很大，叶片及果实的症状差异明显（图 8-9）。

1. 叶片症状

叶片症状常见有叶斑（也称慢性型）和叶枯（急性型）两种类型。

（1）叶斑型

病斑多出现在成长叶或老叶近叶缘处，呈半圆形或不规则形，稍凹陷，中央浅灰褐色或灰白色，边缘深褐色，病健组织分界明显，病部散生或轮纹状排列黑色小粒点，即病菌的分生孢子盘，多雨高湿时，小黑点变成橘红色黏质小点，即病菌分生孢子堆。

图 8-9　柚树炭疽病症状

（2）叶枯型

病斑多从叶尖开始，初为水渍状暗绿色，迅速变为淡黄褐色，云纹状病斑。病斑多呈 V 形，病健组织界限不明，上生大量的橘红色黏质小点，病叶极易脱落。

2. 果实症状

常见的柚树果实炭疽病症状有 2 种。

（1）干疤型

病斑呈不规则形，黄褐色至深褐色，病部果皮革质或硬化，紧贴囊瓣，但一般仅限于果皮，囊瓣食之具异味。

（2）泪痕型

泪痕斑由落在果实上的病菌孢子堆顺着雨水下流，萌发侵染所致。病斑红褐色或暗红褐色，条点状微凹陷，似泪痕。与干疤型类似，泪痕斑大多局限在果皮表面，高温高湿时病斑蔓延至囊瓣。

（二）炭疽病的病原及发病规律

1. 炭疽病的病原

已知的柑橘炭疽病的病原有两个种：胶孢炭疽菌（*Colletrichum gloeos porioides* Penz）和尖孢炭疽菌（*C. acutatum* simmonds）。有性态分别为围小丛壳菌 [*Glomerella cingulate*（Stonem）Spauld. et Schrenk] 和尖小丛壳菌（*Glomerella acutata*）。在我国，主要病原种是胶孢炭疽菌，尖孢炭疽菌未有明确的报道。

2. 发病规律

胶孢炭疽菌在柚园里既可寄生也可表生和腐生，主要以分生孢子盘、子囊壳、菌丝，或者产生分生孢子等形式在病叶、病枝、果柄及病果内越冬。病菌在干燥、温凉的土壤中可存活 1 年左右，因此土壤也可能是炭疽病病菌的越冬场所。越冬后的子囊壳和分生孢子盘产生的子囊孢子和分生孢子是病害的初侵染源。

子囊孢子成熟后从子囊壳中释放后再经气流携带降落到柚树的叶片、枝梢和果实上；而分生孢子盘中产生的分生孢子主要通过飞溅的雨水或是昆虫传播到柚树的叶片、枝梢和果实。病菌一般从伤口侵入，侵入后可直接引发病害，也可以附着孢的形式潜伏侵染，当环境条件适宜，寄主组织衰弱或衰老死亡时，附着孢迅速发展成侵染钉和菌丝，扩展为害，随后再形成分生孢子盘和分生孢子重复侵染。

（三）防治方法

炭疽病的防治应以加强田间管理为重点，以化学防治为主导，预防为主，综合治理。

1. 加强果园清洁管理

枯枝、病梢、病叶、病果柄是田间病害的主要侵染来源，因此，加强冬季或早春对病残体以及发病季节病枝梢的修剪，减少果园病菌侵染来源。积水严重、根系氧气供应不足的，植株抵抗力下降，容易引发炭疽病的发生和流行，所以要注重果园开沟排水。合理施肥，有机肥和无机肥合理科学搭配，减少枝叶徒长纤弱的现象，增强柚树的抗病性。

2. 加强树体管理

对树势弱、花期长的植株进行修剪处理，以免延长整个花期，导致花后落果，增加炭疽病的发病率。

3. 化学防治

（1）大田防治

以预防保护为主，将病害控制在发病初期。春秋梢嫩叶期喷施 1 次杀菌剂，幼果期、果实膨大期要喷施 2 ~ 3 次杀菌剂。推荐下列杀菌剂防治柚树炭疽病：450 g/L 咪鲜胺水乳剂、250 g/L 嘧菌酯悬浮剂、80% 代森锰锌可湿性粉剂、42% 双胍·咪鲜胺可湿性粉剂、60% 苯醚甲环唑水分散粒剂、70% 丙森锌可湿性粉剂、60% 唑醚·代森联水分散粒剂。

（2）采后防治

果实采收后贮藏前，用咪鲜胺或咪鲜胺锰盐浸果，以清除和杀灭果面病菌，防治贮藏期发病。

（四）炭疽病的防治药剂筛选试验

1. 试验条件及试验方案

项目组在弄岛柚园（23°52′N、97°42′E）开展试验，每隔一垄选出 3 棵柚树为 1 个小区，隔离垄作为小区保护行，随机排列区组，试验设 6 个处理（表 8–11），重复 3 次，共 18 个小区。试验主要目的是筛选柚树炭疽病的防治药剂。

表 8–11　柚树炭疽病试验方案

处理	杀菌剂及其用量
TT1	70% 丙森锌可湿性粉剂 700 倍
TT2	60% 唑醚·代森联水分散粒剂 750 倍
TT3	25% 吡唑醚菌酯乳油 1 500 倍
TT4	80% 代森锰锌可湿性粉剂 500 倍
TT5	25% 嘧菌酯悬浮剂 1 500 倍
TT6	25% 咪鲜胺乳油 1 000 倍
CK	喷清水

2. 施药

2020 年 8 月 12 日第 1 次喷药，9 月 2 日第 2 次喷药，9 月 23 日第 3 次喷药。用背负式电动喷雾器，将药液均匀喷施到柚树叶片正反面、嫩梢及幼果表面。

3. 药效调查与分析

第 3 次喷施药剂之后 10 d 进行调查，共调查 1 次。依据周龙等[1] 提出的"柑橘病虫害的分类分级调查方法"、叶（果）病斑分级方法以及计算公式，进行调

---

[1] 周龙，杨德荣，曾志伟. 柑橘病虫害的分类分级调查方法 [J]. 特种经济动植物，2020，23（5）：48-52.

查、分级，计算病情指数和相对防效，采用 Excel 2010、IBM SPSS Statistics 24.0 软件进行数据的初步处理和分析，并用 Duncan 法和 LSD 法进行处理间差异显著性检验（表 8-12）。

表 8-12　试验药剂对柚树炭疽病的防治效果

处理	杀菌剂及其用量	病情指数	防治效果 / %
TT1	70% 丙森锌可湿性粉剂 700 倍	0.12	99.43 a
TT2	60% 唑醚·代森联水分散粒剂 750 倍	0.25	98.80 ab
TT3	25% 吡唑醚菌酯乳油 1 500 倍	2.78	86.69 c
TT4	80% 代森锰锌可湿性粉剂 500 倍	7.36	64.75 d
TT5	25% 嘧菌酯悬浮剂 1 500 倍	2.12	89.85 b
TT6	25% 咪鲜胺乳油 1 000 倍	0.52	97.51 ab
CK	喷清水	20.88	—

注：表中数值为 3 次重复试验的平均值；同一列中数值后不同小写字母表示处理间（$p < 0.05$）差异显著性。

试验表明，TT1 处理（70% 丙森锌可湿性粉剂 700 倍）对柚树炭疽病的防治效果最佳，TT4 处理（80% 代森锰锌可湿性粉剂 500 倍）防治效果最差。防治效果依次为 TT1>TT2>TT6>TT5>TT3>TT4。

在柚树炭疽病防治中，建议 70% 丙森锌可湿性粉剂、60% 唑醚·代森联水分散粒剂、25% 咪鲜胺乳油以及 5% 嘧菌酯悬浮剂交替使用。

八、煤烟病

（一）柚树煤烟病症状

柚树煤烟病，又叫煤污病、烟霉病，柚树发生煤烟病后，其枝梢、叶片、果实表面覆盖一层黑色霉层，似煤层，黑色薄纸状，较易剥离，病情越严重霉层越密，越容易剥离，甚至自然脱落。剥离后叶片仍呈

图 8-10　柚树煤烟病症状

现绿色，发病后期霉层上产生黑色小粒点（图8-10），影响柚树叶片光合作用，削弱树势，使果实外观及品质变劣，严重影响柚树果实产量和品质，重者致树体整株枯死。

（二）煤烟病的病原

相关文献记载柑橘煤烟病病原主要有3种：柑橘煤炱（*Capnodium citri* Berk. & Desm.）、刺盾炱［*Chaetothyrium spinigerum*（Höhn.）W. Yamam.］及巴特勒小煤炱（*Meliola butleri* Syd. & P. Syd.）。

周小燕等人通过活体观察鉴定出下列3种煤烟菌[1]：

①柑橘煤炱，属子囊菌门、座囊菌目、刺盾炱属真菌，子囊座黑色，球形，表面粗糙，有乳头状突起，着生在菌丝体上，无孔口，直径为65～180μm，上面具有隔刚毛，孢子大小为（22.0～97.6）μm×（2.4～7.3）μm。

②刺三叉孢炱［Triposporiopsis spinigera（Höhn.）W. Yamam.］，属子囊菌门、座囊菌纲、煤炱目、煤炱科、叉孢煤菌属。分生孢子淡褐色，星状，分布于菌丝之间，分叉顶端支撑着菌丝。多为3分叉，少数为2或4分叉，每分叉有3～8个细胞，每分叉大小为（28.1～72.0）μm×（7.3～11.0）μm。

③撒播烟煤菌（Fumago vagans Pers.），菌丝淡褐色，念珠状。分生孢子深褐色，在菌丝体上顶生或侧生，变化较大，单胞、双胞、四胞或多个聚集一起。单胞圆形，深褐色直径为4.9～8.5μm。

（三）柚树煤烟病的防治

1. 防治害虫

由于病原菌除巴特勒小煤炱为纯寄生菌外，其余均为表面附生菌，大部分以蚜虫、蚧壳虫类、粉虱类等害虫的分泌物为营养，所以，防治蚜虫、蚧壳虫类、粉虱类等害虫能有效降低柚树煤烟病的发病率。防治方法参见第三节柚树虫害的识别与防治。

① 周小燕，张斌，耿坤，等．柑橘煤污病病原菌的研究［J］．菌物学报，2013，32（4）：758-763.

2. 化学防治

在发病初期，喷施下列杀菌剂：80% 乙蒜素乳油、70% 丙森锌可湿性粉剂、99% 矿物油乳油、50% 乙霉·多菌灵可湿性粉剂、70% 代森联水分散粒剂、50% 苯菌灵可湿性粉剂。

（四）煤烟病的防治药剂筛选试验

1. 试验条件及试验方案

项目组在弄岛柚园（23°52′N、97°42′E）开展试验，每隔一垄选出 1 棵柚树为 1 个小区，隔离垄作为小区保护行，随机排列区组，试验设 5 个处理（表 8–13），重复 3 次，共 15 个小区。主要目的是筛选柚树煤烟病的防治药剂。

表 8–13　柚树煤烟病试验方案

处理	杀菌剂及其用量
TT1	99% 矿物油乳油 300 倍
TT2	99% 矿物油乳油 300 倍 + 80% 乙蒜素乳油 2 000 倍
TT3	50% 乙霉·多菌灵可湿性粉剂 1 000 倍
TT4	70% 丙森锌可湿性粉剂 500 倍
TT5	70% 代森联水分散粒剂 1 000 倍
CK	喷清水

2. 施药

2020 年 7 月 8 日第 1 次喷药，7 月 18 日第 2 次喷药，8 月 2 日第 3 次喷药。用背负式电动喷雾器，将药液均匀喷施到柚树叶片正反面、嫩梢及幼果表面。

3. 药效调查与分析

第 3 次喷施药剂之后 10 d 进行调查，共调查 1 次。依据周龙等[1] 提出的"柑橘病虫害的分类分级调查方法"、叶（果）病斑分级方法以及计算公式，进行调查、分级，计算病情指数和相对防效，采用 Excel 2010、IBM SPSS Statistics 24.0 软件进行数据的初步处理和分析，并用 Duncan 法和 LSD 法进行处理间差异显著性检验（表 8–14）。

---

① 周龙，杨德荣，曾志伟. 柑橘病虫害的分类分级调查方法 [J]. 特种经济动植物，2020，23（5）：48-52.

表 8-14　试验药剂对柚树煤烟病的防治效果

处理	杀菌剂及其用量	病情指数	防治效果 / %
TT1	99% 矿物油乳油 300 倍	0.45	97.86 b
TT2	99% 矿物油乳油 300 倍 +80% 乙蒜素乳油 2 000 倍	0.15	99.29 a
TT3	50% 乙霉·多菌灵可湿性粉剂 1 000 倍	3.56	83.06 cd
TT4	70% 丙森锌可湿性粉剂 500 倍	3.09	85.30 c
TT5	70% 代森联水分散粒剂 1 000 倍	5.03	76.07 d
CK	喷清水	21.02	—

注：表中数值为 3 次重复的平均值；同一列中数值后不同小写字母表示处理间（$p < 0.05$）差异显著性。

　　试验表明，TT2 处理（99% 矿物油乳油 300 倍 +80% 乙蒜素乳油 2 000 倍）对柚树煤烟病的防治效果最佳，TT5 处理（70% 代森联水分散粒剂 1 000 倍）防治效果最差。防治效果依次为 TT2>TT1>TT4>TT3>TT5。

　　在柚树煤烟病防治中，建议 99% 矿物油乳油 300 倍和 99% 矿物油乳油 +80% 乙蒜素乳油交替使用，煤烟病轻度发生时，建议使用 50% 乙霉·多菌灵可湿性粉剂和 70% 丙森锌可湿性粉剂进行防治。

九、青苔病

（一）柚树青苔病的症状

　　在瑞丽雨季，特别是一些通风不良的柚园，我们经常能见到柚树的树干、枝叶上披了一层绿色的"衣裳"，这就是我们要讨论的青苔病。

　　青苔病发病初期，常在柚树叶片正面的中脉、叶尖及边缘处先出现黄绿色小点，而后逐渐向四周扩展，形成不规则斑块并相互融合，覆盖全叶，而叶的背面几乎无症状；在枝干表面先出现黄绿色小点，然后逐渐扩大形成绿色斑块，覆盖整个柚树主干及枝干表面（图 8-11）。

图 8-11　柚树青苔病症状

当柚树叶片和枝干青苔病发病程度较为严重时，柚树叶片的光合作用会受到很大的影响，叶片的叶绿素含量、光合效率都显著下降。如果不及时防治叶片和枝干的青苔病，严重时会侵染柚树果实，柚树的果实色泽、果皮色素、可食率、出汁率、糖、酸、维生素 C 以及蛋白质含量等都会受到影响，并且外观品质大幅度下降，影响柚子的销售。

（二）青苔病的病原及发病规律

1. 青苔病的病原

众多学者认为，柑橘青苔病的病原物可能是多种藻类及真菌的共生物，杨蕾等[①]对比分析有病症组和无病症组柑橘叶片生物种类和占比发现两者之间的差异显著，从有病症组中的物种丰富度显著高于无病症组的真核生物种类，从而推测出可能的病原物为不可培养的球藻（Uncultured *Apatococcus* sp.）、黄绿异小球藻（*Heterochlorella Luteoviridis*）、无柄杯梗孢（*Cyphellophora sessilis*）、海南橡胶藻（*Heveochlorella Hainangensis*、*Coniochaetales* sp. GMG C4）、椭圆球藻（*Chloroidium Ellipsoideum*、*Kalinella Bambusicola*）等。即柑橘青苔病的病原物大部分属于藻类，其中含量最高的为不可培养的球藻，并进一步推断，胶孢炭疽菌（*Colletrichum gloeos* porioides Penz）作为柑橘炭疽病的病原菌在柑橘叶际较为普遍，使得柑橘叶有可能既感染柑橘炭疽病又滋生青苔病。

2. 青苔病的发病规律

青苔病的发生与气象条件相关性大，温度、降水、湿度、风速、日照等气象要素的变化都能影响柚树青苔病的发生、发展。影响病害发生流行的关键环境因素是温度和湿度，特别是雨日和雨量。10 ~ 25 ℃是柑橘青苔病发生较为适宜的温度，在温度低于 5 ℃或高于 35 ℃的情况下，青苔病的发病程度受到抑制。当空气相对湿度大于 80% 时，发病比较严重。通过观察发现，降雨较多，雨量增加，空气相对湿度大幅提高，使外界形成高温高湿的环境，极有利于柚树青苔病的发生。3 ~ 6 月、9 ~ 11 月，环境温度、光照、湿度等条件适合病原物繁殖，因此，这些时段青苔病发生严重。

---

① 杨蕾，杨海健，李勋兰，等 . 滋生青苔对柑橘叶际生物多样性的影响 [J]. 植物保护，2019，45（6）：98-105+123.

柚树青苔病的发生除与气象因子关系密切外，栽培管理水平对其也有显著影响。树冠和枝叶密集、过度荫蔽、通风透光不良的柚园发病较普遍，土壤排水性差和管理水平差的柚园易出现水涝等情况，继而可能造成树势衰弱，使柚树易发生青苔病。

（三）柚树青苔病的防治

1. 农业防治

①加强树体管理。合理整形修剪，对密度过大、树冠郁闭的柚园，采取间伐、间移或高接换种的措施，扩大株行距，降低柚园密度，改善柚园生态环境，使柚树在通风透光良好的条件下生长。

②科学施肥。根据柚树不同物候期的需肥规律，进行科学施肥（参考第一章第四节），提高树体抗病能力。

③重视柚园的清园工作。清园时，把修剪下来的所有枝条移到园区外进行烧毁。按照"石灰：硫黄：食盐 =10 ： 5 ： 0.5"的配方熬制石硫合剂，均匀涂抹整个柚园的柚树主干和枝干。

2. 化学防治

化学防治推荐使用下列农药：99% 矿物油乳油、50% 氯溴异氰尿酸可溶性粉剂、45% 代森铵水剂、80% 乙蒜素乳油、77% 氢氧化铜可湿性粉剂、60% 二氯异氰尿酸钠可溶粉剂。

（四）青苔病的防治药剂筛选试验

1. 试验条件及试验方案

项目组在弄岛柚园（23° 52′ N、97° 42′ E）开展试验，每隔一垄选出 2 棵柚树为 1 个小区，隔离垄作为小区保护行，随机排列区组，试验设 5 个处理（表 8-15），重复 3 次，共 15 个小区。主要目的是筛选柚树青苔病的防治药剂。

表 8-15　柚树青苔病试验方案

处理	杀菌剂及其用量
TT1	45% 代森铵水剂 300 倍
TT2	99% 矿物油乳油 300 倍 +80% 乙蒜素乳油 1 000 倍

处理	杀菌剂及其用量
TT3	77% 氢氧化铜可湿性粉剂 1 500 倍
TT4	50% 氯溴异氰尿酸可溶性粉剂 500 倍
TT5	60% 二氯异氰尿酸钠可溶粉剂 500 倍
CK	喷清水

2. 施药

2020 年 4 月 2 日第 1 次喷药，4 月 27 日第 2 次喷药，5 月 12 日第 3 次喷药。用背负式电动喷雾器，将药液均匀喷施到树干四周和叶片正面。

3. 药效调查与分析

第 3 次喷施药剂之后 10 d 进行调查，共调查 1 次。树干做直观效果调查，不进行统计分析，叶片依据周龙等[①] 提出的"柑橘病虫害的分类分级调查方法"、叶（果）病斑分级方法以及计算公式，进行调查、分级，计算病情指数和相对防效，采用 Excel 2010、IBM SPSS Statistics 24.0 软件进行数据的初步处理和分析，并用 Duncan 法和 LSD 法进行处理间差异显著性检验（表 8-16）。

试验表明，TT5 处理（60% 二氯异氰尿酸钠可溶粉剂 5 000 倍）防治效果显著，高达 100%，TT3 处理（77% 氢氧化铜可湿性粉剂 1 500 倍）防治效果最差（77.73%）。筛选试验的防治效果 TT5>TT4>TT2>TT1>TT3。在柚树青苔病的化学防治中，建议 60% 二氯异氰尿酸钠可溶粉剂、50% 氯溴异氰尿酸可溶性粉剂、99% 矿物油乳油 300 倍 +80% 乙蒜素乳油交替使用。

表 8-16　试验药剂对柚树青苔病的防治效果

处理	杀菌剂及其用量	病情指数	防治效果 / %
TT1	45% 代森铵水剂 300 倍	5.43	83.48 cd
TT2	99% 矿物油乳油 300 倍 +80% 乙蒜素乳油 1 000 倍	3.36	89.78 c
TT3	77% 氢氧化铜可湿性粉剂 1 500 倍	7.32	77.73 d
TT4	50% 氯溴异氰尿酸可溶性粉剂 500 倍	1.08	96.71 b
TT5	60% 二氯异氰尿酸钠可溶粉剂 500 倍	0.00	100.00 a
CK	喷清水	32.87	—

注：表中数值为 3 次重复试验的平均值；同一列中数值后不同小写字母表示处理间（$p<0.05$）差异显著性。

---

① 周龙，杨德荣，曾志伟. 柑橘病虫害的分类分级调查方法 [J]. 特种经济动植物，2020，23（5）：48-52.

十、果疫病

（一）柚树果疫病症状

果疫病主要发生在柚树果实上，可侵染果实的内、外皮及果实。发病初期果皮上出现淡褐色小斑，后病斑迅速扩展呈黑褐色水渍状湿腐，病果果肉松软，海绵状略有韧性，果实剖面呈褐色。在高温高湿条件下，果实腐烂较快，3～5 d便腐烂脱落，潮湿后期病斑有一层白色霉层（图8-12）。

（二）柚树果疫病病原及其发生规律

1. 果疫病病原

张培花等[1] 从柚子病果中分离获得12个疫霉菌株，经鉴定确定柚子果疫病的病原为柑橘褐腐疫霉［*Phytophthora citrophthora*（R. et E. Smith Leon）］。

成家壮等[2] 用 *Phytophthora citrophthora* 试验菌株在CA培养基

图8-12　柚树果疫病症状

上，菌落呈花瓣状或棉絮状，气生菌丝较少或中等，粗6～8 μm，一般为7 μm左右，未见菌丝膨大体，亦未见厚垣孢子。孢囊梗简单合轴分枝、不规则分枝或不分枝；孢子囊倒梨形、卵形或不规则形，基部钝圆，大小为（28.4～62.8）μm×（26.8～38.1）μm，平均48.8 μm×30.5 μm，长宽比平均为1.6，乳突明显，一般1个，少部分2个，高度3.5～6.2 μm，平均4.7 μm；排孢孔5.2～8.7 μm，平均5.5 μm；孢子囊不脱落。与标准菌配对培养，未见有性器官产生。菌丝生长温度最高32℃，最低12 ℃，最适14～28 ℃。

---

① 张培花, 高俊燕, 岳建强, 等. 瑞丽市柚子果疫病的发生及其病原鉴定 [J]. 云南农业大学学报, 2009, 24（3）：465-469.
② 成家壮, 韦小燕, 范怀忠. 广东柑橘疫霉研究 [J]. 华南农业大学学报, 2004（2）：31-33.

2. 果疫病发病规律

瑞丽果园 6 月开始发病，7 ~ 9 月为发病盛期。高温多雨、湿度大的气候条件容易发病，果实成熟前，如遇连续雨天发病更重，若防治不及时，会增加贮藏果的腐烂率。

（三）柚树果疫病的防治

1. 加强柚园管理

6 ~ 8 月是瑞丽雨水较为集中的月份，是果疫病发病最重的时期，所以，在建园时，要设计好排水沟等硬件设施，确保雨季来临时柚园能及时排出积水，防止果园积水诱发果疫病发生。

2. 合理布局种植密度

对平地或缓坡地种植密度应为 4 m×5 m，即每 667 m² 种植 33 株；坡地或台地种植密度应为 3 m×4 m 的规格，即每 667 m² 种植 56 株，或 3.5 m×4 m 的规格，每 667 m² 种植 48 株。合理布局种植密度，能增加柚园通风透光能力，减少果疫病的发生。

3. 加强冬季清园管理

在冬季清园时，要确保病虫枝全部剪除，和其他修剪下来的枝条一起移到柚园外烧毁。同时按照"石灰∶硫黄∶食盐 =10∶5∶0.5"的配方熬制石硫合剂，均匀涂抹整个柚园的柚树主干，并全园喷施 1 次保护性杀菌剂（如代森锰锌、百菌清等）。

4. 科学施肥

根据柚树不同物候期的需肥规律，进行科学施肥（参考第三章柚树的施肥管理），提高树体抗病能力。

5. 化学防治

在 6 月中下旬，喷施农药进行预防，发病初期及时喷施下列农药进行防治：25% 甲霜灵可湿性粉剂、50% 多菌灵可湿性粉剂、25% 烯酰吗啉可湿性粉剂、75% 百菌清可湿性粉剂、58% 甲霜灵·锰锌可湿性粉剂。

（四）果疫病的防治药剂筛选试验

1. 试验条件及试验方案

项目组在弄岛柚园（23°52′N、97°42′E）开展试验，每隔一垄选出5棵柚树为1个小区，隔离垄作为小区保护行，随机排列区组，试验设5个处理（表8-17），重复3次，共15个小区。主要目的是筛选柚树果疫病的防治药剂。

表 8-17　柚树果疫病试验方案

处理	杀菌剂及其用量
TT1	25% 甲霜灵可湿性粉剂 500 倍
TT2	50% 多菌灵可湿性粉剂 600 倍
TT3	58% 甲霜灵·锰锌可湿性粉剂 600 倍
TT4	25% 烯酰吗啉可湿性粉剂 500 倍
TT5	25% 烯酰吗啉可湿性粉剂 500 倍 + 75% 百菌清可湿性粉剂 1 000 倍
CK	喷清水

2. 施药

2020年6月10日第1次喷药，6月25日第2次喷药，7月10日第3次喷药。用背负式电动喷雾器，将药液均匀喷施到柚树果实上及叶片正、反面。

3. 药效调查与分析

第3次喷施药剂之后10 d进行调查，共调查1次，主要调查果实。依据周龙等[1]提出的"柑橘病虫害的分类分级调查方法"、叶（果）病斑分级方法以及计算公式，进行调查、分级，计算病情指数和相对防效，采用 Excel 2010、IBM SPSS Statistics 24.0 软件进行数据的初步处理和分析，并用 Duncan 法和 LSD 法进行处理间差异显著性检验（表8-18）。

试验表明，TT5 处理（25% 烯酰吗啉可湿性粉剂 500 倍 + 75% 百菌清可湿性粉剂 1 000 倍）对果疫病的防效为96.29%，达到显著水平。防效依次为 TT5>TT3>TT4>TT1>TT2。在柚树种植中，推荐用 25% 烯酰吗啉可湿性粉剂 500 倍 +75% 百菌清可湿性粉剂 1 000 倍、25% 烯酰吗啉可湿性粉剂 500 倍、58% 甲霜灵·锰锌可湿性粉剂 600 倍交替使用。

---

① 周龙，杨德荣，曾志伟. 柑橘病虫害的分类分级调查方法 [J]. 特种经济动植物，2020，23（5）：48-52.

表 8-18 试验药剂对柚树果疫病的防治效果

处理	杀菌剂及其用量	病情指数	防治效果 / %
TT1	25% 甲霜灵可湿性粉剂 500 倍	2.75	68.10 c
TT2	50% 多菌灵可湿性粉剂 600 倍	3.45	59.98 d
TT3	58% 甲霜灵·锰锌可湿性粉剂 600 倍	1.29	85.03 b
TT4	25% 烯酰吗啉可湿性粉剂 500 倍	1.32	84.69 b
TT5	25% 烯酰吗啉可湿性粉剂 500 倍 + 75% 百菌清可湿性粉剂 1 000 倍	0.32	96.29 a
CK	喷清水	8.62	——

注：表中数值为 3 次重复的平均值；同一列中数值后不同小写字母表示处理间（$p < 0.05$）差异显著性。

十一、脚腐病

（一）柚树脚腐病的症状

柚树脚腐病，也叫"裙腐病"，成年柚树发病时，主干基部腐烂，病部不规则，先是外皮变褐腐烂，后腐烂渐深及木质部，发出酒糟臭味，并流出褐色胶状物。潮湿情况下，病部也生稀疏的白色霉层（图 8-13 左）。发病轻时，侧枝干以上的叶片变黄逐渐死亡。当腐烂部环绕 1 周时，柚树叶片变黄色，大量脱落，逐渐枯死，严重影响柚树的栽培。柚园的一个普遍现象是：若脚腐病发病情况严重，果疫病发病情况也会严重。

脚腐病引发果疫病造成的损失

图 8-13 柚树脚腐病症状

（二）脚腐病病原及其发病规律

1. 脚腐病病原

主要病原为柑橘褐腐疫霉［*Phytophthora citrophthora*（R. et E. Smith

Leon）〕和烟草疫霉（*Phytophthora nicotianae* van）2 种，均属假菌界卵菌门。

柑橘褐疫霉：孢子囊变异很大，近球形、卵形、椭圆形、长椭圆形至不规则形，孢子囊具乳突，大多 1 个，常可见到 2 个，大多明显可见，厚度 4 μm 左右；孢子囊脱落具短柄，平均长度 ≤ 5 μm。异宗配合。藏卵器球形，壁光滑，一般不易产生。雄器下位。

2. 脚腐病发病规律

菌丝体在土壤中越冬，也可以卵孢子在土壤中越冬，翌年条件适宜时病部产生孢子囊，借风雨传播，侵入后，经 3 d 潜育即发病以后病部又产生大量孢子进行再侵染，致病害扩展。雨季、湿度大易发病。若柚树结果期阴雨连绵，易引发果疫病，引起大量落果、烂果，地势低洼的柚园落果、烂果严重。瑞丽某低洼地带 10 亩（约 6 667 m²）柚园，烂果超过 10 000 个（图 8-13 右）。

（三）脚腐病防治方法

①建园时，要选择地势稍高、土质疏松、排水良好的地方建园。

②科学施肥，使柚树长势强盛，增强树体抗病力。

③化学防治。

发病前期，用下列农药稀释后喷淋树体及根部 1 次，预防脚腐病的发生；发病初期用下列农药稀释后喷淋树体及根部 2 ~ 3 次，每隔 10 d 喷淋 1 次：33%腐殖钠·铜水剂 300 ~ 500 倍、68.75%噁酮·锰锌水分散粒剂 1 200 倍、44% 精甲·百菌清悬浮剂 600 倍液、560 g/L 嘧菌·百菌清悬浮剂 700 倍液。

脚腐病症状可见时，将腐烂皮层刮除，并刮掉病部周围健全组织 0.5 ~ 1 cm，然后于切口处涂抹 3.3% 腐殖钠·铜膏剂原药，5 ~ 10 d 涂 1 次，直到柚树康复。

| 第三节 |
柚树虫害识别与防治

柚园害虫主要有蚜虫、红蜘蛛及黄蜘蛛、潜叶蛾、卷叶蛾、凤蝶、锈壁虱、象鼻虫、蚧壳虫、同型巴蜗牛、木虱、橘大绿蝽、柑橘蓟马[①]、粉虱、花蕾蛆等。

一、蚜虫

项目组通过连续的田间调查发现，危害柚树的蚜虫有棉蚜（*Aphis gossypii* Glover）、绣线菊蚜（*Aphis citricolavander* Goot）、橘蚜（*Toxoptera citricidus*）、橘二叉蚜（*Toxoptera aurantii*）、豆蚜（*Aphis craccivora*）。橘蚜和绣线菊蚜全年可见，橘蚜为优势种，对柚树的危害最大，柚树抽发春、夏、秋梢时为橘蚜虫害发生高峰期。本小节主要以橘蚜虫为例介绍柚树蚜虫虫害的识别与防治。

（一）橘蚜形态特征及危害

1. 橘蚜形态特征

橘蚜，属同翅目蚜科，又名腻虫、橘蚜。橘蚜成虫如图 8-14 所示。无翅孤雌蚜体宽，卵圆形，长 × 宽为 2.0 mm × 1.3 mm。体呈黑色，有光泽，复眼呈红黑色。喙呈黑色，粗大。体背网纹近六角形，腹网纹横长，腹部缘片表面有微锯齿。前胸和腹部第 1、第 7 节有乳头状瘤。中胸腹叉有短柄。触角长 1.7 mm 有瓦纹。腹管长 0.36 mm，长筒形，上有刺突组成的瓦纹。有翅孤雌蚜体长卵形，长 × 宽为 2.1 mm × 1 mm。头、胸部为黑色，腹节背面，第 1 节有细横带，第 3 至第 6 节有对大绿斑，腹管前斑大后斑小。触角呈黑色，第 3 节上有圆形感觉圈 11 ~ 17 个，翅脉为褐色，前翅中脉分三叉，翅痣呈淡黄色。无翅雄蚜与无翅孤雌蚜相似，体呈深褐色，后足胫节特别膨大，触角第 5 节端部仅有 1 个感觉圈。有翅雄蚜与有翅孤雌蚜相似，雌触角第 3 节上有感觉圈 45 个，第 4 节 27 个，第

[①] 杨德荣，曾志伟，周龙. 柚树高产栽培技术（系列）Ⅶ：植物保护 [J]. 南方农业，2019，13（13）：17-23.

5 节 14 个，第 6 节 5 个。

橘蚜卵。椭圆形，呈淡黄色至黑色。长 0.6 mm。

橘蚜若蚜。体呈黑褐色，复眼为红黑色，分有翅、无翅两型。有翅型在三四龄时长出翅芽，呈土黄色，末龄体长 2.2 mm。

橘蚜以卵或成虫形态越冬，

图 8-14　橘蚜成虫

3 月下旬至 4 月上旬越冬卵孵化为无翅若蚜为害春梢嫩枝、叶，若蚜成熟后便胎生幼蚜，虫口急剧增加于春梢成熟前达到危害高峰。

2. 橘蚜危害

橘蚜 8、9 月为害秋梢嫩芽、嫩枝，影响柚树翌年产量，春末夏初和秋初繁殖最快，达到危害高峰。橘蚜繁殖最适温度 24 ~ 27 ℃，高温久雨环境死亡率高、寿命短。低温也不利于该虫的发生。干旱气温较高该虫发生早而严重。枝梢、叶片老熟或虫口密度过大等环境条件不适宜时，就会产生有翅蚜，迁飞到其他植株上继续繁殖为害。若虫蜕皮 4 次变为成虫。一代历期 42 ~ 55 d，平均 106 d。每头雌蚜能胎生幼蚜 5 ~ 68 头，最多达 93 头。有翅雌蚜和雄蚜于秋末冬初的 11 月下旬发生。交配后产卵越冬。

橘蚜幼、若蚜和成蚜群集在柚树嫩芽、嫩梢、花和花蕾与幼果上吸食危害，使新叶卷缩、畸形，并分泌大量蜜露，诱发煤烟病，有橘蚜吸毒传播柑橘衰退病的报道。

（二）橘蚜的防治

1. 农业防治

夏、冬修剪时，剪除被害及有虫、卵的枝梢，刮除大枝上越冬的虫、卵，消灭越冬虫源，夏、秋梢抽发时，结合摘心和抹芽，去除零星新梢，从而打断其食物链，以减少虫源，剪除全部冬梢和晚秋梢，以消除其上越冬的虫口，压低过冬虫口基数。

2. 保护利用天敌

已知蚜虫的橘蚜天敌近 200 种，其中瓢虫、草蛉、食蚜蝇、寄生蜂和寄生菌等都是很有效的天敌，在柚园内尽可能的采用挑治涂干等方法防治，以保护利用天敌。春夏柚园蚜虫盛发时，可从麦田、油菜地搜集瓢虫、草蛉和蚜茧蜂、小蜂等释放到柚园，进行生物防治。

3. 药剂防治

在柚树新梢有蚜率 25% 左右时，选用下列农药挑治或统防：1% 蛇床子素水乳剂、1.8% 阿维菌素乳油、50% 噻嗪酮悬浮剂、20% 啶虫脒可溶性粉剂、70% 吡虫啉水分散粒剂、30% 噻虫嗪悬浮剂、5% 高效氯氰菊酯微乳剂、25 g/L 高效氯氟氰菊酯乳油。

（三）防治橘蚜的药剂筛选

1. 试验条件及试验方案

项目组在弄岛柚园（23°52′N、97°42′E）开展试验，每隔一垄选出 10 棵柚树为 1 个小区，隔离垄作为小区保护行，随机排列区组，试验设 5 个处理（表 8-19），重复 3 次，共 15 个小区，共 150 棵树。主要目的是筛选柚树蚜虫的防治药剂。

2. 施药

2020 年 8 月 5 日喷药，共喷药 1 次。用背负式电动喷雾器，将药液均匀喷施到柚树叶片正、反面。

表 8-19　柚树蚜虫防治试验方案

处理	杀虫剂及其用量
TT1	1% 蛇床子素水乳剂 350 倍
TT2	1.8% 阿维菌素乳油 1 000 倍
TT3	50% 噻嗪酮悬浮剂 1 600 倍
TT4	30% 噻虫嗪悬浮剂 4 000 倍
TT5	70% 吡虫啉水分散粒剂 10 000 倍
CK	喷清水

3. 药效调查与分析

每小区定点调查 3 株，每株选择东、南、西、北、中 5 个枝条，每枝从顶部向下调查 20 片叶片，记载叶片上蚜虫的数量。在药前和药后 5 d、15 d 进行调查，共调查 3 次，依据公式（8-5）和（8-6）计算虫口减退率和防治效果，采用 Excel 2010、IBM SPSS Statistics 24.0 软件进行数据的初步处理和分析，并用 Duncan 法和 LSD 法进行处理间差异显著性检验（表 8-20）。

$$\text{虫口减退率（\%）} = \frac{\text{药前虫口基数} - \text{药后虫口数}}{\text{药前虫口数}} \times 100 \quad\cdots\cdots\quad (8\text{-}5)$$

$$\text{防治效果（\%）} = \frac{\text{处理区虫口减退率} - \text{CK 虫口数减退率}}{100 - \text{CK 虫口数减退率}} \times 100 \quad\cdots\cdots\quad (8\text{-}6)$$

4. 试验药剂筛选结果

试验表明（表 8-20），在施药后 5 d，个处理的差异不显著。施药后 15 d，TT5（70% 吡虫啉水分散粒剂 10 000 倍）的防治效果为 96.96%，达到显著水平，TT3（50% 噻嗪酮悬浮剂 1 600 倍）和 TT4（30% 噻虫嗪悬浮剂 4 000 倍）防治效果最低，分别为 89.42% 和 89.02%。

试验结果，TT5>TT1>TT2>TT3>TT4，在柚树蚜虫防治中，推荐 70% 吡虫啉水分散粒剂、1% 蛇床子素水乳剂、1.8% 阿维菌素乳油交替使用。

表 8-20　试验药剂对柚树蚜虫的防治效果

处理	杀菌剂及其用量	防治效果 / %	
		施药后 5 d 调查	施药后 15 d 调查
TT1	1% 蛇床子素水乳剂 350 倍	86.50 a	92.78 b
TT2	1.8% 阿维菌素乳油 1000 倍	86.53 a	91.02 bc
TT3	50% 噻嗪酮悬浮剂 1600 倍	86.09 a	89.42 d
TT4	30% 噻虫嗪悬浮剂 4000 倍	84.28 ab	89.02 d
TT5	70% 吡虫啉水分散粒剂 10 000 倍	84.81 ab	96.96 a
CK	喷清水	—	—

注：表中数据为 3 次重复试验的平均值；同一列中数值后不同小写字母表示处理间（$p<0.05$）差异显著性。

二、红蜘蛛及黄蜘蛛

（一）红蜘蛛

危害柚树的柑橘红蜘蛛又名柑橘全爪螨、柑橘红叶螨、瘤皮红蜘蛛，属蛛形纲蜱螨目叶螨科。

1. 成螨

雌成螨体长约 0.39 mm，宽约 0.26 mm，近椭圆形，深红色，背面有 13 对瘤状小突起，每一突起上长有 1 根白色刚毛，足 4 对。雄成螨鲜红色，体稍小（图8-15 左）。

图 8-15　红蜘蛛及黄蜘蛛的形态特征及其危害症状

2. 卵

扁球形，直径约 0.13 mm，鲜红色，有光泽，顶部有一垂直的长柄，柄端有 10 ~ 12 根向四周辐射的细丝，可附着于叶片上。

3. 幼螨和若螨

幼螨体长约 0.2 mm，淡红色，有足 3 对，体背着生刚毛 16 根。若螨形色似成螨，但体形略小，有足 4 对，前若螨（一龄若螨）体长 0.2 ~ 0.25 mm，后若螨 0.25 ~ 0.3 mm。

（二）黄蜘蛛

危害柚树的柑橘黄蜘蛛又名柑橘始叶螨、四斑黄蜘蛛、柑橘黄东方叶螨，属蛛形纲真螨目，叶螨科。

1. 成螨

雌螨卵圆形，长 0.3 ~ 0.4 mm，宽约 2 mm，黄色至橙黄色，背部稍隆起，具平行状细肤纹。体背有 1 对橘红色眼点，两侧有 4 块多角形黑斑。有胸足 4 对，足胫节具刚毛 9 根，跗节近侧刚毛 5 根；足二胫节刚毛 8 根，跗节近侧有刚毛 3 根；爪退化成短条状，端部具黏毛 1 对，爪间突端部分裂成大小相仿的 3 对刺。雄螨尾部稍尖，体呈菱形，长约 0.3 mm，宽约 0.15 mm，与雌螨同色（图 8-15 右）。

2. 幼螨和若螨

幼螨近圆形，长约 0.18 mm，淡黄色，有足 3 对。若螨体形与成螨相似稍小，具胸足 4 对。

（三）红蜘蛛及黄蜘蛛的危害

红蜘蛛及黄蜘蛛以口针刺破柚树叶片、嫩枝和果实的表皮，吸取汁液。红蜘蛛 1 年危害集中于两个时期，4 ~ 6 月和 9 ~ 11 月，被害柚树叶片轻者在柚树叶片表面产生许多灰白色小点，重者整个叶片呈灰白色，并引起大量落叶；黄蜘蛛 1 年危害集中于两个时期，4 ~ 5 月和 10 ~ 11 月，被害柚树叶片主脉周围褪绿形成黄色斑块，嫩叶被害后扭曲畸形，严重时出现落叶、落花、落果乃至嫩梢枯死（图 8-15）。

（四）红蜘蛛及黄蜘蛛的防治

1. 清园

一般可在 12 月上旬前进行冬季清园，在翌年 2 月下旬进行春季清园。

在越冬卵孵化前清理残枝、枯叶和树皮，降低虫源；根据红蜘蛛 / 黄蜘蛛越冬卵孵化规律和孵化后首先在杂草上取食繁殖的习性，清除地面杂草，使红蜘蛛 / 黄蜘蛛因找不到食物而死亡，减少虫源基数。

2. 农业防治

加强肥培管理，增强树势；结合冬季修剪剪除被害的僵叶；合理间种矮秆植物如豆科植物、花生等，既可改良土壤质地，又有利于益虫、益菌的生长。

3. 生物防治

为保护利用天敌，田间可种植藿香蓟、大豆、印度豇豆、豌豆和紫云英等植物，也可实行生草栽培。田间可释放胡瓜钝绥螨等捕食螨，以螨治螨。

4. 化学防治

（1）清园时的防治

在春季清园后，春梢萌芽前喷施 0.8 ~ 1° Bé 石硫合剂或 99% 矿物油乳油。

（2）其他时期的防治

应选择虫口发生初期喷药防治，选用杀卵力较强的杀螨剂，喷施药剂要轮换使用，喷药时应注意雾滴要细，且柚树叶片正反面均匀喷湿，不要漏喷。可选药剂有：29% 石硫合剂水剂、240 g/L 螺螨酯悬浮剂、5% 阿维菌素乳油、20% 乙螨唑悬浮剂、30% 乙唑螨腈悬浮剂、28% 阿维·螺螨酯悬浮剂、15% 阿维·乙螨唑悬浮剂、5% 噻螨酮乳油、25% 三唑锡可湿性粉剂、20% 哒螨灵可湿性粉剂、20% 甲氰菊酯乳油、50 g/L 氟虫脲可分散液剂、25 g/L 联苯菊酯乳油、25% 单甲脒盐酸盐水剂、50% 丁醚脲悬浮剂。

（五）防治红蜘蛛 / 黄蜘蛛的药剂筛选

1. 试验条件及试验方案

项目组在弄岛柚园（23° 52′ N、97° 42′ E）开展试验，每隔一垄选出 10 棵柚树为 1 个小区，隔离垄作为小区保护行，随机排列区组，试验设 5 个处理（表 8-21），重复 3 次，共 15 个小区，共 150 棵树。主要目的是筛选柚树红蜘蛛 / 黄蜘蛛的防治药剂，试验区未见黄蜘蛛，以红蜘蛛为主。

2. 施药方法和时间

2020 年 3 月 14 日喷药，共喷药 1 次。用背负式电动喷雾器，将药液均匀喷施到柚树叶片正、反面。

3. 药效调查与分析

在施药前 1 d，药后 5d、15 d、25 d 各调查 1 次活螨数，共调查 4 次，每小区随机抽取 2 棵柚树调查，每棵东、南、西、北 4 个方位各查 2 片叶，记录活螨数。

表 8-21　柚树红蜘蛛 / 黄蜘蛛防治试验方案

处理	杀虫剂及其用量
TT1	30% 乙唑螨腈悬浮剂 500 倍
TT2	15% 阿维·乙螨唑悬浮剂 600 倍
TT3	28% 阿维·螺螨酯悬浮剂 5 000 倍
TT4	5% 阿维菌素乳油 500 倍
TT5	50% 丁醚脲悬浮剂 3 000 倍
CK	喷清水

依据公式（8-7）计算防治效果，采用 Excel 2010、IBM SPSS Statistics 24.0 软件进行数据的初步处理和分析，并用 Duncan 法和 LSD 法进行处理间差异显著性检验（表 8-22）。

$$防治效果（\%）= \left(1 - \frac{CK_0 \text{活螨数} \times PT_1 \text{活螨数}}{CK_1 \text{活螨数} \times PT_0 \text{活螨数}}\right) \times 100 \quad \cdots\cdots\cdots\cdots\cdots\cdots \quad （8\text{-}7）$$

式中，CK_0 为对照区药前；PT_0 为处理区药前；CK_1 为对照区药后；PT_1 为处理区药后。

从表 8-22 可以看出：施药后第 5 d，防治效果 TT5>TT1>TT2>TT3>TT4，TT5 达到显著水平，施药后 5 d 防治效果 TT5（50% 丁醚脲悬浮剂 3 000 倍）处理最好，但 15 d、25 d 后的防治效果表现一般，可能是 50% 丁醚脲悬浮剂对红蜘蛛卵的杀灭作用不理想造成的。TT2（15% 阿维·乙螨唑悬浮剂 600 倍）和 TT3（28% 阿维·螺螨酯悬浮剂 5 000 倍）处理的后期表现都不错，15 d 后 TT2 处理达到显著水平，25 d 后 TT3 处理达到显著水平。TT5（5% 阿维菌素乳油 500 倍）处理到 25 d 后防治效果最差，可能是 5% 阿维菌素乳油对红蜘蛛的卵作用差造成的。

在柚树种植中，建议 28% 阿维·螺螨酯悬浮剂、15% 阿维·乙螨唑悬浮剂、50% 丁醚脲悬浮剂等药剂交替使用。

表8-22 试验药剂对柚树红蜘蛛的防治效果

处理	药前螨密度/头	药后螨密度及防治效果					
		5 d		15 d		25 d	
		活螨数	防效/%	活螨数	防效/%	活螨数	防效/%
TT1	52.00	13.00	77.60 b	10.00	82.12 ab	9.00	78.17 d
TT2	35.00	9.00	76.96 bc	4.00	89.37 a	2.00	92.79 b
TT3	65.00	17.00	76.56 bc	12.00	82.84 ab	3.00	94.18 a
TT4	48.00	13.60	74.61 c	10.00	80.63 bc	8.00	78.97 d
TT5	67.00	15.70	79.00 a	13.00	81.96 bc	9.00	83.05 c
CK	82.00	91.50	—	88.20	—	65.00	—

注：表中数据为3次重复试验的平均值；同一列中数值后不同小写字母表示处理间（$p<0.05$）差异显著性。

三、潜叶蛾

（一）柑橘潜叶蛾形态特征

柑橘潜叶蛾又叫画图虫、潜叶虫、橘潜蛾，属鳞翅目橘潜蛾科，寄主植物仅限于柑橘类，以幼虫蛀入嫩叶表皮，形成弯曲的虫道，导致叶片卷曲、硬化、脱落（图8-16），偶尔也可发现蛀入嫩茎和果实表皮，是危害柑橘夏、秋梢的重要害虫。其为害后所造成的伤口有利于溃疡病菌的侵入，为害造成的卷叶常成为螨类等害虫的越冬和聚居场所。

图8-16 柑橘潜叶蛾

1. 成虫

体长1~1.5 mm，宽约0.4 mm，翅展4~4.2 mm，全体银白色。前翅尖叶形，基部有2条黑褐色纵纹，长度约为翅长的1/2，翅中部有一"Y"形黑纹，后翅针叶形，前后翅均有较长缘毛（图8-16右下）。

2. 卵

椭圆形，无色透明，长 0.3 ~ 0.36 mm，宽 0.2 ~ 0.28 mm。

3. 幼虫

体黄绿色，初孵时长约 0.5 mm，老熟时长约 4 mm。胸、腹部共 13 节，每节背面有 4 个凹孔整齐排列在背中线两侧，足退化，腹末有 1 对较长的尾状物（图 8-16 右上）。

4. 蛹

纺锤形，长约 2.8 mm，宽约 0.56 mm，初呈淡黄色，后变为深褐色，外被一薄层黄褐色茧壳。

（二）发生规律

柑橘潜叶蛾以蛹及少数老熟幼虫在叶片边缘卷曲处越冬。成虫产卵于 0.5 ~ 2.5 cm 长嫩叶背面的主脉两侧，幼虫孵化后潜入叶片表皮下蛀食叶肉。将化蛹的老熟幼虫潜至叶片边缘，将叶卷起，裹住虫体化蛹。柚园 5 月就可见到其为害之状，但以 7 ~ 9 月夏、秋梢抽发期危害最严重。田间世代重叠明显，各代历期随温度变化而异。平均气温 27℃ ~ 29 ℃时，完成一个世代需 13.5 ~ 15.6 d；平均气温为 16.6 ℃时为 42 d。苗木和幼树因抽梢多且不整齐而受害重。

（三）柑橘潜叶蛾与溃疡病的关系

易继平等[1]通过对潜叶蛾百叶虫量、溃疡病发生面积及病情指数等数据的分析发现，柑橘潜叶蛾与溃疡病存在关联关系，集中体现在 4 个方面：①潜叶蛾与溃疡病危害部位上的同步性；②溃疡病沿潜叶蛾虫道延展的同轨性；③年度间和年度内消长规律的同步性；④空间远距离传播的同步性。

基于上述 4 个方面，易继平等提出柑橘潜叶蛾对溃疡病携带式传播的观点，至于是否具有寄生性传播没有研究结论。

---

[1] 易继平，向进，周华众. 柑橘潜叶蛾与柑橘溃疡病的关系研究 [J]. 华中农业大学学报，2019，38（3）：32-38.

（四）防治方法

1. 保护天敌

已报道的潜叶蛾天敌有 10 多种寄生蜂及青虫菌、亚非草蛉和蚂蚁等。其中以白星啮小蜂为优势种。保护天敌，可有效减少柑橘潜叶蛾的危害。

2. 加强栽培管理

冬季和早春剪除有越冬幼虫或蛹的晚秋梢，春季和初夏摘除零星发生的幼虫和蛹。控制肥水，促使柚树抽梢整齐。

3. 化学防治

防治适期为新梢大量抽发，嫩叶长 0.5 ~ 1 cm 时，防治指标为嫩叶受害率在 5% 以上。可选用下列药剂进行防治：10% 吡虫啉可湿性粉剂、5% 阿维菌素乳油、90% 晶体敌百虫、25% 除虫脲可湿性粉剂、24% 灭多威乳油、10% 氯氰菊酯乳油、20% 甲氰菊酯乳油、20% 氯虫苯甲酰胺悬浮剂、3% 啶虫脒乳油、24% 氰氟虫腙悬浮剂、5% 氟铃脲乳油。

（五）防治潜叶蛾的药剂筛选

1. 试验条件及试验方案

项目组在弄岛柚园（23° 52′ N、97° 42′ E）开展试验，每隔一垄选出 10 棵柚树为 1 个小区，隔离垄作为小区保护行，随机排列区组，试验设 5 个处理（表8-23），重复 3 次，共 15 个小区，150 棵树。主要目的是筛选柚树柑橘潜叶蛾的防治药剂。

2. 施药

2020 年 8 月 1 日喷药，共喷药 1 次。用背负式电动喷雾器，将药液均匀喷施到柚树叶片正、反面。

3. 药效调查与分析

每小区定点调查 3 株，每株选择东、南、西、北、中 5 个枝条，每枝从顶部向下调查 6 个叶片，每小区调查 30 个叶片，记录叶片上柑橘潜叶蛾的数量。

表 8-23 柚树柑橘潜叶蛾防治试验方案

处理	杀虫剂及其用量
TT1	20% 氯虫苯甲酰胺悬浮剂 4 500 倍
TT2	3% 啶虫脒乳油 500 倍
TT3	25% 除虫脲可湿性粉剂 800 倍
TT4	5% 阿维菌素乳油 1 500 倍
TT5	5% 氟铃脲乳油 8 000 倍
CK	喷清水

在药前和药后 5 d、15 d 进行调查，共调查 3 次，依据公式（8-5）和（8-6）计算虫口减退率和防治效果，采用 Excel 2010、IBM SPSS Statistics 24.0 软件进行数据的初步处理和分析，并用 Duncan 法和 LSD 法进行处理间差异显著性检验（表 8-24）。

4. 试验药剂筛选结果

从表 8-24 可以看出，施药后 5 d，TT5 处理（5% 氟铃脲乳油 8 000 倍）的防治效果（70.21%）最好，防治效果依次为 TT5>TT1>TT2>TT3>TT4。施药后 15 d，TT1 处理（20% 氯虫苯甲酰胺悬浮剂 4 500 倍）效果最好，达到显著差异，说明 20% 氯虫苯甲酰胺悬浮剂持效性好。施药后 15 d 的防治效果依次为 TT1>TT3>TT4>TT5>TT2。

表 8-24 试验药剂对柚树柑橘潜叶蛾的防治效果

处理	药前虫口数 / 头	5 d			15 d		
		活虫数 / 头	减退率 / %	防效 / %	活虫数 / 头	减退率 / %	防效 / %
TT1	93	34	63.44	65.57 b	8	91.40	93.27 a
TT2	83	35	57.83	60.29 c	18	78.31	83.04 d
TT3	77	33	57.14	59.64 cd	7	90.91	92.89 b
TT4	94	41	56.38	58.92 d	14	85.11	88.35 c
TT5	98	31	68.37	70.21 a	19	80.61	84.83 cd
CK	97	103	−6.19	—	124	−27.84	—

注：表中数据为 3 次重复试验的平均值（虫口数取整数）；同一列中数值后不同小写字母表示处理间（$p<0.05$）差异显著性。

柚树柑橘潜叶蛾的防治，建议用 20% 氯虫苯甲酰胺悬浮剂、25% 除虫脲可湿性粉剂以及 5% 阿维菌素乳油交替使用。

四、卷叶蛾

危害柚树的卷叶蛾有小黄卷叶蛾、拟小黄卷叶蛾、褐带长卷叶蛾等，以小黄卷叶蛾为主。

（一）小黄卷叶蛾形态特征

1. 成虫

体长 6 ~ 8 mm，展翅 16 ~ 20 mm。触角丝状，复眼黑色，前翅近成方形，浅褐色（图 8-17 ④）。

2. 卵

椭圆形，长 0.75 ~ 0.86 mm，卵块呈鱼状形排列，上覆胶质薄膜（图 8-17 ①）。

3. 幼虫

末龄体长约 22 mm，头部及前胸背板、胸足呈黄褐色（图 8-17 ③）。

4. 蛹

椭圆形，长 10 mm，谈黄褐色（图 8-17 ②）。

图 8-17　小黄卷叶蛾

（二）小黄卷叶蛾的危害

初孵幼虫爬至柚树芽顶、枝梢上为害，大部分匿居在芽尖缝处，有的在嫩叶端吐丝卷叶，咀食叶肉。芽下第一叶上虫口数量大，三龄后幼虫常把附近数叶卷结成苞，虫体藏在苞中取食，形成透明枯斑，后食量增加，常转移芽梢继续结新苞为害，每个幼虫可为害 1 ~ 2 个芽梢或 3 ~ 7 片叶子。虫体长大后从上部向下部老叶转移，幼虫老熟后在苞里化蛹。幼虫活泼，三龄后受惊迅速倒退或离苞吐丝下垂转移或落地。旬均温 18 ~ 26 ℃，空气相对湿度高于 80% 有利于发生上述危害。

（三）发生规律

一年发生 4 ~ 6 代，均以低龄幼虫潜藏在树皮裂缝、翘皮下、剪锯口和树杈的缝隙中，以及枯枝叶等场所越冬，部分地区以蛹越冬。越冬幼虫于翌年 3 月中下旬气温 7 ~ 10 ℃时开始为害，4 月上中旬化蛹。

1 ~ 5 代幼虫为害期：1 代为 4 月下旬至 5 月下旬；2 代为 6 月中下旬；3 代7 月中旬至 8 月上旬；4 代 8 月中旬至 9 月上旬；5 代 10 月上旬后至翌年 4 月前。除 1 代发生较整齐外，以后各代有不同程度世代重叠。2 代发生危害最为严重。成虫白天栖息在树丛中，夜间出来活动，傍晚或清晨交尾，清晨把卵产在老叶背面，1 ~ 2 代多产在中下部叶片上，3 代多产在中上部，每雌产卵 2 ~ 4 块，每块 60 ~ 80 粒。

（四）防治方法

1. 加强柚园管理

科学修剪，及时中耕除草，使果园通风透光，可减少小黄卷叶蛾的发生和危害。

2. 物理防治

春季柚树抽梢时，注意捏死初孵幼虫和苞内大幼虫。成虫发生期设置诱虫灯或糖醋液诱杀成虫。

3. 生物防治

（1）保护天敌

小黄卷叶蛾的天敌有赤眼蜂、卷蛾小茧蜂、茶毛虫绒茧蜂、棉褐带卷蛾黄蜂等，保护天敌，可有效降低小黄卷叶蛾的危害。在卵期每亩（约 667 m^2）释放赤眼蜂 8 万 ~ 12 万头，寄生率可达 70% ~ 80%。

（2）生物农药防治

用400亿孢子/g球孢白僵菌可湿性粉剂，在雨湿条件下防治一、二龄幼虫效果显著。

4.化学防治

在一、二龄幼虫盛发期（每棵柚树36头以上），推荐使用下列农药进行防治：80%敌敌畏乳油、90%晶体敌百虫、5%氟虫腈悬浮剂、2.5%溴氰菊酯乳油、2.5%高效氯氰菊酯乳油、10%联苯菊酯乳油、1%甲氨基阿维菌素苯甲酸盐乳油、25%除虫脲可湿性粉剂。

（五）防治小黄卷叶蛾的药剂筛选

1.试验条件及试验方案

项目组在弄岛柚园（23°52′N、97°42′E）开展试验，每隔一垄选出10棵柚树为1个小区，隔离垄作为小区保护行，随机排列区组，试验设5个处理（表8-25），重复3次，共15个小区，150棵树。主要目的是筛选柚树小黄卷叶蛾的防治药剂。

表8-25　柚树小黄卷叶蛾防治试验方案

处理	杀虫剂及其用量
TT1	1%甲氨基阿维菌素苯甲酸盐乳油（简称甲维盐乳油）800倍
TT2	25%除虫脲可湿性粉剂800倍
TT3	10%联苯菊酯乳油3 000倍
TT4	90%晶体敌百虫1 000倍+5%氟虫腈悬浮剂1 000倍
TT5	1%甲维盐乳油1 000倍+2.5%高效氯氰菊酯乳油1 000倍
CK	喷清水

2.施药

2020年6月20日喷药，共喷药1次。用背负式电动喷雾器，将药液均匀喷施到柚树叶片正、反面。

3.药效调查与分析

每小区定点调查3棵，共调查45棵柚树，每棵选择东、南、西、北10个新梢，共调查450个新梢，记录新梢上小黄卷叶蛾的数量。

在药前和药后 5 d、15 d 进行调查，共调查 3 次，依据公式（8-5）和（8-6）计算虫口减退率和防治效果，采用 Excel 2010、IBM SPSS Statistics 24.0 软件进行数据的初步处理和分析，并用 Duncan 法和 LSD 法进行处理间差异显著性检验（表 8-26）。

表 8-26　试验药剂对柚树小黄卷叶蛾的防治效果

处理	药前虫口数 /头	5 d			15 d		
		活虫数 /头	减退率 /%	防效 /%	活虫数 /头	减退率 /%	防效 /%
TT1	232	136	41.38	42.69 bc	47	79.74	80.88 d
TT2	221	129	41.63	42.94 bc	48	78.28	79.50 e
TT3	220	108	50.91	52.01 a	43	80.45	81.55 c
TT4	198	115	41.92	43.22 bc	5	97.47	97.62 b
TT5	225	124	44.89	46.12 b	3	98.67	98.74 a
CK	218	223	−2.29	—	231	−5.96	—

注：表中数据为 3 次重复试验的平均值（虫口数取整数）；同一列中数值后不同小写字母表示处理间（$p<0.05$）差异显著性。

4. 试验药剂筛选结果

从表 8-26 可以看出，施药后 5 d 防治效果都不太理想，TT3 处理（10% 联苯菊酯乳油 3 000 倍）防治效果最好，但仅达到 52.01%；15 d 后调查防治效果，TT5>TT4>TT3>TT1>TT2，TT5 处理（1% 甲维盐乳油 1 000 倍 +2.5% 高效氯氰菊酯乳油 1 000 倍）的防治效果为 98.74%，达到显著差异。

试验证明单剂处理效果不理想，TT3 处理（10% 联苯菊酯乳油 3 000 倍）防治效果最高，仅为 81.55%，TT1（1% 甲氨基阿维菌素苯甲酸盐乳油 800 倍）和 TT2（25% 除虫脲可湿性粉剂 800 倍）处理均不理想。建议在柚树小黄卷叶蛾防治中，进行两种或两种以上的杀虫剂混合使用（参考 TT5 和 TT4 处理）。

五、凤蝶

危害柚树的凤蝶有柑橘凤蝶、玉带凤蝶、达摩凤蝶等，以柑橘凤蝶为主。

柑橘凤蝶又名春凤蝶、橘凤蝶、花椒凤蝶、燕尾蝶等，属鳞翅目凤蝶科，分布广，全国大部分地区均有分布。凤蝶幼虫取食柚树等作物的芽、叶，初龄食成缺刻与孔洞，稍大常将叶片吃光，只残留叶柄。苗木和幼树受害较重。

（一）柑橘凤蝶形态特征

1. 成虫

有春型和夏型种。春型体长 21 ~ 24 mm，翅展 69 ~ 75 mm；夏型体长 27 ~ 30 mm，翅展 91 ~ 105 mm。雌体略大于雄体，色彩不如雄艳，两型翅上斑纹相似，体淡黄绿至暗黄，体背中央有黑色纵带，两侧黄白色。前翅黑色近三角形近外缘有 8 个黄色月牙斑，翅中央从前缘至后缘有 8 个由小渐大的黄斑，中室基半部有 4 条放射状黄色纵纹，端半部有 2 个黄色新月斑。后翅黑色；近外缘有 6 个新月形黄斑，基部有 8 个黄斑臀角处有 1 橙黄色圆斑，斑中心为 1 黑点，有尾突（8-18④）。

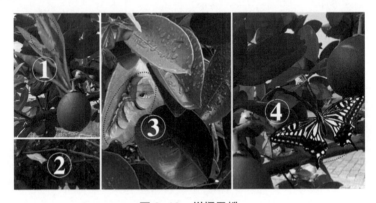

图 8-18　柑橘凤蝶

2. 卵

近球形，直径 1.2 ~ 1.5 mm，初黄色，后变深黄（图 8-18①），孵化前紫灰至黑色。

3. 幼虫

体长 45 mm 左右，绿色，后胸背两侧有眼斑，后胸眼和第一腹节间有蓝黑色带状斑，腹部 4 节和 5 节两侧各有 1 条蓝黑色斜纹分别延伸至 5 节和 6 节背面相交，各体节气门下线处各有 1 白斑。臭腺角橙黄色。一龄幼虫黑色，刺毛多；二至四龄幼虫黑褐色，有白色斜带纹，虫体似鸟粪，体上肉状突起较多（图 8-18③）。

4. 蛹

体长 29 ~ 32 mm，鲜绿色，有褐点，体色常随环境而变化。中胸背突起较长而尖锐，头顶角状突起中间凹入较深。后胸背两侧有眼斑（图 8-18 ②）。

（二）柑橘凤蝶发生规律

一般一年生 3 代左右，以蛹越冬。成虫白天活动，善于飞翔，中午至黄昏前活动最盛，喜食花蜜。卵散产于柚树嫩芽上和叶背，卵期约 7 d。幼虫孵化后先食卵壳，然后食害芽和嫩叶及成叶，共 5 龄，老熟后多在隐蔽处吐丝做垫，以臀足趾钩抓住丝垫，然后吐丝在胸腹间环绕成带，缠在枝干等物上化蛹（缢蛹）越冬。

（三）防治方法

1. 捕杀幼虫和蛹，保护并释放天敌

在柚园捕杀幼虫和蛹，减少危害；柑橘凤蝶的天敌有凤蝶金小蜂和广大腿小蜂等。为保护天敌可将蛹放在纱笼里置于园内，寄生蜂羽化后飞出再行寄生。

2. 生物防治

幼虫期间，用 100 亿 cfu/g 青虫菌可湿性粉剂 800 倍或 100 亿 cfu/g 苏云金杆菌原粉（BT）800 倍喷雾，每隔 10 d 喷 1 次，连续喷 2 次即可。

3. 化学防治

使用 90% 敌百虫晶体、50% 马拉硫磷乳油、50% 杀螟松乳油、25% 除虫脲可湿性粉剂、10% 吡虫啉可湿性粉剂等。

（四）防治柑橘凤蝶的药剂筛选

1. 试验条件及试验方案

项目组在弄岛柚园（23° 52′ N、97° 42′ E）开展试验，每隔一垄选出 10 棵柚树为 1 个小区，隔离垄作为小区保护行，随机排列区组，试验设 5 个处理（表 8-27），重复 3 次，共 15 个小区，150 棵树。主要目的是筛选柚树柑橘凤蝶的防治药剂。

2. 施药

2019 年 4 月 3 日喷药，共喷药 1 次。用背负式电动喷雾器，将药液均匀喷施到柚树叶片正、反面。

表 8-27　柚树柑橘凤蝶防治试验方案

处理	杀虫剂及其用量
TT1	90% 敌百虫晶体 1 000 倍
TT2	50% 马拉硫磷乳油 1 000 倍
TT3	50% 杀螟松乳油 1 000 倍
TT4	25% 除虫脲可湿性粉剂 800 倍液 +90% 敌百虫晶体 1 000 倍
TT5	10% 吡虫啉可湿性粉剂 4 000 倍 +25% 除虫脲可湿性粉剂 1 000 倍
CK	喷清水

3. 药效调查与分析

每小区定点调查 3 棵，共调查 45 棵柚树，每棵选择东、南、西、北 10 个新梢，共调查 450 个新梢，记录新梢上柑橘凤蝶的数量。

在药前和药后 5 d、15 d 进行调查，共调查 3 次，依据公式（8-5）和（8-6）计算虫口减退率和防治效果，采用 Excel 2010、IBM SPSS Statistics 24.0 软件进行数据的初步处理和分析，并用 Duncan 法和 LSD 法进行处理间差异显著性检验（表 8-28）。

4. 试验药剂筛选结果

从表 8-28 可以看出，5 d 和 15 d 均表现出复配剂型处理优于单剂处理。喷药后 5 d 调查，防治效果 TT5>TT4>TT3>TT2>TT1；喷药后 15 d 调查，防治效果 TT5>TT4>TT3>TT1>TT2，且 TT5 处理（10% 吡虫啉可湿性粉剂 4 000 倍 +25% 除虫脲可湿性粉剂 1 000 倍）防治效果为 96.10%，达到显著水平。

表 8-28　试验药剂对柚树柑橘凤蝶的防治效果

处理	药前虫口数 / 头	5 d			15 d		
		活虫数 / 头	减退率 / %	防效 / %	活虫数 / 头	减退率 / %	防效 / %
TT1	23	9	60.87	63.88 e	4	82.61	85.09 d
TT2	21	8	61.90	64.84 de	5	76.19	79.59 e
TT3	25	8	68.00	70.46 c	4	84.00	86.29 c
TT4	24	7	70.83	73.08 b	2	91.67	92.86 b
TT5	22	6	72.73	74.83 a	1	95.45	96.10 a
CK	24	26	−8.33	—	28	−16.67	—

注：表中数据为 3 次重复试验的平均值（虫口数取整数）；同一列中数值后不同小写字母表示处理间（$p < 0.05$）差异显著性。

试验证明，在柚树柑橘凤蝶防治中，应使用复配剂型进行防治，建议 TT4 处理（25% 除虫脲可湿性粉剂 800 倍液 +90% 敌百虫晶体 1 000 倍）和 TT5 处理（10% 吡虫啉可湿性粉剂 4 000 倍 +25% 除虫脲可湿性粉剂 1 000 倍）交替使用。

六、锈壁虱

锈壁虱〔*Phyllocoptruta oleivora*（Ashmead）〕，通常指柑橘锈壁虱，又称柑橘皱叶刺瘿螨、柑橘锈螨、锈蜘蛛等，属蛛形纲蜱螨目瘿螨科，是危害柚树的重要害虫之一。

（一）柑橘锈壁虱形态特征

1. 成螨

雌体长 0.10 ~ 0.15 mm，肉眼不可见，浅黄色，粗短，纺锤形，腹部具许多环纹，背片约 31 个，腹片约 58 个。头胸部背面平滑，足 2 对，前足稍长，腹部末端具长尾毛 1 对（图 8-19）。

2. 卵

圆球形，灰白色，透明有光泽。

3. 若螨

似成螨，体较小，淡黄色，半透明。

（二）柑橘锈壁虱发生规律及危害

1. 发生规律

以成螨在柚树的腋芽、潜叶蛾为害的卷叶内越冬。一般发生 18 ~ 22 代。成螨在翌年春季日均气温上升至 15 ℃左右时（3 月份前后）开始取食和产卵等活动，以后逐渐向新梢迁移，聚集在叶背的主脉两侧为害。5 ~ 6 月迁至果面上为害，7 ~ 9 月为发生盛期，尤以气温 25 ~ 31 ℃时虫口密度增长迅速，11 月气温降到 20 ℃以下时虫口密度减少，12 月气温降到 10 ℃以下时停止发育，并开始越冬。

锈壁虱可借风、昆虫、苗木和从事操作的农具传播。一般上一年发生严重，防治不够彻底，冬季气温偏高，晴天多，柚园管理粗放，树势衰弱的果园发生早而多。柚园的发生分布极不均匀，有"中心虫株"现象。虫口以叶背、果实下方和背阳面居多。

2. 柑橘锈壁虱的危害

柑桔锈壁虱主要以成螨和若螨形态刺吸柚树叶背和果实表面汁液，叶片和果实被害后油胞破裂，叶片呈黑褐色，果实表面粗糙，呈黑褐色或古铜色，失去光泽，影响果实外观和品质；严重被害时，叶背和果面布满灰尘状蜕皮壳，引起大量落叶和落果（图8-19）。

图 8-19　柑橘锈壁虱

（三）防治方法

1. 生物防治

保护和利用汤普森多毛菌、食螨瓢虫、捕食螨、食螨蓟马和草蛉等天敌，可有效降低柑橘锈壁虱的危害。

2. 春季清园

在春季清园后，春梢萌芽前喷施 0.8 ~ 1° Bé 石硫合剂或 99% 矿物油乳油。

3. 化学防治

用放大镜（100 倍以上）检查，一般每叶（果）平均不超过 5 ~ 10 头时进行化学防治，喷施下列杀螨剂：25% 三唑锡可湿性粉剂、20% 螨死净悬浮剂、73% 克螨特乳油、15% 哒螨灵乳油、15% 唑虫酰胺悬浮剂、5% 阿维菌素·虱螨脲乳油、5% 阿维菌素乳油、240 g/L 螺螨酯悬浮剂。

（四）防治柑橘锈壁虱的药剂筛选

1. 试验条件及试验方案

项目组在弄岛柚园玉柚柚子专业合作社的"马蛋缅（缅甸柚）"园区（23°52′N、97°42′E）开展试验，每隔一垄选出 5 棵柚树为 1 个小区，隔离垄作为小区保护行，随机排列区组，试验设 5 个处理（表8-29），重复 3 次，共 15 个小区，75 棵树。

主要目的是筛选柚树柑橘锈壁虱的防治药剂。

2. 施药

2020 年 7 月 25 日喷药，共喷药 1 次。用背负式电动喷雾器，将药液均匀喷施到柚树叶片正、反面。

表 8-29　柚树柑橘锈壁虱防治试验方案

处理	杀虫剂及其用量
TT1	25% 三唑锡可湿性粉剂 1 500 倍
TT2	5% 哒螨灵乳油 2 000 倍
TT3	15% 唑虫酰胺悬浮剂 2 500 倍
TT4	5% 阿维菌素乳油 3 000 倍 +15% 唑虫酰胺悬浮剂 3 000 倍
TT5	5% 阿维菌素乳油 3 000 倍 +240 g/L 螺螨酯悬浮剂 5 000 倍
CK	喷清水

3. 药效调查与分析

每小区定点调查 3 棵，共调查 45 棵柚树，每棵选择东、南、西、北 4 个柚子，共调查 180 个柚子，记录柚子上柑橘锈壁虱的数量。

在药前和药后 5 d、15 d 进行调查，共调查 3 次，依据公式（8-5）和（8-6）计算虫口减退率和防治效果，采用 Excel 2010、IBM SPSS Statistics 24.0 软件进行数据的初步处理和分析，并用 Duncan 法和 LSD 法进行处理间差异显著性检验（表 8-30）。

4. 试验药剂筛选结果

试验结果见表 8-30。

表 8-30　试验药剂对柚树柑橘锈壁虱的防治效果

处理	药前虫口数 / 头	5 d			15 d		
		活虫数 / 头	减退率 / %	防效 / %	活虫数 / 头	减退率 / %	防效 / %
TT1	745	342	54.09	55.70 b	143	80.81	84.06 c
TT2	689	307	55.44	57.00 a	152	77.94	81.68 d
TT3	592	301	49.16	50.93 d	129	78.21	81.90 d
TT4	635	311	51.02	52.73 c	57	91.02	92.54 b
TT5	703	326	53.63	55.25 b	49	93.03	94.21 a

处理	药前虫口数/头	5 d			15 d		
		活虫数/头	减退率/%	防效/%	活虫数/头	减退率/%	防效/%
CK	691	716	−3.62	—	832	−20.41	—

注：表中数据为 3 次重复试验的平均值（虫口数取整数）；同一列中数值后不同小写字母表示处理间（$p < 0.05$）差异显著性。

从表 8-30 可以看出，喷药后 5 d 调查，TT2 处理（5% 哒螨灵乳油 2 000 倍）防治效果最高为 57.00%，各处理防治效果 TT2>TT1>TT5>TT4>TT3；喷药后 15 d 调查 TT5 处理（5% 阿维菌素乳油 3 000 倍 +24 g/L 螺螨酯悬浮剂 5 000 倍）的防治效果为 94.21%，达到显著水平，各处理防治效果 TT5>TT4>TT1>TT3>TT2。

试验表明，在柚树锈壁虱防治中复配剂型防治效果理想，建议 TT4 处理（5% 阿维菌素乳油 3 000 倍 +15% 唑虫酰胺悬浮剂 3 000 倍）和 TT5 处理（5% 阿维菌素乳油 3 000 倍 +240 g / L 螺螨酯悬浮剂 5 000 倍）交替使用。

七、象鼻虫

危害柚树的象鼻虫有大灰象鼻虫、大绿象鼻虫、小绿象鼻虫等，以大绿象鼻虫为主。

大绿象鼻虫（*Hypomeces squamosus* Fabricius）别名绿鳞象甲、蓝绿象、绿绒象虫、棉叶象鼻虫、大绿象虫等，属鞘翅目象甲科，分布广，寄主有柑橘、茶、油茶、棉花、甘蔗、桑树、大豆、花生、玉米、烟和麻等，以成虫食叶成缺刻或孔洞，为害新植柚树叶片，致植株死亡。

（一）大绿象鼻虫形态特征

1. 成虫

体长 15 ~ 18 mm，体黑色，表面密被闪光的粉绿色鳞毛，少数灰色至灰黄色，表面常附有橙黄色粉末而呈黄绿色，有些个体密被灰色或褐色鳞片。头管粗。背面扁平，具纵沟 5 条。触角短粗。复眼明显突出。前胸宽大于长，背面具宽而深的中沟及不规则刻痕。鞘翅上各具 10 行刻点。雌虫胸部盾板茸毛少，较光滑，鞘翅肩角宽于胸部背板后缘，腹部较大；雄虫胸部盾板茸毛多，鞘翅肩角与胸部盾板后缘等宽，腹部较小（图 8–20）。

2. 卵

卵长约 1 mm，卵形，浅黄白色，孵化前暗黑色。

3. 幼虫

末龄幼虫体长 15 ~ 17 mm，体肥大多皱褶，无足，乳白色至黄白色。

4. 蛹

裸蛹长 14 mm 左右，黄白色。

图 8–20　大绿象鼻虫

（二）发生规律

大绿象鼻虫虫害 1 年发生 1 ~ 2 代，以成虫或老熟幼虫越冬。4 ~ 6 月成虫盛发。云南部分地区 6 月进入羽化盛期。成虫白天活动，飞翔力弱，善爬行，有群集性和假死性，出土后爬至柚树枝梢为害嫩叶，能交配多次。卵多单粒散产在叶片上，产卵期 80 多天，每雌产卵 80 多粒。幼虫孵化后钻入土中 10 ~ 13 cm 深处取食杂草或树根。幼虫期 80 d 左右，9 月孵化的长达 200 d。幼虫老熟后在 6 ~ 10 cm 深土中化蛹，蛹期 17 d。杂草多的柚园受害重。

（三）防治方法

1. 农业防治

①及时清除果园内和果园周围杂草，在幼虫期和蛹期进行中耕可杀死部分幼虫和蛹。在成虫出土高峰期人工捕杀。成虫盛发期振动柚树，下面用塑料膜承接后集中烧毁。

②由于大绿象鼻虫的寄主复杂，在间柚园间作或套种作物品种的选择上要注意考虑，如绿豆、花生、大豆、龙眼、等都是大绿象鼻虫喜欢取食的寄主植物，应避免选择，以免加重大绿象鼻虫对柚树的危害。

③在成虫大量出现期，利用大绿象鼻虫的群集性、假死性和先在柚园周围局部发生的习性，于上午 10 时前和下午 5 时后，用盆子装适量水并加入少量煤

油或机油，在有虫株下放置，用手振动树枝，使虫子坠落盆内，以捕杀成虫。或树下铺塑料薄膜，振动树枝使其掉落在薄膜上，收集掉落的成虫集中烧毁，连续两次可基本上消除危害。

2. 物理防治

在 3 ~ 4 月大绿象鼻虫成虫大量上树前，采用对树干涂胶环，防止成虫上树，胶的配制方法：按照"蓖麻油：松香：黄蜡 =20 : 30 : 1"的比例，先将油加温至 100 ℃左右，然后慢慢加松香粉，边加边搅拌，再加入黄蜡，煮拌至完全溶化，冷却后涂胶于柚树干基部，涂胶的宽度 5 ~ 10 cm，环绕树干涂 1 周；当胶环失去黏性后应及时再涂抹；每天将粘在胶环上的成虫取下并集中烧死。

3. 化学防治

对树冠较大的柚树，在虫口密度较大时，采取人工防治比较困难，可以喷施下列农药进行防治，由于大绿象鼻虫有假死性，在喷药时必须对树冠和地面同时喷药，否则会严重影响防治效果。可使用：90% 晶体敌百虫、50% 辛硫磷乳油、20% 速灭杀丁乳油、80% 敌敌畏乳油、2.5% 溴氰菊酯乳油。

八、蚧壳虫

危害柚树的蚧壳虫有红蜡蚧、龟蜡蚧、褐圆蚧、红圆蚧、黄圆蚧、椰圆蚧、糠片蚧、矢尖蚧、长白蚧、吹绵蚧、黑点蚧、柑橘粉蚧、橘小粉蚧、柑橘棉蚧等 14 种，在瑞丽常见的有红圆蚧和柑橘粉蚧两种，其他蚧壳虫时有发生，但不常见。

（一）红圆蚧

红圆蚧（*Aonidiella aurantii* Maskell），又名赤圆蚧壳虫、红圆蹄盾蚧、红肾圆盾蚧或橘红片盾蚧，属同翅目盾蚧科。红圆蚧成虫、若虫群集于柚树枝杆、主干、叶片及果实上吸取汁液，导致树势衰退，幼树枯死，柚子果实品质下降（图 8–21）。

图 8-21　红圆蚧危害症状

1. 形态特征

（1）雌成虫

蚧壳直径 1.8 ~ 2.0 mm，近圆形，橙红色，半透明，隐约可见虫体。壳点两个，橘红色或橙褐色，不透明，位于蚧壳中央，周缘灰褐色，腹蚧壳较完整。雌成虫产卵前的体长 1.0 ~ 1.2 mm，肾脏形，橙黄色。有壳点一个，圆形，橘红色或黄褐色，偏于蚧壳一端。雄成虫体长 1 mm 左右，橙黄色，眼紫色，有触角、足和交尾器。

（2）卵

呈椭圆形，淡黄色至橙色。

（3）若虫

一龄长约 0.6 mm，长椭圆形，橙黄色，有触角和足。二龄时触角和足均消失，近杏仁形，橘黄色，之后逐渐变成肾脏形，橙红色。

2. 发生规律

每年该虫害发生 3 代左右，年积温高的地方发生代数增多。世代重叠明显，主要以老熟若虫及雌成虫越冬。4 月越冬若虫变为成虫。5 月上旬胎生出现，5 月中旬至 6 月为若虫高峰期。胎生若虫在母体下停留几小时至 2 d，才爬出蚧壳，再经 1 ~ 2 d 活动后，才固定下来取食。雌虫以叶片背面较多，雄虫则以叶片正面较多。1 头雌成虫能胎生 60 ~ 100 头若虫。固定后 1 ~ 2 h，即开始分泌蜡质，逐步形成蚧壳。在 28 ℃时，一龄若虫期约 12 d，其中取食时间为 3.5 d，蜕皮时间为 8 d；二龄若虫期约 10 d，其中取食时间为 3.5 d，蜕皮时间为 6 d。若虫在蜕皮时不取食。雌虫蜕皮 2 次，共 3 龄。雄虫蜕皮 1 次，经蛹变为成虫。

（二）柑橘粉蚧

柑橘粉蚧（*Planococcus citri*）又名紫苏粉蚧，属同翅目粉蚧科，分布广。若虫和成虫群集于柚树叶背及果蒂部为害。被危害后的柚树会引起落叶、落花和落果，也有诱发煤烟病的报道（图 8-22）。

图 8-22　柑橘粉蚧

1. 形态特征

（1）成虫

雌成虫，肉黄色，椭圆形，长 3 ~ 4 mm，宽 2 ~ 2.5 mm；背脊隆起，具黑色短毛；体背覆盖白色蜡粉，体缘有 18 对粗而短的白色蜡质刺，末端有 1 对发达的足；产卵时在腹部末端形成白色絮状卵囊。

雄成虫，褐色，长约 1 mm，有翅 1 对，腹部末端有 2 根较长的尾丝。

（2）卵

椭圆形，淡黄色。

（3）若虫

扁平椭圆形。

（4）蛹

长椭圆形，白色。

2. 发生规律

柑橘粉蚧虫害 1 年发生 3 ~ 4 代，以若虫和雌成虫在树皮缝隙及树洞中越冬。4 月中旬羽化为成虫，成虫常在树冠内幼嫩的树叶上活动，卵多产于叶背，常密集呈圆弧形，数粒至数十粒在一起。每个卵囊内有卵 300 ~ 500 粒，重叠成堆。虽有雄虫，但多为孤雌生殖。夏季产卵期为 6 ~ 14 d，卵期 6 ~ 10 d，若虫经 1 个月左右变为成虫。25 ~ 26 ℃温度是生长发育的适宜条件。初孵幼虫爬行不远，多在卵壳附近固定下来，吸食为害，若虫的蜕皮壳遗留在体背上。越冬雌成虫产卵前先固定，逐渐从腹面分泌白色卵囊进行产卵。

第一代若虫盛发期为5月中旬至6月中旬，第二代若虫盛发期为8月上旬至9月上旬，第三代若虫盛发期为9月中旬至10月中旬。

（三）蚧壳虫防治方法

1. 农业防治

合理修剪，剪除病虫枝，并及时清除园圃中的病虫枝条、坏死的枝条，刮除枝干翘皮与病疤、清除草坪的枯草层等，并将其深埋或烧毁，消灭越冬的蚧壳虫，加强栽培管理，恢复和增强树势。

2. 生物防治

保护和利用跳小蜂科和蚜小蜂科等寄生性天敌以及瓢虫科捕食性天敌，是生物防治主要手段。人工释放商品性天敌昆虫时，要充分论证柚园防治其他害虫时使用的药剂是否会对天敌有害。

3. 化学防治

（1）腐蚀性药剂的防治

蚧壳虫之所以难防治，是因为其体表覆盖了一层蜡质介壳，药剂难以达到其体内。所以，在柚树种植实践中，大多采用腐蚀性药剂——29%石硫合剂水剂进行涂抹或喷洒，利用石硫合剂强碱性和腐蚀性的独特功能，将蚧壳虫的外表腐蚀，从而杀死虫体。

松脂合剂、20%松脂酸钠可溶性粉剂等也属于腐蚀性药剂。松脂合剂可以自行熬制，将5份清水在锅内煮沸，把1份纯碱加入水中，碱完全溶化后，再把1.5份松香（磨成粉状）慢慢加入锅中完全溶解后（颜色由棕褐色变成黑褐色），趁热用湿纱布过滤，即成松脂合剂。把松脂合剂稀释10倍喷施柚树可防治蚧壳虫。

（2）窒息性药剂的防治

蚧壳虫尽管被蚧壳完整地包裹着，但总会在蚧壳外围留有通气孔，因而可采用堵塞通气孔使其死亡的方法进行防治。99%矿物油乳油、洗衣粉、生物空气隔离膜等均能堵塞蚧壳虫的通气孔，使其死亡。但是，窒息性药剂的使用要避开柚树嫩梢抽发期。

（3）内吸性药剂的防治

蚧壳虫的生活习性是用其针管状的口器从树体内吸取汁液，因而可将下列内吸性杀虫剂喷洒或涂抹在柚树主干和支干上，让树体汁液内混有大量的药液，从而杀灭蚧壳虫。树干喷洒或涂抹药剂时，也可适当加入有机硅等渗透剂，更进一步提高药剂的渗透力，增强防治效果。具体可使用：70% 吡虫啉可湿性粉剂、25% 吡蚜酮可湿性粉剂、40% 噻虫啉悬浮剂、30% 噻虫胺悬浮剂、25% 噻虫嗪悬浮剂、50% 烯啶虫胺可湿性粉剂、22% 螺虫乙酯悬浮剂。

（4）常规性药剂的防治

在蚧壳虫的孵化盛期、若虫分散转移期或固定后尚未分泌蜡质之前，虫体小、无壳，对药剂极为敏感，且虫体没有分散，便于集中灭杀。该时期可采用下列常规药剂防治：45% 顺式氯氰菊酯微乳剂、5% 高效氯氟氰菊酯微乳剂、65% 噻嗪酮可湿性粉剂、10% 氟啶虫酰胺水分散粒剂。

在清园时，可以适当提高农药的使用浓度，防治效果非常好，喷药后 1 周被危害的柚树树干上的虫块开始脱落。

九、同型巴蜗牛

同型巴蜗牛（*Bradybaena similaris* Ferussac），又名小螺丝、触角螺、蜒蚰螺、刚螺、水牛等，属于软体动物门，腹足纲有肺目巴蜗牛科。柑橘产区均有分布。寄主植物有柑橘、棉花、大豆、苜蓿、蔬菜、花卉以及杂草等，也可取食食用菌及土壤腐殖质等。

（一）形态特征

1. 成虫

体形与颜色多变，扁球形，壳高 12 mm，宽 15 mm，具 5 ~ 6 个螺层，顶部螺层增长稍慢，略膨胀，螺旋部低矮，体部螺层生长迅速，膨大快。贝壳壳质厚而坚实，壳顶较钝，缝合线深，壳面红褐色至黄褐色，具细致而稠密生长线。体螺层周缘及缝合线处常具暗褐色带 1 条，个别见不到。壳口马蹄状，口缘锋利、轴缘向外倾遮住部分脐孔。脐孔小且深，洞穴状（图8-23）。

2. 卵

圆球状，直径约2 mm，初为乳白色，后变浅黄色，近孵化时呈土黄色，具光泽。

图8-23 同型巴蜗牛

（二）发生规律及危害

1. 发生规律

同型巴蜗牛1年发生1代，以成贝在冬作物土中或作物秸秆堆下或以幼贝在冬作物根部土中越冬。翌年4~5月产卵，卵多产在根际湿润疏松的土中或缝隙中、枯叶、石块下，每个成贝可产卵30~235粒，孵化后生活在潮湿草丛中、田埂上、乱石阴暗潮湿的场所，适应性强。

2. 同型巴蜗牛的危害

以成虫、若虫用齿舌刮食柚树嫩叶、嫩枝及果实的皮层。蜗牛边取食边排粪便，分泌出的黏液留在柚树枝干、叶片和果实上，形成一层白色透亮的膜，既污染果品又易招致病害发生。

（三）防治方法

1. 农业防治

（1）加强柚园管理

搞好清园工作，利用地膜覆盖栽培，清洁田园，铲除杂草，排干积水，破坏蜗牛栖息和产卵场所。没有覆盖地膜的柚园，利用蜗牛卵遇到阳光和干燥空气会爆裂的特性，雨后或6月中旬产卵高峰期中耕翻土爆卵。

（2）人工捕杀

蜗牛上树后，白天躲在叶背或者树干背光处，结合果树修剪进行人工捕捉，集中深埋或沤肥。

（3）涂胶捕杀

春季在蜗牛没有上树之前，用粘虫胶涂树干一圈，粘住往上爬行的蜗牛，一段时间清理 1 次被粘住的蜗牛，集中深埋或沤肥。该方法还兼治绿盲蝽等一切靠爬行上树的害虫。

（4）生石灰防治

晴天的傍晚在树盘下撒施适量的生石灰，蜗牛晚上出来活动因接触石灰而死亡。

2. 物理防治

用啤酒、果汁、醋等有特殊气味的食品配制液体，以塑料盆盛装于傍晚放置在果园地面，即可将蜗牛诱集至盆中淹死。

3. 生物防治

（1）保护天敌

避免使用对天敌有害的农药，禁止捕猎鸟类、蜥蜴等天敌动物，可有效减轻蜗牛的危害。

（2）柚园养鸡放鸭

鸡、鸭等家禽也是蜗牛的天敌，有资料显示，一只受过食蜗训练的鸭子，在 3 ~ 5 月可食掉 1.3 万头蜗牛。所以，在柚园适量放养鸡、鸭等家禽，可有效防治蜗牛。

4. 化学防治

（1）碳酸氢铵防治

在 5 ~ 10 月蜗牛活动期，特别是 5 ~ 6 月和 9 ~ 10 月蜗牛取食、产卵高峰期，趁雨后阴天或者小雨间隙蜗牛爬行的关键时期，于傍晚和次日清晨连续在柚园地面、草丛、树干、大枝等喷洒碳酸氢铵（NH_4HCO_3）30 倍液 2 次，蜗牛接触到碳酸氢铵溶液后，失水皱缩而死。

（2）四聚乙醛防治

在柚树根际周围，按每亩(约 667 m^2)500 g 均匀撒施 6% 四聚乙醛颗粒剂防治，效果较为明显。

十、木虱

木虱的防治参见本章第二节柚树病害识别与防治之黄龙病的防治。

十一、橘大绿蝽

橘 大 绿 蝽[*Rhyncholoris humeralis*（Thunberg）] 又名长吻蝽、角肩蝽、橘棘蝽、青蝽蟓、角尖蝽蟓、棱蝽。属半翅目蝽科（图8-24），大多数柑橘产区均有分布，危害柑橘、沙果、梨等果树。

图 8-24 橘大绿蝽

（一）橘大绿蝽形态特征

1. 成虫

体长 18 ~ 24 mm，宽 1 ~ 16 mm，体形随生态环境不同而有差异。活虫与死虫体色也有区别，活虫青绿色，贮存一定时间的标本呈淡黄色、黄褐色或棕黄色，有时稍现红色。

头凸出，口器粗大，喙末端为黑色，向后可伸达腹末。上唇由中叶前端伸出；触角黑色，5 节；复眼黑色，呈半球形突出。前胸背板前缘附近黄绿色，两侧呈角状凸出，并向上翘而角尖后指，侧角刻点粗而黑，背板其他部位刻点细密，后缘中部少数刻点为黑色，其余均同体色。小盾片舌形，绿色，有细刻点。足茶褐色，各足间有强隆脊，其后端成叉状；各足胫节末端及跗节黑色，跗节 3 节，有1 对爪。腹部腹面中央有一明显的纵隆脊，气门旁有一小黑点；各腹节后侧角狭尖，黑色。雄虫腹末生殖节中央不分裂，雌虫分裂，以此区别两性个体。

2. 卵

为圆桶形，长 2.5 mm，灰绿色，底部有胶质可粘于叶上。

3. 若虫

共 5 龄，初孵若虫淡黄色，椭圆形，二龄若虫体赤黄色，腹部背面有 3 个黑斑；三龄若虫触角第四节端部白色；四龄若虫前胸与中胸特别增大，腹部黑斑又增多 2 个；五龄若虫体绿色。

（二）发生规律及危害

1.发生规律

橘大绿蝽在国内橘区一般1年发生1代，以成虫在果树枝叶茂处、屋檐或石隙等荫蔽处越冬。若虫共5龄，若虫期25～39 d。此虫蜕皮时，先以口器插入果实或嫩枝内，然后蜕皮，这点与其他椿象不同。若虫5月出现，7～8月为低龄若虫发生盛期。

2.橘大绿蝽的危害

橘大绿蝽成虫和若虫均以针状口器插入果皮吸取汁液危害柚树果实，无论幼果、成熟果或半腐烂果实均取食，被害果外表一般不形成水渍状，刺孔不易发现（这点可与吸果夜蛾为害状区别），被害部分渐渐变黄，被害果常脱落。

（三）防治方法

1.人工防治

清晨露水未干活动力弱时，人工捕捉栖息于树冠外面叶片上的害虫。5～9月人工摘除未被寄生的叶上卵块。

2.保护、利用天敌

橘大绿蝽的天敌有卵寄生蜂橘棘蝽平腹小蜂、黑卵蜂等，此外，还有一些捕食性天敌，如螳螂、黄猄蚁等捕食若虫及成虫。保护天敌或5～7月在柚园释放商品寄生蜂，可有效减少橘大绿蝽的危害。

3.化学防治

一至二龄若虫盛期，寄生蜂大量羽化前对虫口密度大的柚园用下列农药进行防治：50%氟啶虫胺腈水分散粒剂、50%烯啶虫胺水分散粒剂、25%噻虫嗪水分散粒剂、20%氰戊菊酯乳油、25 g/L联苯菊酯乳油、45%高效氯氰菊酯乳油、40%丙溴磷乳油、20%氟虫腈悬浮剂、90%晶体敌百虫、20%溴虫腈·虫酰肼悬浮剂。

（四）防治橘大绿蝽的药剂筛选

1.试验条件及试验方案

项目组在弄岛柚园（23°52′N、97°42′E）开展试验，每隔一垄选出3棵柚树为 1 个小区,隔离垄作为小区保护行,随机排列区组,试验设 5 个处理(表 8-31),重复 3 次, 共 15 个小区, 45 棵树。主要目的是筛选柚树橘大绿蝽的防治药剂。

2. 施药

2020 年 7 月 25 日喷药, 共喷药 1 次。用背负式电动喷雾器,将药液均匀喷施到柚树叶片和柚子果面。

表 8-31 柚树橘大绿蝽防治试验方案

处理	杀虫剂及其用量
TT1	50% 氟啶虫胺腈水分散粒剂 2 500 倍
TT2	25% 噻虫嗪水分散粒剂 8 000 倍
TT3	25 g/L 联苯菊酯乳油 1 000 倍
TT4	20% 溴虫腈·虫酰肼悬浮剂 800 倍
TT5	90% 晶体敌百虫 1 200 倍
CK	喷清水

3. 药效调查与分析

每小区定点调查 1 棵, 共调查 15 棵柚树,每棵选择东、南、西、北 4 个主枝,调查主枝上的叶片和柚子,记录叶片和柚子上橘大绿蝽的成、若虫数量。

在药前和药后 5 d、15 d 进行调查, 共调查 3 次,依据公式（8-5）和（8-6）计算虫口减退率和防治效果,采用 Excel 2010、IBM SPSS Statistics 24.0 软件进行数据的初步处理和分析,并用 Duncan 法和 LSD 法进行处理间差异显著性检验（表 8-32）。

表 8-32 试验药剂对柚树橘大绿蝽的防治效果

处理	药前虫口数/头	5 d 活虫数/头	5 d 减退率/%	5 d 防效/%	15 d 活虫数/头	15 d 减退率/%	15 d 防效/%
TT1	75	23	69.33	69.78 a	2	97.33	97.48 a
TT2	75	25	66.67	67.15 b	4	94.67	94.96 c
TT3	73	26	64.38	64.90 c	12	83.56	84.47 d
TT4	69	25	63.77	64.29 c	3	95.65	95.89 b
TT5	66	34	48.48	49.23 d	16	75.76	77.10 e
CK	68	69	−1.47	—	72	−5.88	—

注：表中数据为3次重复试验的平均值（虫口数取整数）；同一列中数值后不同小写字母表示处理间（$p<0.05$）差异显著性。

4. 试验药剂筛选结果

从表8-32可以看出，喷药5 d后的防效 TT1 处理（50%氟啶虫胺腈水分散粒剂 2 500 倍）最好，TT5 处理（90%晶体敌百虫 1 200 倍）防治效果最差，所有处理结果 TT1>TT2>TT3>TT4>TT5；喷药15 d后的防效 TT1 处理（50%氟啶虫胺腈水分散粒剂 2 500 倍）保持最好，达到显著水平，TT5 处理（90%晶体敌百虫 1 200 倍）防治效果最差，所有处理结果 TT1>TT4>TT2>TT3>TT5。

在柚树橘大绿蟥的防治中，建议50%氟啶虫胺腈水分散粒剂、20%溴虫腈·虫酰肼悬浮剂以及25%噻虫嗪水分散粒剂交替使用。

十二、柑橘蓟马

柑橘蓟马属缨翅目蓟马科。柑橘蓟马在柑橘产区均有分布，在瑞丽柚子种植区为害严重。

（一）柑橘蓟马形态特征

1. 成虫

纺锤形，体长约 1 mm，淡橙黄色，体表有细毛。触角8节，头部刚毛较长。前翅有纵脉1条，翅上缨毛很细，腹部较圆。

2. 卵

肾脏形，长约 0.18 mm。

3. 幼虫

共2龄，一龄幼虫体小，颜色略淡；二龄幼虫大小与成虫相似，无翅，老熟时琥珀色，椭圆形。幼虫经预蛹（三龄）和蛹（四龄）化为成虫。

（二）发生规律及危害

1. 发生规律

柑橘蓟马在气温较高的地区1年可发生 7 ~ 8 代，以卵在秋梢新叶组织内越冬。翌年 3 ~ 4 月越冬卵孵化为幼虫，在嫩梢和幼果上取食。田间 4 ~ 10 月均可见，但以谢花后至幼果直径 4 ~ 5 cm 期间为害最严重。第一第二代发生较整齐，也是主要的为害世代，以后各代世代重叠明显。一龄幼虫死亡率较高，二龄幼虫是主要的取食虫态。幼虫老熟后在地面或树皮缝隙中化蛹。成虫较活跃，尤以晴天中午活动最盛。成虫将卵产于柚树嫩叶嫩枝和幼果组织内，产卵处呈淡黄色，每雌一生可产卵 25 ~ 75 粒。秋季当气温降至 17 ℃以下时便停止发育。

2. 柑橘蓟马的危害

柑橘蓟马成、幼虫吸食嫩叶、嫩梢和幼果的汁液危害柚树。危害嫩梢花穗时，引起叶片畸形，造成落花落果；危害幼果时，喜欢在幼果的萼片或果蒂周围取食，幼果受害后呈圆弧形白色大斑（图 8-25），形成花斑果，严重影响柚子果实的外观品质，但对内在品质影响不大。

田间观察发现，柑橘蓟马为害重的柚园，畸形果较多，但蓟马危害与柚子果实畸形果的形成是否有关联还需进一步观察研究。

图 8-25 柑橘蓟马危害柚子幼果症状

（三）防治方法

1. 悬挂粘虫板防治

根据蓟马对蓝色趋性较高的特点，可在柚树中上部悬挂蓝色粘虫板，可以粘死部分柑橘蓟马。选用中国农业科学院植物保护研究所研制的新型诱虫板，效果更加显著，因为新型诱虫板是在普通粘虫板上添加了昆虫引诱剂和缓释剂，显著提高了对昆虫的引诱、粘杀作用。

2. 保护天敌

保护钝绥螨、蜘蛛等捕食性天敌，可防治柑橘蓟马。

3. 化学防治

在柚树开花至幼果期，中午在树冠外围用 50 倍放大镜检查花和果实萼片附近的蓟马数量，每周查 1 次。发现有 5% ～ 10% 的花或幼果有虫时，或幼果直径达 18 cm 后有 20% 的果实有虫或受害时，即可喷施下列药剂进行防治：20% 甲氰菊酯乳油、20% 氯戊菊酯乳油、10% 氯氰菊酯乳油、80% 敌敌畏乳油、90% 晶体敌百虫、60 g/L 乙基多杀菌素悬浮剂、48% 多杀菌素悬浮剂、19% 溴氰虫酰胺悬浮剂、15% 高效氯氟氰菊酯悬浮剂、20% 啶虫脒微乳剂、48% 噻虫胺悬浮剂、70% 吡虫啉可分散性粒剂 。

（四）防治柑橘蓟马的药剂筛选

1. 试验条件及试验方案

项目组在弄岛柚园（23°52′N、97°42′E）开展试验，每隔一垄选出 3 棵柚树为 1 个小区，隔离垄作为小区保护行，随机排列区组，试验设 5 个处理（表 8-33），重复 3 次，共 15 个小区，45 棵树。主要目的是筛选柚树柑橘蓟马的防治药剂。

2. 施药

2020 年 5 月 15 日喷药，共喷药 1 次。用背负式电动喷雾器，将药液均匀喷施到柚树叶片和柚子果面。

表 8-33　柚树柑橘蓟马防治试验方案

处理	杀虫剂及其用量
TT1	20% 甲氰菊酯乳油 1 500 倍
TT2	10% 氯氰菊酯乳油 600 倍
TT3	60 g/L 乙基多杀菌素悬浮剂 8 000 倍
TT4	48% 噻虫胺悬浮剂 3 500 倍
TT5	70% 吡虫啉可分散性粒剂 1 200 倍
CK	喷清水

3. 药效调查与分析

每小区定点调查 2 棵，共调查 30 棵柚树，每棵选择东、南、西、北 4 个主枝，调查主枝上的叶片，记录叶片上柑橘蓟马的成、若虫数量。

在药前和药后 5 d、15 d 进行调查，共调查 3 次，依据公式（8-5）和（8-6）计算虫口减退率和防治效果，采用 Excel 2010、IBM SPSS Statistics 24.0 软件进行数据的初步处理和分析，并用 Duncan 法和 LSD 法进行处理间差异显著性检验

（表8-34）。

4.试验药剂筛选结果

实验结果见表8-34。

表8-34 试验药剂对柚树柑橘蓟马的防治效果

处理	药前虫口数/头	5 d			15 d		
		活虫数/头	减退率/%	防效/%	活虫数/头	减退率/%	防效/%
TT1	33	16	51.52	56.13 c	12	63.64	71.21 c
TT2	31	19	38.71	44.55 e	17	45.16	56.59 d
TT3	35	11	68.57	71.56 a	7	80.00	84.17 a
TT4	41	22	46.34	51.45 d	13	68.29	74.90 b
TT5	37	17	54.05	58.43 b	12	67.57	74.32 b
CK	38	42	−10.53	—	48	−26.32	—

注：表中数据为3次重复试验的平均值（虫口数取整数）；同一列中数值后不同小写字母表示处理间（$p<0.05$）差异显著性。

从表8-34可以看出，施药后5 d调查，TT3处理（60 g/L乙基多杀菌素悬浮剂8 000倍）防治效果最高（71.56%），TT2处理（10%氯氰菊酯乳油600倍）防治效果最差（44.55%），所有处理防治效果TT3>TT5>TT1>TT4>TT2。

施药后15 d调查，TT3处理（60 g/L乙基多杀菌素悬浮剂8 000倍）防治效果最高（84.17%），TT2处理（10%氯氰菊酯乳油600倍）防治效果最差（56.59%），所有处理防治效果TT3>TT4>TT5>TT1>TT2。

在柚树柑橘蓟马的防治中，建议60 g/L乙基多杀菌素悬浮剂、48%噻虫胺悬浮剂以及70%吡虫啉可分散性粒剂交替使用。

十三、粉虱

危害柚树的粉虱有柑橘粉虱、黑刺粉虱、黑粉虱等，以柑橘粉虱为主。

图8-26 柑橘粉虱

（一）柑橘粉虱形态特征、发生规律及危害

柑橘粉虱又名橘黄粉虱、柑橘绿粉虱、白粉虱，属同翅目粉虱科，国内各柑橘产区均有分布，局部地区为害严重，寄主有柑橘、栀子、柿、丁香和女贞等。

1. 形态特征

（1）成虫

体呈淡黄绿色，雌虫体长约 1.2 mm，雄虫约 0.96 mm。有翅 2 对，半透明。虫体及翅上均覆盖有蜡质白粉。

（2）卵

淡黄色，椭圆形，长约 0.2 mm，表面光滑，以一短柄附于叶背。

（3）幼虫

共有 4 龄。四龄幼虫体长 0.9 ~ 1.5 mm，体宽 0.7 ~ 1.1 mm，尾沟长 0.15 ~ 0.25 mm。中后胸两侧显著突出。

（4）蛹

大小与四龄幼虫一致，体色由淡黄绿色变为浅黄绿色。

2. 发生规律及危害

柑橘粉虱以高龄幼虫及少数蛹固定在叶片背面越冬。在弄岛柚子园区 1 年发生 2 ~ 3 代，各代若虫分别寄生在春、夏、秋梢嫩叶的背面为害。第一代成虫在 4 月间出现，第二代在 6 月间、第三代在 8 月出现。卵产于叶背面，每雌成虫能产卵 125 粒左右；有孤雌生殖现象，所生后代均为雄虫。

若虫群集嫩叶背吸食汁液，抑制植物及果实发育，并诱致煤烟病，阻碍光合作用，导致树势衰退，严重时可造成叶片畸形和落叶。

（二）防治方法

1. 预测预报

依据当地植保部门对柑橘粉虱虫害的预测预报，适时组织统防联防。弄岛的柚园碎片化非常严重，统防联防难度非常大，导致粉虱的危害比较严重。

2. 农业防治

结合柚树冬春修剪，剪除密生枝、病虫枝，改善通风透光条件，减少越冬虫源；及时铲除柚园杂草和修整防护林，人为破坏害虫栖息的场所；加强肥水管理，合理种植，增强树体的抗性。

3. 生物防治

柑橘粉虱的天敌有粉虱座壳孢菌、扁座壳孢菌、刀角瓢虫、草蛉和多种寄生蜂。在柚园采集已被粉虱座壳孢菌寄生的虫体的枝叶放到有柑橘粉虱为害的柚树上，或人工喷洒粉虱座壳孢子悬浮液均是有效的生物防治手段。

4. 化学防治

各代成虫盛发期于清晨或傍晚喷施下列农药防治柑橘粉虱（黑刺粉虱、黑粉虱的防治方法相同），粉虱防治结束后，要及时防治煤烟病（本章第二节）：90% 敌百虫 800 ~ 1 000 倍液、松脂合剂（松脂合剂的配制参考本节中柑橘粉蚧防治方法中的相关内容）、70% 吡虫啉可湿性粉剂、99% 矿物油乳油、34% 柴油·哒螨灵乳油、22.4% 螺虫乙酯悬浮剂、22% 螺虫·噻虫啉悬浮剂、25% 噻虫嗪水分散粒剂、5% 啶虫脒乳油、200 g/L 溴氰虫酰胺悬浮剂、20% 噻嗪酮可湿性粉剂。

（三）防治柑橘粉虱的药剂筛选

1. 试验条件及试验方案

项目组在弄岛柚园（23°52′N、97°42′E）开展试验，每隔一垄间隔选出 3 棵柚树为 1 个小区，隔离垄作为小区保护行，随机排列区组，试验设 5 个处理（表 8–35），重复 3 次，共 15 个小区，45 棵树。主要目的是筛选柚树柑橘粉虱的防治药剂。

表 8–35　柚树柑橘粉虱防治试验方案

处理	杀虫剂及其用量
TT1	99% 矿物油乳油 150 倍
TT2	5% 啶虫脒乳油 3 000 倍
TT3	22.4% 螺虫乙酯悬浮剂 5 000 倍
TT4	25% 噻虫嗪水分散粒剂 6 000 倍
TT5	70% 吡虫啉可分散性粒剂 1 200 倍
CK	喷清水

2. 施药

2019 年 5 月 10 日喷药，共喷药 1 次。用背负式电动喷雾器，将药液均匀喷施到柚树叶片的正反面。

3. 药效调查与分析

每小区定点调查 2 棵，共调查 30 棵柚树，每棵选择东、南、西、北 4 个主枝标记 1 枝有柑橘粉虱的春梢，每枝调查 5 张被害叶片上成虫和若虫数量，记载叶片上柑橘粉虱的成、若虫数量。

在药前和药后 5 d、15 d 进行调查，共调查 3 次，依据公式（8-5）和（8-6）计算虫口减退率和防治效果，采用 Excel 2010、IBM SPSS Statistics 24.0 软件进行数据的初步处理和分析，并用 Duncan 法和 LSD 法进行处理间差异显著性检验（表 8-36）。

4. 试验药剂筛选结果

从表 8-36 可以看出，施药后 5 d，TT3（22.4% 螺虫乙酯悬浮剂 5000 倍）处理的防治效果达到 72.16%，排第 1 名；TT5（70% 吡虫啉可分散性粒剂 1200 倍）处理防治效果最差；防治效果依次为 TT3>TT1>TT2>TT4>TT5。施药后 15 d 调查，TT1（99% 矿物油乳油 150 倍）处理的防治效果为 95.04%，达到显著水平。TT5（70% 吡虫啉可分散性粒剂 1 200 倍）防效最差。防治效果依次为 TT1>TT3>TT2>TT4>TT5。

在柚树柑橘粉虱的防治中，建议 99% 矿物油乳油、22.4% 螺虫乙酯悬浮剂以及 5% 啶虫脒乳油交替使用。

表 8-36 试验药剂对柚树柑橘粉虱的防治效果

处理	药前虫口数/头	5 d			15 d		
		活虫数/头	减退率/%	防效/%	活虫数/头	减退率/%	防效/%
TT1	137	41	70.07	70.52 b	7	94.89	95.04 a
TT2	140	47	66.43	66.93 c	15	89.29	89.60 c
TT3	138	39	71.74	72.16 a	8	94.20	94.37 ab
TT4	144	54	62.50	63.06 d	16	88.89	89.21 c
TT5	129	52	59.69	60.29 e	18	86.05	86.45 d

处理	药前虫口数 /头	5 d			15 d		
		活虫数 /头	减退率 /%	防效 /%	活虫数 /头	减退率 /%	防效 /%
CK	133	135	−1.50	—	137	−3.01	—

注：表中数据为 3 次重复试验的平均值（虫口数取整数）；同一列中数值后不同小写字母表示处理间（$p<0.05$）差异显著性。

十四、花蕾蛆

花蕾蛆又名柑橘蕾瘿蚊，属双翅目瘿蚊科。柑橘花蕾蛆的寄主植物仅限于柑橘类。花蕾蛆分布很广泛，是柚树花期的重要害虫，以成虫在花蕾直径 2 ~ 3 mm 时，将卵从其顶端产于花蕾中，幼虫为害花器，受害花蕾缩短膨大，花瓣上多有绿点，不能开放授粉（图 8-27），被害率可达

图 8-27　柑橘花蕾蛆危害柚花症状

50% 以上，对产量有很大影响，同时使得果实品质变差。

（一）形态特征

1. 成虫

雌虫体长 1.5 ~ 1.8 mm，翅展 4.2 mm，雄虫体形略小，体形似小蚊，灰黄色或黄褐色，周身密被黑褐色柔软细毛，头偏圆复眼黑色。前翅膜质透明，在强光下有金属闪光，翅相简单。触角 14 节，雌虫为念珠状，各节两端轮生刚毛；雄虫为哑铃形，球部具放射状刚毛和环状毛各 1 圈。翅椭圆形，翅脉简单，翅面密生黑褐色绒毛。腹部可见 8 节，节间都有 1 圈黑褐色粗毛。

2. 卵

长 0.16 mm，长椭圆形，无色透明，卵外有一层胶质，具端丝。

3. 幼虫

老熟幼虫体长 2.8 ~ 3 mm，长纺锤形，橙黄色或乳白色。中胸腹面的 "Y"

形剑骨片前岔深凹，褐色；三龄幼虫腹端具 2 个骨质的圆突起，外围有 3 个小刺。前胸和腹部第一至第八节共有气门 9 对，后气门很发达。

4. 蛹

体长 1.6 ~ 1.8 mm，纺锤形，体表有一层胶质透明的蛹壳，初为乳白色，渐变为黄褐色，近羽化时复眼和翅芽变为黑褐色。触角向后伸到腹部第二节，3 对足伸至第七腹节末端；腹部各节背面前缘有数列毛状物。

（二）发生规律及危害

柑橘花蕾蛆每年发生 1 代，部分地区发生 2 代，以幼虫在土中越冬。柚树现蕾时成虫羽化出土，在地面爬行至适当位置，白天潜伏于地面，夜间活动和产卵。花蕾直径 2 ~ 3 mm 时，顶端松软适于产卵，柑橘花蕾蛆便将卵产在子房周围。

幼虫为害花器使花瓣变厚，花丝和花药呈褐色，并产生大量黏液以增强其对干燥环境的适应力。幼虫在花蕾中生活约 10 d 即爬出花蕾，弹入土中越夏越冬。在柑橘花蕾蛆的生命期中，大多数个体的三龄幼虫和蛹在土中生活约 11.5 个月，其余虫态在地面上生活仅约半个月，而少数脱蕾较早的幼虫入土后不久即化蛹。4 月底进入第二个成虫羽化盛期，飞到开花较迟的柑橘树上繁殖第二代。

幼虫孵化后在子房周围为害，在花蕾内的胶质黏液中异常活跃。出蕾入土多在清晨或阴雨天，借助剑骨片弹跳入 6.5 cm 以内的土层中，一般在树冠周缘内 30 cm 的土中较多，常在 4 月中下旬，入土不久即做茧，幼虫卷缩于其内，至翌年 2 ~ 3 月开始活动，再做新茧化蛹。幼虫抗水能力强可在水中存活 20 d 以上，可随流水传播。

柑橘花蕾蛆对柚树的危害主要是幼虫蛀食花蕾花器，使花蕾变短变大成黄白色灯笼形或其他畸形，受害花蕾不能开放，花瓣变厚有浅绿色斑点，花丝花药成褐色，并产生大量胶质黏液。柑橘花蕾蛆的发生和为害程度与环境关系密切，阴雨有利成虫出土和幼虫入土，此外，阴湿低洼柚园，阴面柚园和荫蔽柚园，沙土均有利于柑橘花蕾蛆的生长。

（三）防治方法

对柑橘花蕾蛆的防治，要利用其在土中越冬的特性，赶在其成虫出土之前，采用地膜覆盖、地面用药的防治方法，把成虫杀死或使其不能上树。另外可结合冬季修剪、清园等措施，减少越冬虫源。

1. 农业防治

利用冬季修剪整园，结合施冬肥开沟翻土，把修剪枝叶移到柚园外烧毁，把杂草翻埋作绿肥，并在清园时喷施 45% 毒死蜱乳油或 50% 辛硫磷乳油，可降低土中越冬虫源基数。2 ~ 3 月（成虫出土前），使用地膜覆盖地面，阻止成虫羽化出土，减少成虫上树产卵。

2. 摘除消灭虫蕾

在危害不严重时，可在幼虫入土前及时摘除受害花蕾，移出园外煮沸或深埋，杀死幼虫，降低虫口基数。

3. 化学防治

在柚树现蕾期，成虫出土后，立即抓紧时间给树冠喷药，可喷施下列农药：90% 敌百虫乳油、10% 氯氰菊酯乳油、50% 辛硫磷乳油、75% 灭蝇胺可湿性粉剂、20% 甲氰菊酯乳油。

第九章

柚树果实品质提升技术

扫码查看
本章高清图片

| 第一节 |
柚树果实品质衡量指标及测定

柚子的品质可用水分含量，可食率，可溶性固形物含量，蔗糖、葡萄糖含量，可滴定酸，维生素 C，果胶，纤维素，木质素含量等作为品质衡量指标，对柚子进行定量评价；通过品尝，用感官指标对柚子进行定性评价。

一、水分含量的测定

柚子果实水分的测定可用直接干燥法测定，直接干燥法的操作步骤如下。

（一）试剂配制

HCl 溶液（6 mol/L）：量取 50 mL 盐酸，加水稀释至 100 mL；NaOH 溶液（6 mol/L）：称取 24 g 氢氧化钠（NaOH），加水溶解并稀释至 100 mL；海砂：取用水洗去泥土的海砂、河砂、石英砂或类似物，先用氯化氢（HCl）溶液（6 mol/L）煮沸 0.5 h，用水洗至中性，再用 NaOH 溶液（6 mol/L）煮沸 0.5 h，用水洗至中性，经 105 ℃干燥备用。

（二）分析步骤

1. 固体试样

取洁净铝制或玻璃制的扁形称量瓶，置于 101 ~ 105 ℃干燥箱中，瓶盖斜支于瓶边加热 1.0 h，取出盖好，置干燥器内冷却 0.5 h，称量，并重复干燥至前后两次质量差不超过 2 mg，即为恒重。将混合均匀的试样迅速磨细至粒径小于 2 mm，不易研磨的样品应尽可能切碎，称取 2 ~ 10 g 试样（精确至 0.000 1 g），放入此称量瓶中，试样厚度不超过 5 mm，如为疏松试样，厚度不超过 10 mm，加盖，精密称量后，置于 101 ~ 105 ℃干燥箱中，瓶盖斜支于瓶边，干燥 2 ~ 4 h 后，盖好取出，放入干燥器内冷却 0.5 h 后称量。然后再放入 101 ~ 105 ℃干燥箱中干燥 1 h 左右，取出，放入干燥器内冷却 0.5 h 后再称量。重复以上操作至前后两次质量差不超过 2 mg，即为恒重（两次恒重值在最后计算中，取质量较小的一次称量值）。

2. 半固体或液体试样

取洁净的称量瓶，内加 10 g 海砂（试验过程中可根据需要适当增加海砂的质量）及一根小玻棒，置于 101 ~ 105 ℃干燥箱中，干燥 1 h 后盖好取出放入干燥器内冷却 0.5 h 后称量。置重复干燥至恒重。然后称取 5 ~ 10 g 试样（精确至 0.000 1 g），置于称量瓶中，用小玻棒搅匀放在沸水浴上蒸干，并随时搅拌，擦去瓶底的水滴，置于 101 ~ 105 ℃干燥箱中干燥 4 h 后盖好取出，放入干燥器内冷却 0.5 h 后称量。然后再放入 101 ~ 105 ℃干燥箱中干燥 1 h 左右，取出，放入干燥器内冷却 0.5 h 后再称量。重复以上操作至前后两次质量差不超过 2 mg，即为恒重。

3. 分析结果的表述

试样中的水分含量，按公式（9-1）计算：

$$X = \frac{m_1 - m_2}{m_1 - m_3} \times 100 \quad\cdots\cdots\cdots\cdots\cdots\cdots\cdots\cdots\cdots\cdots\cdots\cdots\cdots\cdots\cdots\cdots\cdots\quad (9\text{-}1)$$

式中，X 为试样中水分的含量，单位为克每百克（g/100 g）；m_1 为称量瓶（加海砂、玻棒）和试样的质量，单位为克（g）；m_2 为称量瓶（加海砂、玻棒）和试样干燥后的质量，单位为克（g）；m_3 为称量瓶（加海砂、玻棒）的质量，单位为克（g）；100 为单位换算系数。

水分含量 ≥ 1 g/100 g 时，计算结果保留三位有效数字；水分含量 <1 g/100 g 时，计算结果保留两位有效数字。

精密度：在重复性条件下获得的两次独立测定结果的绝对差值不得超过算术平均值的 10%。

二、可食率的测定

柚子果实可食率是描述一个柚子的可食用部分占比的指标，也是消费者挑选柚子的一个重要指标。柚子果实的可食率可用公式（9-2）计算[1]。

---

[1] 黄菁, 高世德, 岳海, 等. 不同抗旱措施对"东试早"柚产量及品质的影响[J]. 中国农学通报, 2015, 31（31）：130-136.

$$可食率 = \frac{全果质量 -（果皮质量＋囊瓣膜质量＋种子质量）}{全果质量} \quad\quad （9-2）$$

黄玲等 [1] 提出基于 GMDH（group method of data handling，数据处理组合）算法，建立模型对柚子可食率进行估测，GMDH 是一种运用多层神经网络原理和自组织结构思想以建立模型的算法，在柚子分级中非常适用。

基于 GMDH 算法估测柚子可食率的基本思想是以被估测柚子的体积和质量为输入，然后构造网络，由系统体积和质量相互交叉组合产生一系列的活动神经元，其中每一个神经元都具有选择最优传递函数的功能，再从已产生的一代神经元中，以可食率误差最小为标准筛选出若干最优的神经元，被选出的神经元经相互结合后再次产生新的神经元，不断地重复这样一个优势遗传、竞争生存和进化的过程，直至新产生的一代神经元所得到的柚子可食率误差比上一代大，表明最优模型已被选出。最优模型就可用于可食率的估测。

三、可溶性固形物含量的测定

柚子果实可溶性固形物（total soluble solid，TSS）是指柚子果实可食用部分中所有能溶解于水的化合物的总称。TSS 主要包括可溶性糖、有机酸等物质，其含量直接影响果实品质及口感；固酸比是果实可溶性固形物含量与总酸含量的比值，可用来评价水果甜酸风味 [2]。可溶性糖包括可溶性单糖、双糖、多糖（除淀粉外，纤维素、几丁质、半纤维素都不溶于水）。

（一）检测方法

用折射仪法进行测定 TSS 的含量 [3]。即用折射仪测定样液的折射率，从显示器或刻度尺上读出样液 TSS 含量，以蔗糖的质量百分比表示。

---

[1]　黄玲，石玉秋，胡波 . 基于 GMDH 算法的柚子可食率估测 [J]. 安徽农业科学, 2010, 38（12）: 6600+6610.
[2]　张伟清，林媚，徐程楠，等 . 柑橘可溶性固形物和总酸含量测定方法比较 [J]. 浙江农业科学, 2019, 60（11）: 2094-2095+2099.
[3]　全国果品标准化技术委员会 . 水果和蔬菜可溶性固形物含量的测定　折射仪法: NY/T 2637—2014[S]. 北京: 中国农业出版社, 2015:1.

（二）仪器设备

折射仪：糖度（Bix）刻度为 0.1%；高速组织捣碎机：转速 10 000 r/min ~ 12 000 r/min；天平：感量 0.01 g。

（三）取样

按《新鲜水果和蔬菜　取样方法》（GB/T 8855—2008）的规定执行。

（四）测定步骤

1. 样液制备

将柚子果实外皮剥开取出囊瓣，去掉囊瓣上的囊衣，以可食部分为样品，切碎、混匀，称取适量试样（含水量高的试样一般称取 250 g，含水量低的试样一般称取 125 g 加入适量蒸馏水），放入高速组织捣碎机中捣碎，用两层擦镜纸或四层纱布挤出匀浆汁液进行测定。

2. 仪器校准

在 20℃条件下，用蒸馏水校准折射仪，将可溶性固形物含量读数调整至 0。环境温度不在 20 ℃时，按表 9-1 中的校正值进行校准。

表 9-1　可溶性固形物（TSS）含量温度校正值

测定温度 / ℃	TSS 含量读数 / %									
	0	5	10	15	20	25	30	35	40	45
10	0.50	0.54	0.58	0.61	0.64	0.66	0.68	0.70	0.72	0.73
11	0.46	0.46	0.53	0.55	0.58	0.60	0.62	0.64	0.65	0.66
12	0.42	0.45	0.48	0.50	0.52	0.54	0.56	0.57	0.58	0.59
13	0.37	0.40	0.42	0.44	0.46	0.48	0.49	0.50	0.51	0.52
15	0.27	0.29	0.31	0.33	0.34	0.34	0.35	0.36	0.37	0.37
16	0.22	0.24	0.25	0.26	0.27	0.28	0.28	0.29	0.30	0.30
17	0.17	0.18	0.19	0.20	0.21	0.21	0.24	0.22	0.22	0.23
18	0.12	0.13	0.13	0.14	0.14	0.14	0.14	0.15	0.15	0.15
19	0.06	0.06	0.06	0.07	0.07	0.07	0.07	0.08	0.08	0.08
21	0.06	0.07	0.07	0.07	0.07	0.08	0.08	0.08	0.08	0.08
22	0.13	0.13	0.14	0.14	0.15	0.15	0.15	0.15	0.15	0.16
23	0.19	0.20	0.21	0.22	0.22	0.23	0.23	0.23	0.23	0.24
24	0.26	0.27	0.28	0.29	0.30	0.30	0.31	0.31	0.31	0.31

测定温度 / ℃	TSS 含量读数 / %									
	0	5	10	15	20	25	30	35	40	45
25	0.33	0.35	0.36	0.37	0.38	0.38	0.39	0.40	0.40	0.40
26	0.40	0.42	0.43	0.44	0.45	0.46	0.47	0.48	0.48	0.48
27	0.48	0.50	0.52	0.53	0.54	0.55	0.55	0.56	0.56	0.56
28	0.56	0.57	0.60	0.61	0.62	0.63	0.63	0.64	0.64	0.64
29	0.64	0.66	0.68	0.69	0.71	0.72	0.72	0.73	0.73	0.73
30	0.72	0.74	0.77	0.78	0.79	0.80	0.80	0.81	0.81	0.81

3. 样液测定

保持测定温度稳定，变幅上下不超过 0.5 ℃，避开强光干扰。用柔软绒布擦净棱镜表面，滴加 2 ~ 3 滴待测样液，使样液均匀分布于整个棱镜表面，对准光源（非数显折射仪应转动消色调节旋钮，使视野分成明暗两部分再转动棱镜旋钮，使明暗分界线适在物镜的十字交叉点上），记录折射仪读数。无温度自动补偿功能的折射仪，需记录测定温度。用蒸馏水和柔软绒布将棱镜表面擦干净。

（五）计算结果

1. 试样 TSS 含量

（1）有温度自动补偿功能的折射仪

未经稀释的试样，折射仪读数即为试样可溶性固形物含量。加蒸馏水稀释过的试样，常温下蒸馏水的质量按 1 g/mL 计，其 TSS 含量按公式（9-3）计算。

$$X = P \times \frac{m_0 + m_0}{m_0} \times 100\% \quad\cdots\cdots\cdots\cdots\cdots\cdots\cdots\cdots\cdots\cdots\cdots\cdots\cdots\cdots \quad （9\text{-}3）$$

式中，X 为样品 TSS 含量；P 为样液可溶性固形物百分含量；m_0 为试样质量，单位为克（g）；m_1 为试样中加入蒸馏水的质量，单位为克（g）。

（2）无温度自动补偿功能的折射仪

根据记录的测定温度，从表 9-1 查出校正值。未经稀释过的试样，测定温度低于 20 ℃时，折射仪读数减去校正值即为试样 TSS 含量；测定温度高于 20 ℃时，折射仪读数加上校正值即为试样 TSS 含量。加蒸馏水稀释过的试样，其可溶性固形物含量按公式（9-3）计算。

2.结果表示

以两次平行测定结果的算术平均值表示，保留一位小数。

3.允许差

同一试样两次平行测定结果的最大允许绝对差，未经稀释的试样为0.5%，稀释过的试样为0.5%乘以稀释倍数（即试样和所加蒸馏水的总质量与试样质量的比值）。

四、蔗糖、葡萄糖含量的测定

柚子果品中蔗糖和葡萄糖含量的测定采用高效液相色谱法[1]，即利用高效液相色谱柱分离，用示差折光检测器或蒸发光散射检测器检测，外标法进行定量测定。

（一）试剂配制

①乙酸锌溶液：称取乙酸锌21.9 g，加冰乙酸3 mL，加水溶解并稀释至100 mL；②亚铁氰化钾溶液：称取亚铁氰化钾10.6 g，加水溶解并稀释至100 mL。

（二）标准品

①葡萄糖（$C_6H_{12}O_6$，CAS号：50-99-7）纯度为99%，或经国家认证并授予标准物质证书的标准物质。②蔗糖（$C_{12}H_{22}O_{11}$，CAS号：57-50-1）纯度为99%，或经国家认证并授予标准物质证书的标准物质。

（三）标准溶液配制

①糖标准贮备液（20 mg/mL）：分别称取上述经过（96±2）℃干燥2 h的葡萄糖、蔗糖各1 g，加水定容于50 mL（密封置于4 ℃环境可贮藏一个月）。②糖标准使用液：分别吸取糖标准贮备液1.0 mL、2.0 mL、3.0 mL、5.0 mL于10 mL容量瓶，加水定容，分别相当于2.0 mg/mL、4.0 mg/mL、6.0 mg/mL、10.0 mg/mL浓度标准溶液。

---

① 中华人民共和国国家卫生健康委员会，国家市场监督管理总局.食品安全国家标准 食品中果糖、葡萄糖、蔗糖、麦芽糖、乳糖的测定 GB 5009.8—2023 [S].北京：中国标准出版社，2023.

（四）仪器和设备

①天平：感量为 0.1 mg。②超声波振荡器。③磁力搅拌器。④离心机：转速 ≥ 4 000 r/min。⑤高效液相色谱仪，带示差折光检测器或蒸发光散射检测器。⑥液相色谱柱：氨基色谱柱，柱长 250 mm，内径 4.6 mm，膜厚 5 μm，或具有同等性能的色谱柱。

（五）试样的制备和保存

1. 试样的制备

（1）固体样品

取有代表性的样品至少 200 g，用粉碎机粉碎，并通过 2.0 mm 圆孔筛，混匀，装入洁净容器，密封，标标记。

（2）半固体和液体样品（除蜂蜜样品外）

取有代表性的样品至少 200 g，充分混匀，装入洁净容器，密封，并标记。

（3）蜂蜜样品

未结晶的样品将其用力搅拌均匀；有结晶析出的样品，可将样品瓶盖塞紧后置于不超过 60 ℃的水浴中温热，待样品全部溶化后，搅匀，迅速冷却至室温以备检验用。在融化时应注意防止水分侵入。

2. 保存

蜂蜜等易变质试样应置于 0 ~ 4 ℃的环境中保存。

（六）分析步骤

1. 样品处理

称取混匀后的试样 1 ~ 2 g（精确到 0.001 g）于 50 mL 容量瓶，加水定容至 50 mL，充分摇匀，用干燥滤纸过滤，弃去初滤液，后续滤液用 0.45 μm 微孔滤膜过滤或离心获取上清液过 0.45 μm 微孔滤膜至样品瓶，供液相色谱分析。

2. 色谱参考条件

色谱条件应当满足葡萄糖、蔗糖之间的分离度大于 1.5。色谱图参见图 9-1。

①流动相：乙腈∶水 =70∶30（体积比）。②流动相流速：1.0 mL/min。③柱温：

40 ℃。④进样量：20 μL。⑤示差折光检测器工作条件：温度 40 ℃。⑥蒸发光散射检测器条件：飘移管温度为 80 ~ 90 ℃，氮气压力为 350 kPa，关闭撞击器。

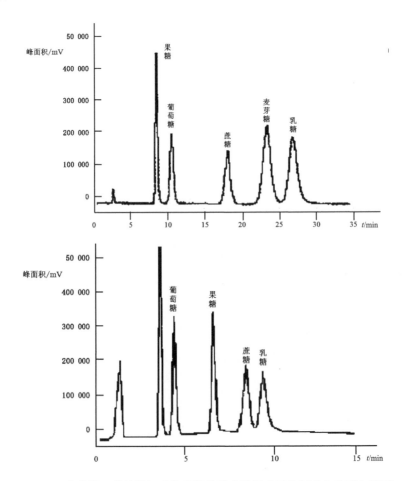

图 9-1　葡萄糖、蔗糖等标准物质的蒸发光散射（示差折光）检测色谱图

3. 标准曲线的制作

将糖标准使用液标准依次按上述推荐色谱条件上机测定，记录色谱图峰面积或峰高，以峰面积或峰高为纵坐标，以标准工作液的浓度为横坐标，示差折光检测器采用线性方程；蒸发光散射检测器采用幂函数方程绘制标准曲线。

4. 试样溶液的测定

将试样溶液注入高效液相色谱仪中，记录峰面积或峰高，从标准曲线中查得试样溶液中糖的浓度。可根据具体试样进行稀释（n）。

5. 空白试验

除不加试样外，均按上述步骤进行。

（七）分析结果的表述

试样中目标物的含量按公式（9-4）计算，计算结果需扣除空白值：

$$X = \frac{\rho - \rho_0 \times V \times n}{m \times 1\,000} \times 100 \quad\cdots\cdots\cdots\cdots\cdots\cdots\cdots\cdots\cdots\cdots\cdots\cdots\cdots\cdots\cdots\cdots \text{（9-4）}$$

式中，X 为试样中糖（葡萄糖、蔗糖）的含量，单位为克每百克（g/100 g）；ρ 为样液中糖的浓度，单位为毫克每毫升（mg/mL）；ρ_0 为空白中糖的浓度，单位为毫克每毫升（mg/mL）；V 为样液定容体积，单位为毫升（mL）；n 为稀释倍数；m 为试样的质量，单位为克（g）或毫升（mL）；1 000 为换算系数；100 为换算系数。

糖的含量 ≥ 10 g/100 g 时，结果保留三位有效数字，糖的含量 <10 g/100 g 时，结果保留两位有效数字。

（八）精密度

在重复条件下获得的两次独立测定结果的绝对差值不得超过算术平均值的10%。

五、可滴定酸的测定

柚子果实的可滴定酸含量是衡量柚子风味的重要指标之一，其测定方法有指示剂滴定法和电位滴定法。李文生等[1]研究表明，应用自动电位滴定仪测定水果中的可滴定酸，操作简便、快速，可以排除手工滴定过程中终点颜色变化判断误差、体积读数误差和不均匀摇动误差，适合于不同种类水果的大批量检测。

（一）试剂及仪器

试剂：氢氧化钠、邻苯二甲酸氢钾、苹果酸、酒石酸、柠檬酸均为分析纯，水为去离子水；仪器：794 型自动电位滴定仪，pH 玻璃电极。

① 李文生，冯晓元，王宝刚，等. 应用自动电位滴定仪测定水果中的可滴定酸[J]. 食品科学，2009，30（4）：247-249.

（二）氢氧化钠溶液的标定

0.1 mol/L 氢氧化钠溶液的标定，将邻苯二甲酸氢钾放入 120 ℃烘箱中约 2 h 至恒重，冷却 25 min，称取三份 0.1 g（精确至 0.000 1 g）置于 100 mL 烧杯中，分别加入 50 mL 水溶解。用 0.1 mol/L 氢氧化钠溶液滴定，计算氢氧化钠溶液标准浓度。在仪器中编辑公式（9-5）。

$$C_{34} = \frac{C_{00}}{EP_1 \times 0.204\ 2} \quad\cdots\cdots\cdots\cdots\cdots\cdots\cdots\cdots\cdots\cdots\cdots\cdots\cdots \text{（9-5）}$$

式中，C_{00} 为邻苯二甲酸氢钾质量（g）；EP_1 为氢氧化钠溶液消耗体积（mL）；0.204 2 为 1 mL 氢氧化钠溶液（1 mol/L）相当的邻苯二甲酸氢钾的克数。

统计值 $n=3$，以等量等当点法（MET）滴定，该方法定义为 TAb，仪器自动将 3 次滴定结果平均后赋值于变量 C_{34}。

（三）样品处理

将柚子果实外皮剥开取出囊瓣，去掉囊瓣上的囊衣，以可食部分为样品，切碎、混匀，称取适量试样放入高速组织捣碎机中捣碎，用两层擦镜纸或四层纱布挤出匀浆汁液，吸取 25 mL 匀浆汁液于 250 mL 容量瓶。

将装样品的容量瓶置 80 ℃水浴锅浸提 30 min，并摇动数次促使溶解，冷却后加水定容至刻度。摇匀，用经水洗过、烘干的脱脂棉过滤。吸取滤液 25 mL 于 100 mL 烧杯，加入 25 mL 水，用 0.1 mol/L 氢氧化钠标准溶液滴定。

（四）样品测定的仪器条件及方法编辑

应用等量等当点滴定模式，等当点判据 EPC=0.2（end point criterion，终点识别标准），等当点确认选最大。每步滴定体积 0.02 mL，终止体积 25 mL，终止 pH 9.5。在仪器中分别编辑方法 TA_2、TA_4、TA_6，以 TA_2 为例，依据公式（9-6）进行编辑。

$$TA_2（\%）= \frac{C_{34} \times EP_1 \times C_{02} \times C_{03} \times C_{04}}{C_{00}} \quad\cdots\cdots\cdots\cdots\cdots\cdots\cdots \text{（9-6）}$$

式中，C_{34} 为 NaOH 标准溶液浓度（mol/L）；EP_1 为滴定终点 NaOH 溶液消耗体积（mL）；C_{02} 为酸转换系数，TA_2 为以苹果酸表示的可滴定酸含量，$C_{02}=0.067$；TA_4 为以酒石酸表示的可滴定酸含量，$C_{02}=0.075$；TA_6 为以柠檬酸表示的可滴定酸含量，C_{02}=0.070；C_{03} 为稀释倍数 =10；C_{04} 为单位转换系数 =100；C_{00} 为试样质量（g），滴定时输入。仪器中 TA_4、TA_6 的编辑方法与 TA_2 大致相同，区别是 C_{02} 的赋值不同。

六、维生素 C 的测定

维生素 C 又叫抗坏血酸（Ascorbic Acid），广泛存在于植物组织，新鲜的水果、蔬菜中含量较多，是一种水溶性小分子生物活性物质，也是人体需要量最大的一种维生素。维生素 C 具有还原性，可以与许多氧化剂发生氧化还原反应，因此可以利用其还原性测定维生素 C 的含量，其检测方法较多，但高效液相色谱法（HPLC）较为常用，因为 HPLC 具有检测速度快、操作简单、实验结果可靠等特点[1]。

（一）试剂配制

①偏磷酸溶液（200 g/L）：称取 200 g（精确至 0.1 g）偏磷酸（含量以 HPO_3 计，≥ 38%），溶于水并稀释至 1 L，此溶液在 4 ℃的环境下可保存一个月。

②偏磷酸溶液（20 g/L）：量取 50 mL 200 g/L 偏磷酸溶液，用水稀释至 500 mL。

③磷酸三钠溶液（100 g/L）：称取 100 g（精确至 0.1 g）磷酸三钠，溶于水并稀释至 1 L。

④L– 半胱氨酸溶液（40 g/L）：称取 4 g L– 半胱氨酸，溶于水并稀释至 100 mL。临用时配制。

（二）标准品

①L（+）– 抗坏血酸标准品（$C_6H_8O_6$）：纯度≥ 99%。

②D（+）– 抗坏血酸（异抗坏血酸）标准品（$C_6H_8O_6$）：纯度≥ 99%。

（三）标准溶液配制

①L（+）– 抗坏血酸标准贮备溶液（1.000 mg/mL）：准确称取 L（+）– 抗

---

① 谷雪贤 . 蔬果中维生素 C 含量的检测方法 [J]. 广东化工，2010，37（7）：98+106.

坏血酸标准品 0.01 g（精确至 0.01 mg），用 20 g/L 的偏磷酸溶液定容至 10 mL。该贮备液在 2 ~ 8 ℃避光条件下可保存一周。

②D（+）–抗坏血酸标准贮备溶液（1.000 mg/mL）：准确称取 D（+）–抗坏血酸标准品 0.01 g（精确至 0.01 mg），用 20 g/L 的偏磷酸溶液定容至 10 mL。该贮备液在 2 ~ 8 ℃避光条件下可保存一周。

③抗坏血酸混合标准系列工作液：分别吸取 L（+）–抗坏血酸和 D（+）–抗坏血酸标准贮备液 0 mL，0.05 mL，0.50 mL，1.0 mL，2.5 mL，5.0 mL，用 20 g/L 的偏磷酸溶液定容至 100 mL。标准系列工作液中 L（+）–抗坏血酸和 D（+）–抗坏血酸的浓度分别为 0 μg/mL，0.5 μg/mL，5.0 μg/mL，10.0 μg/mL，25.0 μg/mL，50.0 μg/mL。临用时配制。

（四）仪器和设备

①液相色谱仪：配有二极管阵列检测器或紫外检测器。②pH 计：精度为 0.01。③天平：感量为 0.1 g，1 mg，0.01 mg。④超声波清洗器。⑤离心机：转速 ≥ 4 000 r/min。⑥均质机。⑦滤膜：0.45 μm 水相膜。⑧振荡器。

（五）分析步骤

1. 试样制备

水果、蔬菜及其制品或其他固体样品：取 100 g 左右样品加入等质量 20 g/L 的偏磷酸溶液，经均质机均质并混合均匀后，应立即测定。

2. 试样溶液的制备

称取相对于样品约 0.5 ~ 2 g（精确至 0.001 g）混合均匀的固体试样或匀浆试样，或吸取 2 ~ 10 mL 液体试样［使所取试样含 L（+）–抗坏血酸约 0.03 ~ 6 mg］于 50 mL 烧杯中，用 20 g/L 的偏磷酸溶液将试样转移至 50 mL 容量瓶中，震摇溶解并定容。摇匀，全部转移至 50 mL 离心管中，超声提取 5 min 后，于 4 000 r/min 离心 5 min，取上清液过 0.45 μm 水相滤膜，滤液待测［由此试液可同时分别测定试样中 L（+）–抗坏血酸和 D（+）–抗坏血酸的含量］。

3. 试样溶液的还原

准确吸取 20 mL 上述离心后的上清液于 50 mL 离心管中，加入 10 mL 40 g/L

的 L- 半胱氨酸溶液，用 100 g/L 磷酸三钠溶液调节 pH 至 7.0 ~ 7.2，以 200 次 / min 振荡 5 min。再用磷酸调节 pH 至 2.5 ~ 2.8，用水将试液全部转移至 50 mL 容量瓶中，并定容至刻度。混匀后取此试液过 0.45 μm 水相滤膜后待测〔由此试液可测定试样中包括脱氢型的 L（+）- 抗坏血酸总量〕。

若试样含有增稠剂，可准确吸取 4 mL 经 L- 半胱氨酸溶液还原的试液，再准确加入 1 mL 甲醇，混匀后过 0.45 μm 滤膜后待测。

（六）仪器参考条件

①色谱柱：C18 柱，柱长 250 mm，内径 4.6 mm，粒径 5 μm，或同等性能的色谱柱。②检测器：二极管阵列检测器或紫外检测器。③流动相：A 为 6.8 g 磷酸二氢钾和 0.91 g 十六烷基三甲基溴化铵，用水溶解并定容至 1 L（用磷酸调 pH 至 2.5 ~ 2.8）；B 为 10% 甲醇，按 A：B=98：2 混合，过 0.45 μm 滤膜，超声脱气。④流速：0.7 mL/min。⑤检测波长：245 nm。⑥柱温：25 ℃。⑦进样量：20 μL。

（七）样品测定

1. 标准曲线制作

分别对抗坏血酸混合标准系列工作溶液进行测定，以 L（+）- 抗坏血酸〔或 D（+）- 抗坏血酸〕标准溶液的质量浓度（μg/mL）为横坐标，L（+）- 抗坏血酸〔或 D（+）- 抗坏血酸〕的峰高或峰面积为纵坐标，绘制标准曲线或计算回归方程。L（+）- 抗坏血酸、D（+）- 抗坏血酸标准色谱图参见图 9-2。

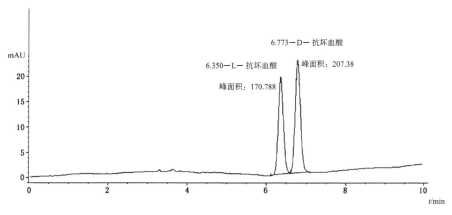

图 9-2 L（+）- 抗坏血酸、D（+）- 抗坏血酸标准色谱图

2. 试样溶液的测定

对试样溶液进行测定,根据标准曲线得到测定液中 L(+)-抗坏血酸[或 D(+)-抗坏血酸]的浓度(μg/mL)。

3. 空白试验

空白试验指,是指对不含待测物质的样品用与实际样品相同的操作步骤进行的试验。

4. 分析结果的表述

试样中 L(+)-抗坏血酸[或 D(+)-抗坏血酸]的含量和 L(+)-抗坏血酸总量以毫克每百克表示,按公式(9-7)计算。

$$X = \frac{(C_1 - C_0) \times V}{m \times 1\,000} \times F \times 100 \quad\cdots\cdots\cdots\cdots\cdots\cdots\cdots\cdots\cdots\cdots\cdots\cdots \quad (9\text{-}7)$$

式中,X 为试样中 L(+)-抗坏血酸[或 D(+)-抗坏血酸、L(+)-抗坏血酸总量]的含量,单位为毫克每百克(mg/100 g);C_1 为样液中 L(+)-抗坏血酸[或 D(+)-抗坏血酸]的质量浓度,单位为微克每毫升(μg/mL);C_0 为样品空白液中 L(+)-抗坏血酸[或 D(+)-抗坏血酸]的质量浓度,单位为微克每毫升(μg/mL);V 为试样的最后定容体积,单位为毫升(mL);m 为实际检测试样质量,单位克(g);1 000 为换算系数(由 μg/mL 换算成 mg/mL 的换算因子);F 为稀释倍数(若使用第 266 页第 3 点中的还原步骤时,即为 2.5;若使用第 266 页第 3 点中的甲醇沉淀步骤时,即为 1.25);100 为换算系数(由 mg/g 换算成 mg/100 g 的换算因子)。

计算结果以重复性条件下获得的两次独立测定结果的算术平均值表示,结果保留三位有效数字。

(八)精密度

在重复性条件下获得的两次独立测定结果的绝对差值不得超过算术平均值的 10%。

七、果胶的测定

柚子果实中果胶含量的测定，依据《水果及其制品中果胶含量的测定 分光光度法》（NY/T 2016—2011）测定，检出限 0.02 g/100 g。

八、纤维素的测定

柚子果实中纤维素含量的测定，依据《植物类食品中粗纤维的测定》（GB/T 5009.10—2003）测定。

九、木质素的测定

柚子果实中木质素含量的测定，依据《熟黄(红)麻木质素测定 硫酸法》（NY/T 2337—2013）测定。

十、柚树果实感官评分

感官评分是人为将柚子感官品质进行多维度划分，并制定相应评分标准，依据评分标准通过人为主观评分的一种评价手段。结合柚子果品自身特性，从异味、苦味、香味、酸度、甜度、汁胞硬度、含汁量、化渣性、风味等多个维度进行评价，同时引入全国果品巨头百果园"四度一味一安全"理念，增加新鲜度的感官评价，形成柚子果实感官评分标准（表9-2）[1]。

评价小组成员可由 5 名非柚子种植志愿者、3 ~ 5 名资深柚子种植基地负责人以及 3 ~ 5 名当地柚子种植专家组成，随机分号标记各处理柚子，评价小组根据评分标准评分。

表 9-2　柚子感官评价标准（0 ~ 100 分）

类别	评价标准	感官得分
I	酸甜适合，不苦不麻无异味，柑橘清香，化渣鲜嫩，汁胞饱满，风味较佳	80 ~ 100
II	酸甜适合，不苦不麻无异味，香气减淡，化渣鲜嫩，汁胞饱满，风味适宜	60 ~ 80

---

[1] OBENLAND D, COLLIN S, SIEVERT J, et al. Commercial packing and storage of navel oranges alters aroma volatiles and reduces flavor quality[J]. Postharvest biology and technology, 2008, 47（2）: 159-167.

类别	评价标准	感官得分
Ⅲ	酸甜偏淡，不苦不麻无异味，香气减淡，化渣，汁胞稍硬，风味一般	40～60
Ⅳ	微酸微苦，无香气，微异味，汁胞偏硬，梢木质化，无新鲜感，化渣性差，风味差	20～40
Ⅴ	酸甜无味，苦麻有异味，木质化严重，汁胞粘结，寡水味，无风味	0～20

| 第二节 |

柚树果实品质提升的具体措施

一、柚树果实品质标准

根据国家农业行业标准：《柑橘等级规格》（NY/T 1190—2006），从果皮光滑度（雹伤、日灼、干疤）、单果油斑、菌迹、药迹以及是否水肿、枯水、浮皮等进行外观等级分级，并结合柚子果品内在品质（糖度、酸度以及维生素C含量等）进行深入分级，制定柚树果实品质标准（表9-3）。

表9-3　柚树果实品质标准

指标名称		指标要求		
		特等品	优等品	合格品
外观	色泽	淡绿色或橙黄色，色泽均匀		
	果形	果形端正、整齐高度		
	果面缺陷	果面要求光滑；无雹伤、日灼、干疤；允许单果有轻微油斑、菌迹、药迹等缺陷。单果斑点≤2个，单果斑点直径≤2.0 mm	果面较光滑；无雹伤；允许单果有轻微日灼、干疤、油斑、菌迹、药迹等缺陷。单果斑点≤4个，单果斑点直径≤2.5 mm	果面较光洁；允许单果有轻微雹伤、日灼、干疤、油斑、菌迹、药迹等缺陷。单果斑点≤6个，单果斑点直径≤4.0 mm
风味	感官评价/分	≥90	≥75	≥55

指标名称		指标要求		
		特等品	优等品	合格品
理化指标	水分 / %	≥ 90	≥ 88	≥ 85
	可食率 /	≥ 55	≥ 50	≥ 45
	果汁可溶性固形物 / %	10.3 ~ 10.7	9.8 ~ 10.2	8.8 ~ 9.7
	可滴定酸 / %	0.32 ~ 0.43	0.44 ~ 0.55	> 0.55
	固酸比	23 ~ 32	17 ~ 22	11 ~ 16
	蔗糖 / $[g \cdot (100\,g)^{-1}]$	≥ 7.5	≥ 7.0	≥ 6.5
	葡萄糖 / $[g \cdot (100\,g)^{-1}]$	≥ 0.90	≥ 0.80	≥ 0.70
	维生素 $[C / mg \cdot (100\,g)^{-1}]$	≥ 50	≥ 40	≥ 30
	果胶[※] / $(g \cdot kg^{-1})$	≥ 7.0	≥ 6.0	≥ 5.0
	纤维素[※] / %	≤ 0.4	≤ 0.5	≤ 0.6
	木质素[※] / %	≤ 8.0	≤ 10.0	≤ 11.0

注：※ 为选择性指标。

二、通过植物生长调节剂和生物刺激素提升柚子品质

（一）植物生长调节剂和生物刺激素

叶片作为植物体重要的信号感受器官，可直接感受外界环境的变化，从而通过相应的信号传导途径调控植物的生长发育[①]，所以，我们可以对柚树叶片喷施植物生长调节剂和生物刺激素来提升柚子的品质。常用的植物生长调节剂有：赤霉素（GAs）、萘乙酸（NAA）、2,4- 二氯苯氧乙酸（2,4-D）、乙烯利（CEPA）[②]以及芸苔素内酯（BR）、氯吡脲（KT-30）等。生物刺激素一般包括：腐殖酸、甲壳素和壳聚糖衍生物、海藻提取物、抗蒸腾剂、游离氨基酸、复合有机物质、有益化学元素以及非有机矿物质（包含亚磷酸酯）等 8 大类[③]。

（二）柚树叶面喷施植物生长调节剂和生物刺激素的方法

应用植物生长调节剂和生物刺激素喷施柚树叶片提升柚子品质，由于受喷施

① 赵曙良，魏亚蓉，庞宏光，等. 喷施植物生长调节剂及摘叶对梨树花芽分化的影响 [J]. 中国果树，2020（3）：61-64+141.
② 王贵元，王东，王金山 . 常见植物生长调节剂在柑橘中的应用及注意的问题 [J]. 现代农业，2010（8）：22-24.
③ 杨德荣，李进平，曾志伟，等. YCB 系列新型肥料的开发与应用 [J]. 云南化工，2017，44（8）：19-21+24.

浓度、喷施时间、喷施次数等因素以及不同的柚子品种和不同种植区域的影响，存在一定风险，所以，须进行严格的试验示范后才能大面积推广应用。项目组以瑞丽水晶蜜柚为研究对象，开展田间试验，得到了植物生长调节剂和生物刺激素喷施柚树叶片提升柚子品质的相关数据①，现简述如下。

1. 试验设计

本试验供试柚子品种为已种植 5 年的水晶蜜柚［Citrus maxima （Burm）Merr.］，大田设 8 个叶面喷施处理，分别为 CK：空白对照（清水）；T1：0.1% 氯吡脲；T2：20% 赤霉酸；T3：0.015% 芸苔素内酯；T4：99% α–萘乙酸钠；T5：海藻精；T6：海藻多糖；T7：海藻酸，每个处理重复 3 次，共计 24 个小区。每个小区选取树势一致、长势健壮的柚树 4 株进行试验，种植密度为 660 株·hm^{-2}，株距为 3 m，行距为 5 m，起垄栽培，垄高 0.40 m，沟宽 0.40 m，垄宽 0.40 m。整个试验过程中各处理共进行 2 次叶面喷施（2019 年 5 月 14 日和 2019 年 6 月 28 日），试验详细情况及供试药剂情况见表 9-4。全年施肥、中耕、培土、修剪、除草及病虫害防治等田间管理措施均保持一致，共施肥 4 次，分别是冬肥、春肥、壮果肥和采果肥。

表 9-4　不同处理试验设置

处理	试验内容	试验安排	材料来源
CK	空白对照（清水）		—
T1	0.1% 氯吡脲 100 倍		四川施特优化工有限公司，水剂
T2	20% 赤霉酸 2 000 倍	2019 年 5 月 14 日（膨果初期）2019 年 6 月 28 日（膨果期）2 kg/ 株	美商华仑生物科学公司，可溶性粉剂
T3	0.015% 芸苔素内酯 2 000 倍		潍坊市沃丰生物肥料有限公司，水剂
T4	99% α–萘乙酸钠 200 000 倍		广州市林国化肥有限公司，粉剂
T5	海藻精 800 倍		青岛海大生物集团有限公司，粉剂
T6	海藻多糖 800 倍		青岛海大生物集团有限公司，粉剂
T7	海藻酸 800 倍		广东岩志生物科技有限公司，液剂

2. 样品采集及测定方法

柚子成熟期（2019 年 9 月 20 日）自树冠上、中、下、内和外不同着生部分每株采摘 5 个柚子，每个小区柚子采摘后进行混合后按四分法缩分，每个重复最

---

① 周龙，汤利，杨德荣. 叶面喷施生物调节剂对水晶柚果实品质的影响 [J]. 热带作物学报，2021，42（5）：1361-1370.

终选定 10 个果实作为 1 份果实样本。

烘干法测定果实含水量，果实可溶性固形物采用手持数显糖量计（日本，PAL-1）测定，可滴定酸采用氢氧化钠中和滴定法测定，维生素 C 采用 2,6- 二氯靛酚滴定法测定。蔗糖和葡萄糖（GB5009.8—2016）以及柠檬酸和苹果酸（GB5009.157—2016）使用 Agilent 1260 高效液相色谱仪进行测定。果胶含量采用 NY/T 2016—2011 测定，纤维素含量根据 GB/T 5009.10—2003 测定，果实木质素采用 NY/T 2337—2013 测定。

此外，均匀取出部分果实样品先在 105 ℃烘箱中杀青 30 min，并于 75 ℃条件下恒温烘干，粉碎，过 20 目筛，用于果实矿质元素含量测定。果实氮磷钾含量使用硫酸 - 过氧化氢消解，凯氏定氮法测定全氮、比色法测定全磷、火焰光度法测定全钾，果实中微量元素（Ca、Mg、Fe、Cu、Zn、Ni）测定采用干灰化原子吸收光度计测定。

3. 统计分析

数据处理和分析采用 Excel 2013、IBM SPSS Statistics 24.0 软件，运用 LSD 进行处理间差异显著性检验。主成分分析和聚类分析采用 IBM SPSS Statistics 24.0 软件进行，邻接树法（aggregated boosted tree，ABT）分析用 R 语言中的"gbmplus"程序包进行处理，描述多个因子对某一因子单独的解释量。

4. 试验结果

（1）不同处理对柚子品质的影响

从图 9-3 可看出，柚子叶面喷施植物生长调节剂和生物刺激素可明显增加柚子可溶性固形物含量和可滴定酸含量。不同处理下柚子果实可溶性固形物含量在 8.2% ~ 9.9% 之间，平均为 9.2%，植物生长调节剂均显著增加柚子可溶性固形物，而生物刺激素中仅 T7 处理（海藻酸）显著促进柚子可溶性固形物含量，相比于 CK 处理，T1、T2、T3、T4 和 T7 处理显著增加柚子可溶性固形物，分别增加 13.1%、11.9%、17.9%、15.5% 和 16.7%（$p < 0.05$），T5、T6 处理对柚子可溶性固形物无显著影响。

同时，叶面喷施植物生长调节剂和生物刺激素也增加柚子可滴定酸含量，不同处理下柚子可滴定酸含量在 0.45% ~ 0.56% 之间，平均为 0.51%，T1、

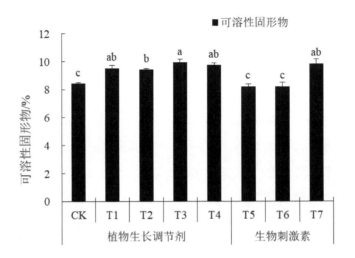

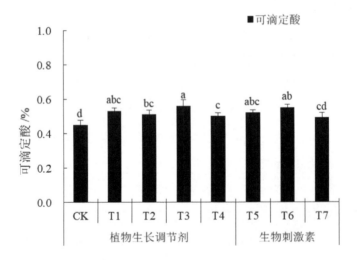

图 9-3 不同处理对柚子可溶性固形物、可滴定酸与维生素 C 含量的影响

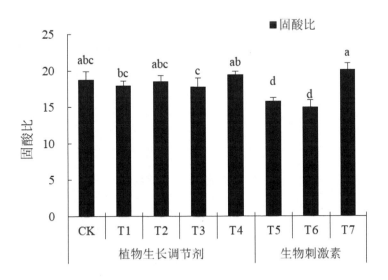

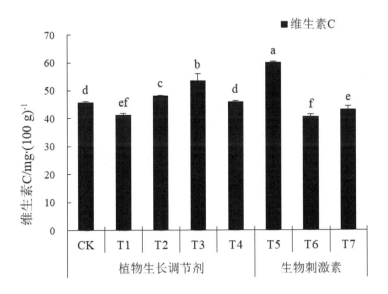

图 9-3 不同处理对柚子可溶性固形物、可滴定酸与维生素 C 含量的影响（续）

T2、T3、T4、T5 和 T6 处理相对于 CK 处理柚子可滴定酸含量分别增加 17.8%、13.3%、24.4%、11.1%、15.6% 和 22.2%，差异显著（$p < 0.05$）。

不同处理下柚子固酸比在 14.93 ~ 20.03 之间，除 T5 和 T6 处理显著降低柚子固酸比外，其余处理对柚子糖酸比无显著影响（图 9-4）。不同处理下柚子维生素 C 含量在 40.50 ~ 59.80 mg·（100 g）$^{-1}$，T2、T3 和 T5 处理相比于 CK 处理显著增加柚子维生素 C 含量，分别增加 4.8%、16.8% 和 30.6%，而 T1、T6 和 T7 则分别显著降低柚子维生素 C 含量 10.0%、11.6% 和 5.9%。

叶面喷施植物生长调节剂和生物刺激素对柚子糖酸组分及果肉细胞壁组分的影响各异（表 9-5）。与 CK 相比，不同处理均显著增加柚子葡萄糖含量，T1、T2、T3、T4、T5、T6 和 T7 处理分别增加 29.9%、155.9%、140.2%、99.2%、43.8%、46.9% 和 61.7%，而对于柚子蔗糖，仅 T7 显著提高 11.5%，其他处理没有显著差异。不同处理下，仅在 CK、T1、T3 和 T5 处理检测到柠檬酸，CK、T4 和 T5 处理检测到苹果酸，其他处理未检出；T3 处理较 CK 处理柠檬酸显著增加 225.0%，T4 处理较 CK 处理苹果酸显著增加 17.3%（$p < 0.05$）。

在细胞壁主要组分方面，叶面喷施植物生长调节剂和生物刺激素均降低柚子果胶和纤维素含量，增加木质素含量（表 9-5）。相比于 CK 处理，T1、T2、T3、T4、T5、T6 和 T7 处理果胶含量均显著降低 31.3%、42.1%、27.8%、42.1%、38.3%、33.0% 和 41.0%（$p < 0.05$），平均降低 36.5%；T1、T3 和 T6 处理较 CK 处理纤维素含量均显著降低 40.0%（$p < 0.05$），其他处理差异不显著；T1、T2、T3、T4、T5、T6 和 T7 处理相较于 CK 处理，显著增加柚子木质素 215.8%、182.9%、156.6%、332.2%、196.7%、119.1% 和 263.8%（$p < 0.05$）。

表 9-5　不同处理下柚子糖酸组分和细胞壁组分

处理		糖酸组分				细胞壁组分		
		蔗糖 / [g·(100 g)$^{-1}$]	葡萄糖 / [g·(100 g)$^{-1}$]	柠檬酸 / (g·kg^{-1})	苹果酸 / (g·kg^{-1})	果胶 / (g·kg^{-1})	纤维素 / %	木质素 / %
植物生长调节剂	CK	5.2 ± 0.2bc	0.6 ± 0.1e	0.3 ± 0.1b	0.6 ± 0.1b	6.5 ± 0.1a	0.5 ± 0.1a	1.6 ± 0.1g
	T1	5.4 ± 0.1b	0.7 ± 0.1d	0.3 ± 0.1b	0c	4.5 ± 0.1b	0.3 ± 0.1b	4.8 ± 0.4c
	T2	5.2 ± 0.1bc	1.4 ± 0.2a	0c	0c	3.8 ± 0.1c	0.4 ± 0.1ab	4.3 ± 0.3d
	T3	4.8 ± 0.1d	1.3 ± 0.1a	1 ± 0.1a	0c	4.7 ± 0.1b	0.3 ± 0.1b	3.9 ± 0.3e
	T4	5.1 ± 0.1bcd	1.1 ± 0.2b	0c	0.7 ± 0.1a	3.8 ± 0.1c	0.4 ± 0.1ab	6.6 ± 0.2a
生物刺激素	T5	4.8 ± 0.2cd	0.8 ± 0.1cd	0.3 ± 0.1b	0.6 ± 0.1b	4.0 ± 0.3c	0.5 ± 0.1a	4.6 ± 0.2cd
	T6	4.8 ± 0.4cd	0.8 ± 0.1cd	0c	0c	4.4 ± 0.3b	0.3 ± 0.1b	3.4 ± 0.2f
	T7	5.8 ± 0.3a	0.9 ± 0.1c	0c	0c	3.9 ± 0.4c	0.4 ± 0.1ab	5.6 ± 0.3b

注：同一列中数值后不同字母表示处理间 0.05 水平差异显著性。

（2）不同处理对柚子矿质元素含量的影响

不同植物生长调节剂和生物刺激素叶面喷施下，柚子氮、磷、钾含量分别为 11.01 ~ 14.33 g·kg^{-1}、1.26 ~ 1.54 g·kg^{-1} 和 12.04 ~ 15.53 g·kg^{-1}，叶面喷施植物生长调节剂和生物刺激素均对柚子氮磷钾养分含量没有显著影响（图 9-4）。

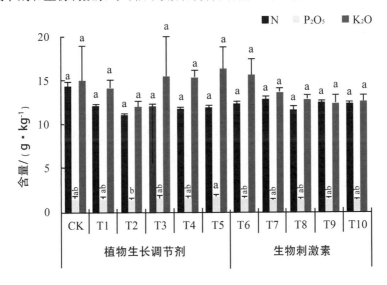

图 9-4　不同处理下柚子氮磷钾含量

从表 9-6 可以看出，不同植物生长调节剂和生物刺激素叶面喷施对柚子果肉中微量元素影响各不相同。相对于 CK 处理，T4 和 T5 处理的柚子 Ca 含量显著增加 98.9% 和 35.6%，T5 处理 Mg 含量也显著增加 32.7%，但 T2 和 T4 处理显著降低柚子 Mg 含量 29.4% 和 25.6%，T3 处理柚子 Fe 含量显著增加 68.6%（$p < 0.05$）。T6 处理相较于 CK 处理柚子 Cu 含量显著增加 56.3%，T1、T2 和 T4 则显著降低 39.9%、46.5% 和 42.8%（$p < 0.05$）；与 CK 处理相比，T5 和 T7 处理柚子 Zn 含量显著增加 68.1% 和 97.5%，T5 处理柚子 Ni 含量显著增加 47.0%（$p < 0.05$）。总体上，叶面喷施生物刺激素处理促进柚子中微量元素含量的提高，这可能与生物刺激素来源中含有中微量元素有关，而植物生长调节剂叶面喷施对柚子中微量元素含量无明显促进作用。

表 9-6　不同处理下柚子果实中微量元素含量

处理		Ca / (mg·kg^{-1})	Mg / (mg·kg^{-1})	Fe/ (mg·kg^{-1})	Zn/ (mg·kg^{-1})	Cu/ (mg·kg^{-1})	Ni / (mg·kg^{-1})
植物生长调节剂	CK	490.2 ± 76.0c	690.1 ± 99.8bc	29.1 ± 6.5bcd	6 ± 1.2b	23.2 ± 7.4bc	18.4 ± 5b
	T1	458.8 ± 60.6c	663.4 ± 52.8bcd	20.6 ± 3.0cd	3.7 ± 0.6cd	19.7 ± 4bc	17.9 ± 2.9b
	T2	629 ± 47.1b	487.2 ± 28.8e	23.7 ± 0.6cd	3.3 ± 0.8d	20.9 ± 0.7bc	20.6 ± 1.6b
	T3	473.4 ± 130.3c	549.4 ± 162.7cde	49 ± 14.2a	5.5 ± 2.1bc	18.3 ± 6.3c	22.6 ± 6.6ab
	T4	974.9 ± 10.3a	513.3 ± 14.2de	19.7 ± 2.3d	3.5 ± 0.2d	24.6 ± 0.9bc	20.6 ± 1.5b
生物刺激素	T5	664.6 ± 54.8b	915.5 ± 137.4a	31.1 ± 4.1bc	4.5 ± 0.9bcd	38.9 ± 5.1a	27.1 ± 2.9a
	T6	611.9 ± 1.6b	736.7 ± 43.9b	31.2 ± 0.4bc	9.4 ± 0.8a	27 ± 1.5b	19.2 ± 1.1b
	T7	397.5 ± 28.3c	659.2 ± 14.4bcd	37.9 ± 1.3b	4.9 ± 0.8bcd	45.7 ± 0.9a	20.4 ± 1.1b

注：同一列中数值后不同字母表示处理间 0.05 水平差异显著性。

运用叶面喷施不同生物调节剂处理柚子品质指标与柚子中矿质元素含量进行相关分析，结果显示（表 9-7）柚子含水量与 N、P、K、Mg、Cu 和 Ni 等元素极显著正相关（$p < 0.01$），与 Zn 元素显著正相关（$p < 0.05$）；柚子可溶性固形物、固酸比与 Mg、Cu 元素极显著负相关；柚子维生素 C 含量与 Ni 元素极显著正相关，柚子葡萄糖含量与 Mg 元素极显著负相关，与 Ca/Mg 比极显著正相关；柚子柠檬酸含量与 Fe 元素极显著正相关，苹果酸含量与 Ca 元素极显著正相关，柚子木质素含量与 Ca 元素、Ca/Mg 比显著正相关，与 Cu 元素显著负相关，其他指标间相关性不显著。

由下述相关分析可知，柚子果肉风味品质主要受果肉中微量元素的影响，与果肉内大量元素的相关性不显著。

5. 不同处理下的柚子品质因子综合评价

（1）主成分分析

主成分分析通过数学降维方式，将多个变量线性变换选出较少个能代表总体样本的重要变量。对柚子含水量、可溶性固形物、可滴定酸、固酸比、维生素 C、蔗糖、葡萄糖、柠檬酸、苹果酸、果胶、纤维素和木质素等 12 个品质指标进行主成分分析，根据主成分分析提取相应特征值大于 1 的原则，得出主成分的特征值、贡献率和特征向量（表 9-8），提取了 4 个主成分，贡献率分别为 33.26%、25.84%、16.41% 和 14.72%，累积贡献率达 90.23%。前 4 个主成分基本保留 12 个品质指标的信息，可以对柚子果实品质进行综合可行性评价。

根据所提取主成分载荷矩阵和特征值计算前 4 个主成分的特征向量，得出 4 个主成分的表达式如下：

$F_1 = 0.37X_1 + 0.46X_2 + 0.15X_3 + 0.27X_4 - 0.13X_5 + 0.20X_6 + 0.36X_7 - 0.02X_8 - 0.29X_9 - 0.31X_{10} - 0.28X_{11} + 0.33X_{12}$

$F_2 = -0.13X_1 + 0.07X_2 - 0.53X_3 + 0.43X_4 - 0.20X_5 + 0.44X_6 - 0.19X_7 - 0.30X_8 + 0.20X_9 + 0.12X_{10} + 0.32X_{11} + 0.05X_{12}$

$F_3 = -0.22X_1 + 0.14X_2 - 0.11X_3 - 0.17X_4 + 0.59X_5 - 0.22X_6 + 0.33X_7 + 0.29X_8 + 0.38X_9 - 0.04X_{10} + 0.37X_{11} + 0.11X_{12}$

$F_4 = -0.33X_1 + 0.15X_2 - 0.08X_3 + 0.18X_4 - 0.09X_5 + 0.01X_6 + 0.02X_7 + 0.47X_8 - 0.23X_9 + 0.55X_{10} - 0.14X_{11} - 0.49X_{12}$

式中：F_1、F_2、F_3、F_4 分别代表第 1、2、3 和 4 主成分；X_1、X_2、X_3、X_4、X_5、X_6、X_7、X_8、X_9、X_{10}、X_{11} 和 X_{12} 分别代表含水量、可溶性固形物、可滴定酸、固酸比、维生素 C、蔗糖、葡萄糖、柠檬酸、苹果酸、果胶、纤维素和木质素。

依据各主成分特征值、贡献率，将累积贡献率作为分配系数，结合方程 F_1、F_2、F_3、F_4 构建柚子果实品质综合评价模型，得到如下柚子果实品质综合评价方程：

$F = -0.27X_1 + 0.24X_2 - 0.13X_3 + 0.28X_4 - 0.01X_5 + 0.16X_6 + 0.14X_7 + 0.04X_8 - 0.02X_9 + 0.03X_{11} - 0.07X_{12}$

表9-7 柚子品质指标与矿质元素的相关性

因子	N	P	K	N/P	N/K	Ca	Mg	Ca/Mg	Fe	Cu	Zn	Ni
含水量	0.581**	0.849**	0.832**	−0.010	−0.119	0.268	0.763**	−0.199	0.329	0.536**	0.419*	0.674**
可溶性固形物	−0.275	−0.056	−0.129	−0.248	−0.164	−0.052	−0.644**	0.315	0.128	−0.522**	−0.137	−0.139
可滴定酸	−0.112	0.160	0.074	−0.239	−0.191	0.031	0.065	−0.031	0.347	0.225	−0.162	0.227
固酸比	−0.100	−0.137	−0.120	−0.003	0.015	−0.060	−0.531**	0.260	−0.134	−0.528**	0.036	−0.257
维生素C	−0.062	0.174	0.224	−0.250	−0.308	0.135	0.249	−0.005	0.276	−0.270	0.120	0.604**
蔗糖	−0.080	−0.233	−0.347	0.132	0.259	−0.347	−0.186	−0.169	−0.152	−0.330	0.326	−0.361
葡萄糖	−0.245	−0.103	−0.088	−0.217	−0.181	0.257	−0.584**	0.523**	0.214	−0.298	−0.263	0.207
柠檬酸	0.080	0.253	0.321	−0.117	−0.208	−0.334	−0.013	−0.287	0.616**	0.029	−0.343	0.223
苹果酸	0.205	0.336	0.389	−0.046	−0.146	0.593**	0.275	0.365	−0.284	−0.165	0.141	0.263
果胶	0.400	0.133	0.209	0.363	0.266	−0.344	0.133	−0.375	0.143	0.319	−0.300	−0.225
纤维素	0.252	0.306	0.315	0.059	−0.009	0.234	0.391	0.010	−0.022	−0.065	0.368	0.347
木质素	−0.297	0.071	−0.034	−0.381	−0.297	0.445*	−0.222	0.509*	−0.215	−0.489*	0.280	0.162

注：** 表示极显著相关；* 表示显著相关。

表9-8 主成分特征值、贡献率、累计贡献率及特征向量

项目	主成分			
	1	2	3	4
CV / %	3.99	3.10	1.97	1.77
CR / %	33.26	25.84	16.41	14.72
CCR / %	33.26	59.10	75.51	90.23
X_1	−0.37	−0.13	−0.22	−0.30
X_2	0.46	0.07	0.14	0.15
X_3	0.15	−0.53	−0.11	−0.08
X_4	0.27	0.43	0.17	0.18
X_5	−0.13	−0.20	0.59	−0.09
X_6	0.20	0.44	−0.22	0.01
X_7	0.36	−0.19	0.33	0.02
X_8	−0.02	−0.30	0.29	0.47
X_9	−0.29	0.20	0.38	−0.23
X_{10}	−0.31	0.12	−0.04	0.55
X_{11}	−0.28	0.32	0.37	−0.14
X_{12}	0.33	0.05	0.11	−0.49

注：CV—特征值；CR—贡献率；CCR—累积贡献率；X_1—含水量；X_2—可溶性固形物；X_3—可滴定酸；X_4—固酸比；X_5—维生素C；X_6—蔗糖；X_7—葡萄糖；X_8—柠檬酸；X_9—苹果酸；X_{10}—果胶；X_{11}—纤维素；X_{12}—木质素。

表9-9　各处理主成分综合得分

处理	得分	排名
CK	−0.18	6
T1	0.00	5
T2	0.83	2
T3	0.30	4
T4	0.67	3
T5	−1.25	7
T6	−1.51	8
T7	1.12	1

根据评价模型对不同植物生长调节剂和生物刺激素叶面喷施后柚子品质进行综合评价（表9-9），各处理得分排序结果为T7>T2>T4>T3>T1>CK>T5>T6。其中，排名前四位的T7、T2、T4、T3处理得分均大于0，排名后四位的T1、CK、T5和T6处理得分均小于或等于0。T6处理得分最低，其果实品质相对较差，而T7处理得分最高，其果实品质也相对较好。

（2）聚类分析

基于表9-8中各处理的综合得分作为聚类变量，采用样本组间连接法，对柚子8个不同叶面植物生长调节剂和生物刺激素处理进行系统聚类分析，用欧氏距离对各处理12个指标进行矢量校正，得到聚类树状图（图9-6）。结果显示，当欧氏距离为10时可将柚子植物生长调节剂和生物刺激素不同处理的聚类分析结果划分为3个类群（图9-5，表9-10）。

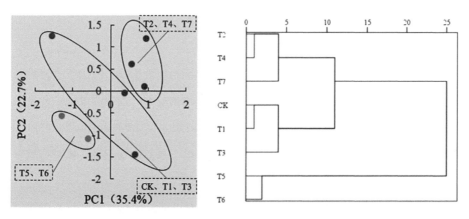

图9-5　叶面喷施植物生长调节剂和生物刺激素处理下的柚子品质评价因子聚类分析

由表 9-10 可知，类群 1 的果实品质特征是含水量、可滴定酸、维生素 C、柠檬酸和果胶含量最低，可溶性固形物、固酸比、蔗糖、葡萄糖和木质素含量最高，综合得分为 0.88，总体果实品质最佳；类群 2 的果实品质特征是柠檬酸、果胶含量最高，苹果酸、纤维素、木质素含量最低，综合得分为 0.04；类群 3 的里衬品质特征是含水量、可滴定酸、维生素 C、苹果酸含量最高，可溶性固形物、固酸比、蔗糖、葡萄糖含量最低，综合得分为 -1.38，其果实品质总体最差。综合分析类群 1 即 T2、T4、T7 处理果实品质最优。

表 9-10　柚子果实品质类群间比较

品质指标	类群 1	类群 2	类群 3
含水量 / %	89.50	89.93	90.80
可溶性固形物 / %	9.63	9.27	8.20
可滴定酸 / %	0.50	0.51	0.54
固酸比	19.30	18.13	15.35
维生素 C / $[\mathrm{mg} \cdot (100\,\mathrm{g})^{-1}]$	45.67	46.83	50.15
蔗糖 / $[\mathrm{g} \cdot (100\,\mathrm{g})^{-1}]$	5.30	5.07	4.80
葡萄糖 / $[\mathrm{g} \cdot (100\,\mathrm{g})^{-1}]$	1.05	0.80	0.74
柠檬酸 / $(\mathrm{g} \cdot \mathrm{kg}^{-1})$	0.00	0.48	0.14
苹果酸 / $(\mathrm{g} \cdot \mathrm{kg}^{-1})$	0.20	0.17	0.28
果胶 / $(\mathrm{g} \cdot \mathrm{kg}^{-1})$	3.77	5.20	4.17
纤维素 / %	0.40	0.37	0.40
木质素 / %	5.47	3.41	3.92
处理	T2、T4、T7	CK、T1、T3	T5、T6

（3）邻接树法分析

为进一步探索柚子各品质指标对柚子可溶性固形物的影响，在因子、聚类分析的基础上，采用邻接树分析法分析三个类群生物调节剂叶面喷施下柚子各品质指标对可溶性固形物相对重要性。从图 9-6 可以得知，不同类群叶面喷施处理下，影响柚子可溶性固形物的首要因子依次是可滴定酸、果胶和葡萄糖，相对贡献率分别为 74.7%、25.6% 和 40.5%。

分析发现，总体品质最佳的类群 1 各指标对可溶性固形物的贡献相对比较均衡，贡献排前 5 的因子依次是果胶、葡萄糖、含水量、固酸比和蔗糖，而总体品质中下等的类群2和类群3各指标对可溶性固形物的贡献相对比较单一，单个因子相对贡献高达74.7%和40.5%，由此可推测，果实各品质指标间的均衡可确保果实综合品质最佳。

三、快速诊断和调整柚树多元素养分，提高柚子品质和产量

（一）综合法（DRIS）

综合法（diagnosis and recommendation integrate system，DRIS）是根据植物养分平衡原理提出的一种诊断法，可对多种营养元素同时诊断。由于DRIS法的诊断结果不易受采样时期、叶位、叶龄、品种、矿质元素间交互作用等因素的影响，因此成为目前重要的植物营养诊断方法①。

1. 图解法

DRIS图解法是由2个同心圆和3个通过圆心的坐标绘制诊断图，划分产量组，分别计算各营养元素间多种形式的方差比（低产组/高产组），筛选出方差比较大的诊断参数；以方差比较大的高产组参数的平均值为圆心，标准差的2/3为内圆半径，标准差的4/3为外圆半径；内圆视为养分平衡区，用"→"表示；

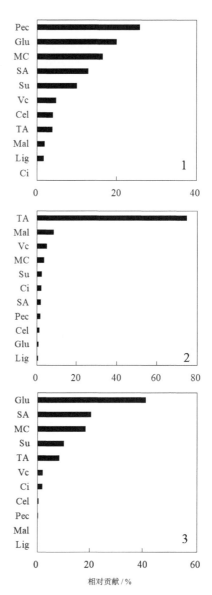

注：MC—含水量；TA—可滴定酸；SA—固酸比；Vc—维生素C；Su—蔗糖；Glu—葡萄糖；Ci—柠檬酸；Mal—苹果酸；Pec—果胶；Cel—纤维素；Lig—木质素。

图9-6 基于邻接树法分析不同类群下柚子品质指标对可溶性固形物的相对贡献

---

① 周龙，汤利，陈俊，等. 褚橙龙陵基地柑橘叶片DRIS图解法和指数法综合营养诊断分析 [J]. 南方农业学报，2020，51（10）：2498-2506.

内圆与外圆间为养分轻度不平衡区，分别用"↗"和"↘"表示轻度过量或缺乏；外圆外部为养分严重不平衡区，分别用"↑"和"↓"表示过剩或严重缺乏，最终确定需肥紧迫程度。

2. 指数法

DRIS 指数表示柚树对某种营养元素的需求强度，通过具体数字反映柑橘叶片对营养元素的需求指标，以实测值偏离最适值的程度表示。以营养不平衡指数（nutrient imbalance index，NII）表示，NII 为 0 说明该营养元素含量处于平衡状态，NII 的绝对值越大说明营养元素含量越不平衡；NII 为正值表示该元素含量相对过剩，NII 为负值表示该元素含量相对缺乏，同一样品的所有营养元素指数之和为 0。

以实测值离高产组最适值的偏离程度来计算，构建函数 $f(A/B)$ 描述 (A/B) 偏离 (a/b) 的程度，A/B 表示任意两元素含量之比，a/b 表示高产园两元素含量的比值的平均值，则 $f(A/B)$ 计算公式如下：

$A/B > a/b$ 时，$f(A/B) = [(A/B)/(a/b) - 1] \times 1\,000/CV$；

$A/B < a/b$ 时，$f(A/B) = [1 - (a/b)/(A/B)] \times 1\,000/CV$；

$A/B = a/b$ 时，$f(A/B) = 0$

式中，CV 为 A/B 的变异系数。在计算营养元素的指数时，若计算的元素为 A/B 中的 A 时，取 $f(A/B)$；若计算的元素为 A/B 中 B 时，取 $-f(A/B)$，则 N、P、K、Ca、Mg、Cu、Zn 和 Fe 8 种元素的 DRIS 指数表达公式为（以 N 为例）：

$IN = [f(N/P) + f(N/K) + f(N/Ca) + f(N/Mg) + f(N/Cu) + f(N/Zn) + f(N/Fe)]/7$

式中，IN 为营养元素 N 的 DRIS 指数，DRIS 营养不平衡指数以 NII 值表示，$NII = \sum |IX|/n$，表示各个元素诊断指数的绝对值之和的平均值。

叶片营养诊断临界标准为过剩、偏高、平衡、偏低、缺乏等 5 个临界等级，对应营养元素严重过量、轻度过量、最适范围、轻度缺乏和严重缺乏 5 个类别。以高产园柚树叶片营养元素 DRIS 诊断平均值作为平衡指标，与标准差相结合，设置营养诊断的标准如下：

偏高值 = 平衡值 +4/3 标准差；过剩值 = 平衡值 +8/3 标准差；偏低值 = 平

衡值 –4 /3 标准差；缺乏值 = 平衡值 –8 /3 标准差。

（二）DRIS 案例

1. 柚园试验总结

将整个柚园根据产量差异分为高产园和低产园，根据 DRIS 法计算原理，将各柑橘园叶片营养元素分析值和比值用 N、P、K、Ca、Mg、Cu、Zn、Fe、N/P、N/K、N/Ca、N/Mg、N/Cu、N/Zn、N/Fe、P/K、P/Ca、P/Mg、P/Cu、P/Zn、P/Fe、K/Ca、K/Mg、K/Cu、K/Zn、K/Fe、Ca/Mg、Ca/Cu、Ca/Zn、Ca/Fe、Mg/Cu、Mg/Zn、Mg/Fe、Cu/Zn、Cu/Fe 和 Zn/Fe 等共 36 种形式表示，分别计算高产园和低产园各表达形式的平均值、标准差、变异系数、方差及方差比（V_L/V_H），并对不同表示形式的高低产园平均值进行独立样本 t 检验，其结果见表 9–11。

t 检验结果显示，高产园和低产园间 N、Zn、N/Fe、P/Fe、Ca/Mg、Ca/Fe、Mg/Zn 差异显著（$p<0.05$），而其他表示形式下差异不显著。由此可知柚树叶片 N、Zn 含量可能与产量存在一定关联，并且还可能受 N/Fe、P/Fe、Ca/Mg、Ca/Fe、Mg/Zn 比值的影响，但具体原因有待于进一步研究。

由表 9–11 中还可看出，高产园平均值大于低产园平均值的表达形式有 N、P、K、Mg、N/P、N/K、N/Ca、N/Cu、N/Zn、N/Fe、P/Ca、P/Mg、P/Cu、P/Zn、P/Fe、K/Ca、K/Cu、K/Zn、K/Fe、Ca/Zn、Ca/Fe、Mg/Cu、Mg/Zn、Mg/Fe、Cu/Zn、Cu/Fe 和 Zn/Fe，高产园平均值小于低产园平均值的表达形式有 Ca、Cu、Zn、Fe、N/Mg、P/K、P/Mg、K/Mg、Ca/Mg 和 Ca/Cu。总体上，整个园区高产园各营养元素含量大多高于低产园，且低产园的变异系数普遍大于高产园，说明高产园养分相对较充足，低产园叶片各矿质元素相较高产园失调严重。

表 9–11　柚树叶片 DRIS 诊断参数统计

表示形式	低产组				高产组				方差比 V_L / V_H	t
	平均值	标准差	变异系数	方差	平均值	标准差	变异系数	方差		
N	10.85	0.59	5.4%	0.35	12.48	0.62	4.9%	0.38	0.91	3.83**
P	5.16	0.67	13.0%	0.45	5.18	0.33	6.3%	0.11	4.27	0.05
K	6.73	1.08	16.1%	1.17	7.23	0.75	10.4%	0.56	2.08	0.76

续表

表示形式	低产组				高产组				方差比 V_L/V_H	t
	平均值	标准差	变异系数	方差	平均值	标准差	变异系数	方差		
Ca	17.73	2.96	16.7%	8.74	16.50	2.12	12.9%	4.50	1.94	0.67
Mg	0.71	0.17	23.5%	0.03	0.91	0.04	4.6%	0.00	16.01	2.34
Cu	26.35	8.30	31.5%	68.94	26.10	8.71	33.4%	75.85	0.91	0.04
Zn	8.13	1.74	21.5%	3.04	7.20	0.62	8.6%	0.38	8.01	−1.00
Fe	100.28	11.30	11.3%	127.74	70.83	11.19	15.8%	125.16	1.02	−3.70*
N/P	2.13	0.27	12.9%	0.08	2.42	0.23	9.4%	0.05	1.46	−1.61
N/K	1.65	0.30	18.4%	0.09	1.74	0.25	14.3%	0.06	1.48	−0.48
N/Ca	0.62	0.07	12.0%	0.01	0.76	0.07	9.7%	0.01	1.02	−2.70
N/Mg	15.82	3.19	20.2%	10.17	13.70	0.72	5.3%	0.52	19.41	1.30
N/Cu	0.45	0.15	33.6%	0.02	0.53	0.20	38.5%	0.04	0.54	−0.67
N/Zn	1.37	0.24	17.8%	0.06	1.75	0.23	13.4%	0.05	1.10	−2.22
N/Fe	0.11	0.01	9.4%	0.00	0.18	0.02	12.1%	0.00	0.22	−5.49**
P/K	0.78	0.18	22.6%	0.03	0.72	0.10	13.7%	0.01	3.16	0.59
P/Ca	0.29	0.04	14.3%	0.00	0.32	0.04	11.6%	0.00	1.29	−0.80
P/Mg	7.54	1.93	25.6%	3.74	5.68	0.23	4.1%	0.05	69.59	1.91
P/Cu	0.21	0.04	21.4%	0.00	0.22	0.10	45.0%	0.01	0.19	−0.30
P/Zn	0.65	0.08	12.8%	0.01	0.72	0.04	5.1%	0.00	4.96	−1.67
P/Fe	0.05	0.01	12.1%	0.00	0.07	0.01	19.7%	0.00	0.18	−2.89*
K/Ca	0.39	0.11	28.2%	0.01	0.45	0.08	19.1%	0.01	1.70	−0.79
K/Mg	10.12	3.80	37.5%	14.44	7.96	1.02	12.8%	1.04	13.84	1.10
K/Cu	0.28	0.10	36.8%	0.01	0.31	0.15	47.7%	0.02	0.47	−0.38
K/Zn	0.86	0.25	29.0%	0.06	1.01	0.11	10.5%	0.01	5.58	−1.04
K/Fe	0.07	0.02	24.0%	0.00	0.10	0.02	20.4%	0.00	0.59	−2.14
Ca/Mg	25.43	3.91	15.4%	15.27	18.05	1.56	8.6%	2.44	6.27	3.51*
Ca/Cu	0.71	0.18	25.4%	0.03	0.68	0.22	31.7%	0.05	0.69	0.20
Ca/Zn	2.20	0.18	8.3%	0.03	2.31	0.35	15.2%	0.12	0.27	−0.51
Ca/Fe	0.18	0.02	11.1%	0.00	0.24	0.04	16.0%	0.00	0.27	−2.90*
Mg/Cu	0.03	0.01	36.8%	0.00	0.04	0.02	41.1%	0.00	0.44	−1.46
Mg/Zn	0.09	0.02	21.2%	0.00	0.13	0.01	8.7%	0.00	2.90	−4.09**
Mg/Fe	0.01	0.00	13.9%	0.00	0.01	0.00	16.1%	0.00	0.21	−1.00
Cu/Zn	3.19	0.46	14.3%	0.21	3.69	1.38	37.3%	1.89	0.11	−0.68
Cu/Fe	0.26	0.06	24.7%	0.00	0.36	0.10	28.0%	0.01	0.40	−1.78
Zn/Fe	0.08	0.01	15.4%	0.00	0.10	0.02	22.7%	0.00	0.28	−1.60

注：Cu、Zn、Fe 元素含量以 mg/kg 为单位，其他元素含量单位为 g/kg。

2. 柚树叶片 DRIS 图解法营养诊断

DRIS 诊断图由 2 个同心圆和 3 条通过圆心的坐标轴所组成，相互间形成 60° 夹角。以氮、磷和钾营养诊断为例，选出柚树高产组 3 个重要参数氮 / 磷、氮 / 钾和磷 / 钾的平均值 2.42、1.74 和 0.72 为圆心，以 2/3 倍标准差为内圆半径，以 4/3 倍标准差为外圆半径，计算得氮 / 磷的内外圆半径为 0.15 和 0.30，氮 / 钾的内外圆半径为 0.17 和 0.33，磷 / 钾的内外圆半径为 0.07 和 0.13。从图 9-7 中可以看出，氮 / 磷为 2.27 ~ 2.57 时柚树叶片氮和磷含量处于平衡状态，当氮 / 磷在 2.12 ~ 2.27 时表现为氮含量偏低，磷含量偏高，当氮 / 磷低于 2.12 时氮养分缺乏，磷养分过量，当氮 / 磷为 2.57 ~ 2.72 时氮含量偏高、磷含量偏低，当氮 / 磷超过 2.72，氮养分过量，磷养分缺乏，说明氮 / 磷越小氮养分缺乏或磷养分过量越严重，氮 / 磷越大氮和磷含量越不平衡。

氮 / 钾为 1.58 ~ 1.91 时柚树叶片氮和钾含量处于平衡状态，当氮 / 钾在 1.41 ~ 1.58 时表现为氮含量偏低，钾含量偏高，当氮 / 钾低于 1.41 时氮养分缺乏，钾养分过量，当氮 / 钾为 1.91 ~ 2.08 时氮含量偏高、钾含量偏低，当氮 / 钾超过 2.08，氮养分过量，钾养分缺乏，由此可看出氮 / 钾越小氮养分缺乏钾养分过量越严重，氮 / 钾越大氮和钾含量越不平衡。磷 / 钾为 0.66 ~ 0.79 时柑橘叶片磷和钾含量处于平衡状态，当磷 / 钾在 0.59 ~ 0.66 时表现为磷含量偏高，钾含量偏低，当磷 / 钾低于 0.59 时钾养分缺乏，磷养分过量，当磷 / 钾为 0.79 ~ 0.85 时钾含量偏高、磷含量偏低，当磷 / 钾超过 0.85 时，钾养分过量，磷养分缺乏，说明磷 / 钾越小钾养分缺乏磷养分过量越严重，磷 / 钾越大氮和钾含量越不平衡。

同理，将 Ca、Mg、Cu、Zn、Fe 5 种营养元素分为 Ca、Mg、Fe 和 Cu、Zn、Fe 两组分别进行 DRIS 营养诊断图绘制（图 9-8、图 9-9），从图中可看出钙 / 镁、钙 / 铁和镁 /

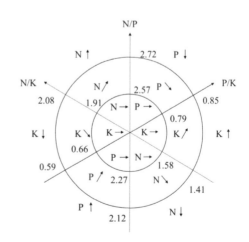

图 9-7 氮、磷、钾 DRIS 营养诊断图

铁的平均值为 18.05、0.24 和 0.01，铜 / 锌、铜 / 铁和锌 / 铁的平均值为 3.69、0.36 和 0.10，计算得钙 / 镁的内外圆半径为 1.04 和 2.08、钙 / 铁的内外圆半径为 0.03 和 0.05、镁 / 铁的内外圆半径为 0.001 和 0.003，铜 / 锌的内外圆半径为 0.92 和 1.84、铜 / 铁的内外圆半径为 0.07 和 0.14、锌 / 铁的内外圆半径为 0.02 和 0.03。当钙 / 镁、钙 / 铁、镁 / 铁、铜 / 锌、铜 / 铁和锌 / 铁分别在 17.01 ~ 19.09、0.21 ~ 0.26、0.012 ~ 0.015、2.77 ~ 4.60、0.30 ~ 0.43 和 0.09 ~ 0.12 时柚树叶片钙、镁、铁、锌和铜养分含量处于平衡状态，当钙 / 镁和铜 / 锌分别在 15.97 ~ 17.01 和 1.85 ~ 2.77 时表现为镁锌含量偏高、钙铜含量偏低，当钙 / 铁和铜 / 铁分别在 0.19 ~ 0.21 和 0.23 ~ 0.30 时表现为钙铁含量偏低、铜含量偏高，当镁 / 铁和锌 / 铁分别在 0.010 ~ 0.012 和 0.07 ~ 0.09 时表现为镁锌含量偏高、铁含量偏低。

当钙 / 镁和铜 / 锌分别低于 15.97 和 1.85 时钙铜养分缺乏，镁锌养分过量，当钙 / 铁和铜 / 铁分别低于 0.19 和 0.23 时钙铜养分缺乏，铁养分过量，当镁 / 铁和锌 / 铁分别低于 0.010 和 0.07 时铁养分缺乏、镁锌养分过量。当钙 / 镁和铜 / 锌分别在 19.09 ~ 20.13 和 4.60 ~ 5.52 时表现为钙铜含量偏高、镁锌含量偏低，当钙 / 铁和铜 / 铁分别在 0.26 ~ 0.29 和 0.43 ~ 0.50 时表现为钙铜含量偏高、铁含量偏低，当镁 / 铁和锌 / 铁分别在 0.015 ~ 0.016 和 0.12 ~ 0.14 时表现为镁锌含量偏低、铁含量偏高。当钙 / 镁和铜 / 锌分别高于 20.13 和 5.52 时钙铜养分过量、镁锌养分缺乏，当钙 / 铁和铜 / 铁分别高于 0.29 和 0.50 时钙铜养分过量、铁养分缺乏，当镁 / 铁和锌 / 铁分别高于 0.016 和 0.14 时铁养分过量、镁锌养分缺乏。

3. 柚树叶片 DRIS 诊断指数及需肥顺序

DRIS 诊断以实测值偏离高产组最适值的程度来表征，反映该元素在树体内的平衡状况。表 9-12 综合分析所有区域各营养元素的 DRIS 指数和需肥紧迫程度，从表中可以看出高产园和低产园氮、磷、钾、钙和镁 5 种大量中量养分的 DRIS 指数均为负值，铜、锌和铁 3 种微量大部分的 DRIS 指数均为正值，说明整个园区均存在大量中量养分缺乏症状和微量养分过量症状。通过对各元素 DRIS 指数的大小进行排序可看出，总体上整个园区需肥顺序为 N>P>Ca>K>Mg>Cu>Zn>Fe。在低产园所有园区中氮出现在需肥顺序的第一位，且铁和锌均出现在需肥顺序的倒数第一、二位，总体上需肥顺序依次是 N>Mg>Ca>P>K>Cu>Zn>Fe；在高产园所有园区中只有 50% 的氮出现在需肥顺序的第一位，其他元素含量园区间需求差异各异，总体上需肥顺序依次是 N>P>K>Ca>Cu>Fe>Zn>Mg。

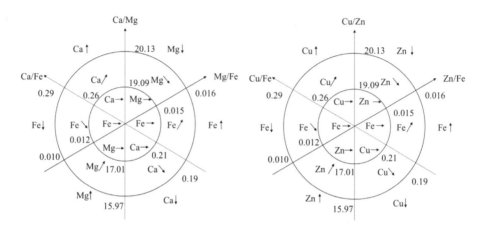

图 9-8　钙、镁、铁 DRIS 营养诊断图　　图 9-9　铜、锌、铁 DRIS 营养诊断图

平均营养不平衡指数（NII）是由 DRIS 指数绝对值之和的平均值计算而得，可全面反映园区树体的营养状况，NII 值越大表明园区树体矿质营养越不平衡，NII 值越小则越接近平衡。从表 9-12 显示，低产园的 NII 值均高于高产园，说明低产园柚树营养比例失调情况较为严重，这可能是导致产量低下的重要原因。

4. 柚树叶片营养诊断临界标准

以高产园柚树叶片各营养元素的 DRIS 诊断平均值作为平衡指标，与标准差相结合，将各营养元素养分含量划分为平衡区、稍不平衡区和严重不平衡区，初步制定出柚树营养元素浓度分级标准（表 9-13）。

其中，氮、磷、钾、钙、镁、铜、锌和铁各养分的适宜含量范围为 12.5 ～ 13.3 g/kg、5.2 ～ 5.6 g/kg、7.2 ～ 8.2 g/kg、16.5 ～ 19.3 g/kg、0.91 ～ 0.97 g/kg、26.1 ～ 37.7 mg/kg、7.2 ～ 8.0 mg/kg 和 70.8 ～ 85.7 mg/kg。

以低产园 1 号园区为例，氮、磷、钾、钙、镁、铜、锌和铁养分含量分别为 11.08 g/kg、5.68 g/kg、5.46 g/kg、20.7 g/kg、0.932 mg/kg、35.3 mg/kg、9.9 mg/kg 和 117 mg/kg（数据未列出）。

表 9-12 伦晚柚树叶片 DRIS 诊断指数及需肥顺序

园区编号		N	P	K	Ca	Mg	Cu	Zn	Fe	需肥顺序	NII
低产园	1	-8 606.6	-3 615.6	-4 798.2	-3 742.9	-2 095.6	1 923.0	6 254.9	8 987.7	N>K>Ca>P>Mg>Cu>Zn>Fe	5 003.1
	3	-5 210.1	-4 993.7	-375.0	-867.0	-2 821.6	-3 304.2	3 188.0	8 787.1	N>P>Cu>Mg>Ca>K>Zn>Fe	3 693.3
	5	-7 417.6	-924.1	1 501.3	-5 429.9	-5 733.5	606.9	3 656.4	8 537.0	N>Mg>Ca>P>Cu>K>Zn>Fe	4 225.8
	6	-7 511.1	-3 346.1	-1 591.2	-3 149.3	-4 985.9	1 345.4	6 307.1	7 785.1	N>Mg>P>Ca>K>Zn>Cu>Fe	4 502.6
	均值	-7 186.3	-3 219.9	-1 315.8	-3 297.3	-3 909.2	142.8	4 851.6	8 524.2	N>Mg>Ca>P>K>Cu>Zn>Fe	4 055.9
高产园	2	288.4	396.5	692.7	-19.3	-865.9	-1 322.0	1 662.1	-253.4	Cu>Mg>Fe>N>Ca>K>P>Zn	687.5
	4	-524.6	-6 293.9	-1 579.7	1 031.4	3 406.9	970.8	-1 263.0	3 572.2	P>K>Zn>N>Cu>Ca>Mg>Fe	2 330.3
	7	-5 438.0	-2 975.2	-3 808.7	454.0	6 760.1	1 582.8	710.3	121.5	N>K>P>Fe>Ca>Zn>Cu>Mg	2 731.3
	8	-8 846.7	-4 300.6	2 147.6	-2 465.0	-275.8	519.4	6 364.1	4 022.8	N>P>Ca>Mg>Cu>Fe>Zn	3 617.7
	均值	-3 630.2	-3 293.3	-637.0	-249.7	2 256.3	437.7	1 868.4	1 865.8	N>P>K>Ca>Zn>Fe>Zn>Mg	1 779.8
总均值		-5 408.3	-3 256.6	-976.4	-1 773.5	-826.4	290.2	3 360.0	5 195.0	N>P>Ca>K>Mg>Cu>Zn>Fe	3 349.0

对照表 9-13 分级标准，判定得氮（轻度缺乏）、磷（轻度过量）、钾（轻度缺乏）、钙（轻度过量）、镁（最适）、铜（最适）、锌（严重过量）和铁（严重过量）。

表 9-13 柚树叶片养分 DRIS 指数初步分级标准

营养元素	严重缺乏	轻度缺乏	最适	轻度过量	严重过量
N /（g/kg）	<10.8	10.8 ~ 11.7	>11.7 ~ 13.3	>13.3 ~ 14.1	>14.1
P /（g/kg）	<4.3	4.3 ~ 4.7	>4.7 ~ 5.6	>5.6 ~ 6.0	>6.0
K /（g/kg）	<5.2	5.2 ~ 6.2	>6.2 ~ 8.2	>8.2 ~ 9.2	>9.2
Ca /（g/kg）	<10.8	10.8 ~ 13.7	>13.7 ~ 19.3	>19.3 ~ 22.2	>22.2
Mg /（g/kg）	<0.80	0.80 ~ 0.86	>0.86 ~ 0.97	>0.97 ~ 1.02	>1.02
Cu /（mg/kg）	<2.9	2.9 ~ 14.5	>14.5 ~ 37.7	>37.7 ~ 49.3	>49.3
Zn /（mg/kg）	<5.6	5.6 ~ 6.4	>6.4 ~ 8.0	>8.0 ~ 8.8	>8.8
Fe /（mg/kg）	<41.0	41.0 ~ 55.9	>55.9 ~ 85.7	>85.7 ~ 100.7	>100.7

第十章

柚树果实的采摘与贮存

扫码查看
本章高清图片

| 第一节 |

柚树果实的采摘

一、柚子成熟期

柚子是非呼吸跃变型水果，其转色主要靠昼夜温差调控，因此无法简单地从外观判断果实是否成熟。柚树栽培的地理环境、气候条件、砧木、栽培技术和树龄等因素都对柚子的品质有重要影响，直接影响到柚子的成熟期。例如西双版纳东试早的成熟期就比瑞丽水晶蜜柚的成熟期早。

（一）柚子成熟度指标

柚子一般采用4个参数衡量其成熟度，包括：转色情况、可溶性固形物（TSS）、总酸（TA）、固酸比（TSS/TA）。转色情况指标反映柚子外观品质，其余指标衡量柚子内在品质。

TSS 指果汁中可溶性物质的总含量，其中绝大部分是蔗糖，还有极少量的有机酸、维生素、蛋白质、游离氨基酸、精油和配糖化合物。大部分柑橘果实中糖分约占 TSS 的 85%，我们假定柚子中糖分也约占 TSS 的 85%。因此，TSS 能很好地反映柚子的含糖量。随着成熟度增加，果实的含糖量会增加，但是，如果过了采摘期，柚子糖分会向树体回流，含糖量会下降。

美国于 1915 年建立了快速、简便的柑橘内在品质测定方法，目前在全球范围内依然通用。其中认定总可溶性固形物（TSS）含量等同于用比重计测定的蔗糖含量，总酸（可滴定酸，TA）等同于果汁中无水柠檬酸的含量[1]。因此，项目组采用日本 ATAGO PAL–BXIACIDI 折射仪快速测定柚子果实的含糖量和酸度，并设定 TSS 为含糖量，TA 为酸度。

（二）柚子成熟度

柚子成熟的过程是 TSS 不断增加，TA 逐渐降低的过程，随着 TSS 的增加和

---

[1] 邓秀新，彭抒昂. 柑橘学 [M]. 北京：中国农业出版社，2017.

TA 的降低，TSS/TA 的值会不断增大，为了方便判定柚子的成熟程度，我们把柚子的成熟度定义为 7°、8°、9° 和 10°，见表 10–1。

表 10–1　柚子成熟度

成熟度	TSS	TSS/TA
7°	8.8 ~ 9.7	11 ~ 16
8°	9.8 ~ 10.2	17 ~ 22
9°	10.3 ~ 10.7	23 ~ 32
10°	>10.7	>32

（三）柚子的采摘期

根据大量的实践，当柚子成熟度为 8°~ 9° 时进入成熟期，可以采摘；柚子果实成熟度为 10° 时过于成熟，这个时期采摘的柚子虽然口感很好，但其贮藏和运输的条件基本没有了，失去了商品价值。

由于气候环境、栽培技术等诸多因素的影响，在瑞丽弄岛各个柚园的水晶蜜柚的成熟期是不同的，大部分柚园在 9 月中下旬开始进入成熟期，部分柚园要 10 月初才进入成熟期。

二、柚子采摘方法

（一）采摘要求

①采摘前 23 d 内禁止喷施农药和叶面肥。

②选择晴天，早上有露水的柚树，须等果实表面水分干后才能进行采摘。

③在柚园适当位置放置周转果箱或麻袋。

（二）采摘方法

采用人工采摘，采摘工人须佩戴手套，避免指甲划伤柚子。采摘时按先下后上，先外后内的顺序采摘。严格实行"一果两剪"：第一剪，剪刀宽口朝上，紧贴挂果枝剪断，不留桩；第二剪，剪刀宽口朝下，沿果蒂底部剪断，剪口要平滑，以免在果箱（麻袋）中划伤邻近柚子果实。完成第二剪后，把柚子放入周转果箱或麻袋，要求轻拿轻放，防止柚子果实过度挤压、碰撞，减少翻倒次数，以免造成损伤①。

采摘过程中，及时把伤果、落地果、病虫果、畸形果、烂果挑出，带出柚园销毁。

|第二节|

柚树果实的贮存

一、果实初选

依据第九章第二节表9-3（柚树果实品质标准）外观（色泽、果形、果面缺陷、风味、理化指标）品质指标的要求，对采摘下来的柚子果实进行初选分级，分选出特等品、优等品及合格品。

柚子采果后，柚子销售商具有一定话语权，对于柚子果实外观品质指标也可根据柚子销售商提出的要求，双方商讨制定。

二、果实包装

以水晶蜜柚为例，水晶蜜柚果实初选分级结束后，需按照等级进行包装，主要采用内、外包装两种方式进行包装。内包装采用单果包装（一袋装一果），单果包装可大大减少柚子在贮藏过程中失水、交叉感染和腐烂损耗。包装材料须有一定透性、防水性的纸张或 0.015 ~ 0.02 mm 厚的聚乙烯薄膜袋包装，采用聚乙烯薄膜袋包装时，袋子上须打 20 个以上的透气孔（图 10-1 左）。同时，每个果子上应贴上商标品牌或可追溯果品信息的二维码。

外包装可以是 2 个装、4 个装、8 个装等，具体按几个装要根据市场的需求而定，

① 杨德荣，李玉国，廖昌喜，等．柚树高产栽培技术（系列）IX：采收及采后商品化处理[J]. 南方农业，2020，14（13）：17-19.

外箱设计制作时应印有个数、品种、产地、分级类别、商标、质量、电话、溯源码等详细信息（图 10-1 右）。

图 10-1　柚子包装

三、不同采后处理对柚树果实品质的影响试验以水晶蜜柚为例 [1][2]

（一）材料与方法

1.试验材料

试验样品采集于瑞丽市弄岛镇玉柚柚子专业合作社柚园（23°52′ N、97°42′ E）的 7 年生水晶蜜柚，于柚子近成熟期（2019 年 9 月 22 日）在同一柚园内采集树冠中部内和外侧的柚子，将采下的柚子及时带回仓库，挑选大小均一、无病虫害、成熟度基本一致、没有机械伤的果实作为试验对象。

2.试验设计

本文中以同一果园、相同树龄、相同管理措施下，成熟度 8°～ 9° 的大小接近、质量相当的柚子作为研究对象，设计 4 个因素的试验：①撞击方式（轻拿轻放，离地 1 m 下落）；②套袋方式（0.01 mm 聚乙烯膜套袋，不套袋）；③保鲜方式（25% 咪鲜胺溶液浸泡，清水浸泡，其中，咪鲜胺为 25% 含量稀释 3 000 倍，浸泡时间为 2 ～ 5 min）；④贮藏方式（冷库贮藏，常温摆放；其中冷库贮藏条件下温度为 4 ～ 9 ℃，湿度为 85% ～ 90%，其他变量与当地常规保存措施一致）。试验共设计 10 个处理（表 10-2），每个处理划分出相等的三份重复 3 次，每次重复观测 60 个柚子，试验时间从 2019 年 9 月 23 日开始至 2020 年 1 月 9 日结束，试验期间每隔 2 ～ 3 周随机取出 10 个柚子进行理化指标测定和感官评分。室内外温度情况如图 10-2。

① 周龙，汤利，杨德荣，等 . 不同采后处理对 '水晶蜜柚' 果实品质的影响 [J]. 中国农学通报，2021，37（06）：54-61.
② IVANO B, CLAUDE H, DAWES M. et al. How tree roots respond to drought [J]. Frontiers in plant science, 2015, 6（10）: 547-560.

表 10-2　因素 2 水平正交试验设计

处理	撞击方式	套袋方式	保鲜方式	贮藏方式
T1	轻拿轻放	0.01 mm 聚乙烯膜套装	25% 咪鲜胺溶液浸泡	冷库贮藏
T2	离地 1 m 落下	0.01 mm 聚乙烯膜套装	25% 咪鲜胺溶液浸泡	冷库贮藏
T3	轻拿轻放	0.01 mm 聚乙烯膜套装	25% 咪鲜胺溶液浸泡	常温摆放
T4	轻拿轻放	0.01 mm 聚乙烯膜套装	清水浸泡	冷库贮藏
T5	离地 1 m 落下	0.01 mm 聚乙烯膜套装	清水浸泡	冷库贮藏
T6	轻拿轻放	不套袋	25% 咪鲜胺溶液浸泡	常温摆放
T7	离地 1 m 落下	不套袋	清水浸泡	冷库贮藏
T8	离地 1 m 落下	不套袋	清水浸泡	常温摆放
T9	离地 1 m 落下	不套袋	25% 咪鲜胺溶液浸泡	常温摆放
T10	轻拿轻放	不套袋	清水浸泡	冷库贮藏

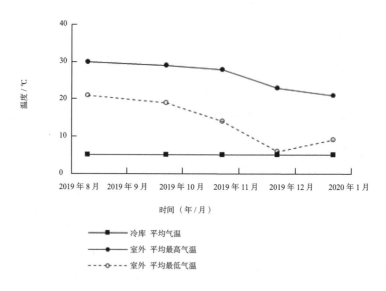

图 10-2　室内外温度变化

3. 果实指标测定

（1）理化指标

试验开始当天，将每个处理的最后一批柚子样品固定标记，首次测定果重及其他指标，每次进行理化指标测定和感官评分时测定重量，直至试验结束最后一批重量测定为止。将每个处理的柚子果实平均划分为 3 份，第一份随机选取 10 瓣柚子放入手动压汁机压汁，纱布过滤，倒入烧杯中立即测定可溶性固形物、可滴定酸、维生素 C 等指标，采用手持数显糖量计（日本，PAL-1）测定果实可溶性固形物，氢氧化钠中和滴定法测定可滴定酸，2,6- 二氯靛酚氧化还原滴定法测定维生素 C。第二份柚子果实用于测定木质素含量，依据 NY/T 2337—2013 进行测定。第三份进行感官品质评价。每一批次理化指标测定前，统计果面直径 ≥ 0.5 cm 的病斑或果面出现霉变的柚子作为腐烂果，计算损坏率。

$$单果失重（g）=试验当日质量-试验结束日质量 \quad\cdots\cdots\cdots\cdots\cdots（10\text{-}1）$$

$$果实失重率（\%）=\frac{试验当日质量-试验结束日质量}{试验当日质量}\times100 \quad\cdots\cdots\cdots\cdots（10\text{-}2）$$

$$单果日失重（g）=\frac{试验当日质量-试验结束日质量}{试验天数} \quad\cdots\cdots\cdots\cdots\cdots（10\text{-}3）$$

$$损坏率（\%）=\frac{损坏果个数}{试验总个数}\times100 \quad\cdots\cdots\cdots\cdots\cdots\cdots\cdots（10\text{-}4）$$

（2）感官评分

感官评分具体参见本书表 9-2。

4. 统计分析

数据采用 Excel 2013 软件进行处理作图，IBM SPSS 24.0 软件进行处理间差异显著性检验。R 语言中的 "gbmplus" 程序包进行邻接树法分析，描述多个因子对某一因子单独的解释量。

（二）结果

1. 不同采后处理果实质量的变化

柚子果实失重和损坏是在贮藏保鲜过程中普遍存在的现象，其变化过程影响柚子的营养品质和风味品质。由图 10-3 可知，整个试验共进行 108 d，柚子单果重由试验开始时的 1.55 ~ 1.84 kg/ 个降低为 1.07 ~ 1.70 kg/ 个，平均降低 16.1%，不同处理下柚子果实的水分含量呈下降趋势。柚子采后 108 d，不同处理柚子失重量、失重率、日失重量、损坏率和果肉含水量分别在 27.5 ~ 695.0 g/ 个、

1.7% ~ 35.7%、0.3 ~ 6.4 g/ 个、2.8% ~ 21.7% 和 88.3% ~ 91.7%，平均对应为 269.2 g/ 个、15.0%、2.5 g/ 个、11.0% 和 90.1%。其中，T7 和 T9 处理对柚子失重量、失重率、日失重量影响较为显著，T5 和 T7 处理对柚子损坏率影响显著（表 10–3）。

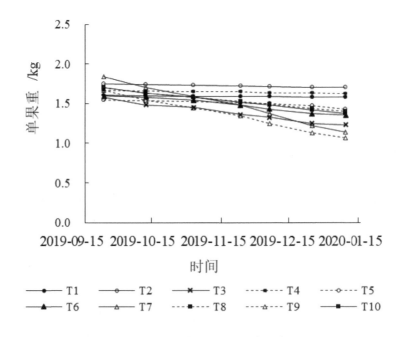

图 10–3 不同处理柚子果实水分含量动态变化

将 10 个不同处理按照撞击、套袋、保鲜和贮藏方式分为 4 个组，相对于未做撞击处理的柚子，做了撞击处理的柚子损坏率显著增加 75.0%；相较于未套袋处理，0.01 mm 聚乙烯膜套袋处理柚子失重量、失重率、日失重量分别显著降低 74.3%、71.2% 和 74.3%；25% 咪鲜胺溶液浸泡相比清水浸泡处理柚子损坏率显著降低 51.6%；相比于常温贮藏处理，4 ~ 9 ℃冷库处理（湿度 85% ~ 90%）柚子失重量、失重率和日失重量分别显著降低 62.4%、59.5% 和 62.4%，损坏率显著降低 37.3%。其他指标变化差异不显著。

表 10–3 不同处理对果实失重情况的影响

处理	失重量 /（g/ 个）	失重率 /%	日失重量 /（g/ 个）	损坏率 /%
T1	27.5h	1.7g	0.3e	2.8f

处理	失重量 / (g/ 个)	失重率 /%	日失重量 / (g/ 个)	损坏率 /%
T2	47.5g	2.7f	0.4e	8.7e
T3	151.8e	9.6e	1.4d	3.8f
T4	42.5g	2.5f	0.4e	12.5cd
T5	120.0ef	7.8e	1.1d	18.3ab
T6	370c	19.5c	3.4b	9.0e
T7	695a	32.5b	6.4a	21.7a
T8	310d	18.2cd	2.9c	11.5de
T9	595b	35.7a	5.5a	13.3cd
T10	332.5cd	19.5c	3.1bc	13.8c
撞击	ns	ns	ns	*
套袋	**	**	**	ns
保鲜	ns	ns	ns	**
贮藏	**	**	**	*

注：不同小写字母代表各处理差异显著（$p<0.05$）；ns 表示不同分类组间差异不显著，** 表示不同分类组间差异在 0.01 差异显著水平，* 表示不同分类组间差异在 0.05 差异显著水平。

2. 不同采后处理果实内在品质的变化

一般情况下柚子具有后熟过程，摘下来的果子适当放一段时间，食用品质会更加理想。柚子采收后通常会经历完熟、过熟、变质腐烂等阶段，其果实内在的理化指标和品质也相应发生变化。整个试验过程中，所有试验处理柚子果实的可溶性固形物含量呈现先略微增加再降低的趋势，可滴定酸含量则呈现先降低、再增加、再降低的变化趋势，柚子果实维生素 C 含量则呈现逐渐降低的趋势，木质素含量呈现先降低再增加的变化趋势（图 10-4 ）。

所有处理中，采收时柚子的可溶性固形物为 8.9% ~ 11.3%，平均 9.9%，试验 19 d 时达到整个试验期间的最高范围 9.5% ~ 11.5%，平均 10.3%，试验结束时柚子的可溶性固形物为 6.1% ~ 10.8%，平均 9.1%，不同处理降低 2.0% ~ 31.5%，平均降低 16.1%。其中，T4、T5 和 T7 处理柚子可溶性固形物显著降低，分别降低 31.5%、20.4% 和 11.1%；按撞击、套袋、保鲜和贮藏分组对比后发现，套袋和保鲜方式可明显影响柚子可溶性固形物含量，较未套袋和清水浸果处理分别增加 133.8% 和 72.3%，但差异不显著。

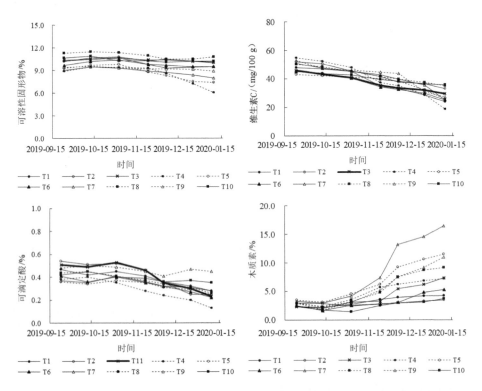

图 10-4 不同处理下柚子可溶性固形物、可滴定酸、维生素 C、木质素含量动态变化

可溶性滴定酸也是构成果实风味至关重要的成分，与可溶性固形物构成的固酸比整体反映果实品质情况。由图 10-4 可见，柚子整个试验处理过程中，可滴定酸含量总体呈现下降趋势，由采收时的 0.36% ~ 0.54%，平均 0.44%，降低到试验结束时柚子的 0.13% ~ 0.45%，平均 0.27%，降幅 6.2% ~ 65.8%，平均降低 38.4%。除 T9 处理柚子可滴定酸降低不显著外，其余处理试验 108 d 后均显著降低柚子可滴定酸含量；撞击和冷库贮藏方式明显影响柚子可滴定酸含量，较未撞击和常温贮藏处理分别增加 82.4% 和 86.3%，但差异不显著。

维生素 C 是一种结构类似葡萄糖的高效抗氧化剂，是柑橘类果实的重要品质成分，对人体健康不可或缺。整个试验 108 d，柚子维生素 C 逐渐降低，采收时不同处理柚子维生素 C 含量为 43.0 ~ 55.0 mg/100 g，平均 48.9 mg/100 g，试验结束时降低到 18.7 ~ 35.8 mg/100 g，平均 27.9 mg/100 g，试验 108 d 降低幅度在 20.4% ~ 66.0%，平均降低 42.9%。试验 108 d 后不同处理柚子的维生素 C 含量均显著降低；套袋和冷库贮藏方式维生素 C 含量校对比组分别增加 17.6% 和 15.9%，但差异不显著。

　　木质素是细胞壁形成中特别重要的组成部分，在柑橘类果实中木质素的积累与粒化的形成密切相关，汁胞木质化是柑橘果实粒化过程中最明显的现象之一。整个试验过程中，随着时间推移，柚子果肉的木质素含量呈现先略微降低再逐渐增加的趋势，采收时不同处理木质素含量为 2.3% ～ 3.5%，平均为 2.8%，试验 19 d 后，不同处理木质素含量达到最低，为 1.6% ～ 3.1%，平均为 2.3%，随后逐渐增加，到试验结束时达到最大 3.5% ～ 16.5%，平均为 7.9%，试验 108 d 后不同处理木质素增加幅度在 19.9% ～ 405.5%，平均增加 185.2%。按撞击、套袋、保鲜和冷库贮藏分组对比后发现，撞击方式处理木质素含量增加 85.0%，套袋、咪鲜胺保鲜和冷库贮藏处理分别降低柚子木质素 34.3%、33.3% 和 51.7%。

　　3. 不同采后处理果实感官品质的变化

　　（1）果实感官品质变化动态

　　果实感官品质是一个多维度综合评价的结果，包含物理指标和化学指标，也包含可量化指标和难以量化的指标。在评价过程中涉及因素较多，因此，在评价过程中选取主要的指标，并制定相应的评分规则，以人为主观评分为主，调整评价人员结构，尽可能随机化评判结果。由图 10-5 可知，整个试验过程中，柚子的感官评分在采收时为 85.0 ～ 91.0，平均为 87.8，试验 19 d 后整体达到最高值，为 85.0 ～ 92.0，平均为 88.9，采收后最初的 19 d，柚子的感官评分均在第 Ⅰ 类，之后呈现逐渐降低的趋势，试验结束时柚子的感官评价值达到最低，为 15.0% ～ 37.0%，平均 27.5%，不同处理降低 58.0% ～ 82.8%，平均降低 68.7%。所有处理试验 108 天后感官评分分值均显著降低；撞击方式使得柚子感官品质降低，较未撞击处理增加 12.9%，套袋、咪鲜胺保鲜和冷库贮藏减缓柚子感官品质的降低，较未套袋、清水浸果保鲜和常温贮藏降低 2.5%、7.7% 和 10.5%。由此可以看出，尽管套袋、咪鲜胺保鲜和冷库贮藏一定程度是减缓柚子感官品质变坏，但贮藏条件是影响柚子感官品质最关键的因素。

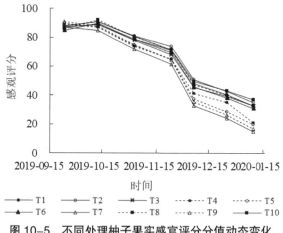

图 10-5　不同处理柚子果实感官评分分值动态变化

（2）果实内在品质与感官品质的相关

运用不同处理下柚子感官评分分值与柚子品质内在指标含量进行相关分析，结果显示（表 10-4），柚子感官评分最高时（2019 年 10 月 12 日）与果实可溶性固形物关系最密切，其评分与可溶性固形物极显著正相关（$p < 0.01$），柚子感官评分最低时（2020 年 1 月 9 日）与果实可溶性固形物和木质素含量密切相关，其分值与可溶性固形物极显著正相关，与木质素含量极显著负相关（$p < 0.01$）。

表 10-4　柚子感官品质与果实内在品质指标的相关性

指标	时间	可溶性固形物	可滴定酸	固酸比	维生素 C	木质素
感官评分	2019-10-12	0.910	0.545	-0.202	-0.028	-0.423
	2020-01-09	0.768	-0.118	0.45	0.617	-0.840

（3）基于邻接树法分析

为进一步探索柚子内在品质指标与感官品质间的关系，我们采用邻接树分析方法分析柚子内在各品质指标对综合感官评分的相对重要性。

整个试验过程中选择柚子果实品质最佳（2019 年 10 月 12 日）和最差（2020 年 1 月 9 日）两个时期进行分析。结果显示（图 10-6），在整个柚子试验过程中，影响柚子感官评价得分的首要贡献因子均为可溶性固形物（TSS），相对贡献率分别为 64.0% 和 42.0%。在柚子品质最佳试验时期，不同采后处理措施对柚子感官评价得分贡献排序依次为可溶性固形物、木质素（Lig）、固酸比（TSS/

TA）、维生素 C（Vc）和可滴定酸（TA）；在柚子品质最差试验时期，不同采后处理措施对柚子感官评价得分贡献排序也依次为可溶性固形物、木质素、固酸比、维生素 C 和可滴定酸，尽管不同时期柚子内在品质指标对感官品质的贡献大小顺序一致，但是经过长期贮藏后，内在各品质指标的贡献率发生变化，尤其木质素对柚子感官品质的贡献率发生较大变化，这说明在柚子贮存过程中，木质素对品质影响也非常大。

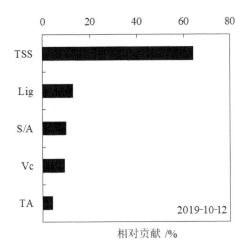

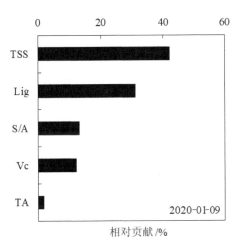

图 10-6　基于邻接树法分析不同采后处理柚子品质指标对感官评分的相对贡献

四、果实贮藏

（一）普通工棚贮藏

普通工棚贮藏是瑞丽柚农普遍采用的贮藏方式，每个柚园都配套建设了普通工棚，用于分选、包装柚子，同时也用于贮藏柚子。

普通工棚宽敞，通风条件好，地面用水泥硬化或铺青砖，便于保湿和防止积水。贮藏前一周做好工棚清理，按每立方米用 8 ~ 10 g 硫黄进行熏蒸消毒处理 36 ~ 48 h，排尽残余气体后待用。

贮藏的水晶蜜柚，用网袋包装（每袋 10 个）贮藏，工棚面积大的可以直接堆放贮藏。根据市场需要，再包装成 2 个 / 箱、4 个 / 箱、8 个 / 箱等进行销售。

如果已经包装成果箱贮藏的，堆放高度不能太高，同时注意果箱排列与工棚内空气流向平行，箱垛之间要留好通风道和检查通道。

（二）通风库贮藏

通风库贮藏主要是针对种植面积较大的柚农、种植基地、大型柚子种植合作社等，将水晶蜜柚用网袋包装（每袋 10 个）然后进行架贮；用果箱包装进行箱贮，品字形堆放，高 8 ~ 10 箱，每垛 160 ~ 200 箱，库顶要留 1/3 的空间，以利空气循环。入库前 2 ~ 3 周，库房用硫黄熏蒸消毒。果实入库后 15 d 内，应昼夜打开门窗和排气扇，加强通风，降温排湿。

（三）冷库贮藏

冷库贮藏是在有机械制冷设施的库内对水晶蜜柚进行贮藏。由于有可控的冷源，理论上，柚子冷库贮藏不受时间和地域限制。同其他贮藏方式一样，入库前要对柚子果实分选包装。根据上述的试验，冷库的温度设定为 4 ~ 9 ℃，湿度为 85% ~ 90%。

虽然冷库贮藏成本高，但较其他贮藏方式保存的时间较长，所以运输时须采用冷链。

┃参考文献┃

[1] IVANO B, CLAUDE H, DAWES M A, et al. How tree roots respond to drought[J]. Frontiers in plant science, 2015, 6(10): 547–560.

[2] Synergism among VA mycorrhiza, Phosphate solubilizing bacteria and rhizobium for symbiosis with blackgram (Vigna mungo L.) under field conditions[J]. Pedosphere, 2001(4): 327–332.

[3] 陈娉婷, 邓丹丹, 罗治情, 等. 基于农业信息化应用的肥料分类与编码 [J]. 湖北农业科学, 2016, 55 (22): 5949–5953+5957.

[4] YANG D R, SHEN M, ZENG Z W, et al. High–yielding fertilization technology for citrus grandis[J]. Asian agricultural research, 2019(4):73–76.

[5] YANG D R, ZENG Z W, ZHOU L, et al. Identification and control of HLB disease in citrus grandis[J]. Asian agricultural research, 2019, 11(3): 78–82.

[6] LIAO H–L, CHUNG K–R. Cellular toxicity of elsinochrome phytotoxins produced by the pathogenic fungus, Elsinoë fawcettii causing citrus scab[J]. New phytologist, 2010, 177(1): 239–250.

[7] MOHAMED A, ANDREAS W, JOHANNES H, et al. Specific microbial attachment to root knot nematodes in suppressive soil[J]. Applied environmental microbiology, 2014, 80(9): 2679–2686.

[8] NEWENHOUSE A C, 张运涛, 赵常青. 怎样识别果树叶部风害[J]. 河北果树, 1993(3): 43–44.

[9] OBENLAND D, COLLIN S, SOEVERT J, et al. Commercial packing and storage of navel oranges alters aroma volatiles and reduces flavor quality[J]. Postharvest biology and technology, 2008, 47(2): 159–167.

[10] 曾兴, 黄建华, 赖剑锋. 几种果园常用生长调节剂对脐橙生殖生长、产量及品质的影响 [J]. 园艺与种苗, 2018, 38 (8): 1–3+8.

[11] 曾志伟, 周龙, 杨德荣, 等. 柚树溃疡病发生规律及综合防控技术 [J]. 现代化农业, 2019 (9): 9–12.

[12]陈杰.脐橙优质丰产栽培[M].北京:中国科学技术出版社,2017.

[13]陈永兴.柑橘树涝害的成因及其预防救护措施[J].果农之友, 2010(9):27+37.

[14]成家壮,韦小燕,范怀忠.广东柑橘疫霉研究[J].华南农业大学学报,2004,25(2):31-33.

[15]邓秀新,彭抒昂.柑橘学[M].北京:中国农业出版社,2017.

[16]杜新豪.金汁:中国传统肥料知识与技术实践研究(10—19世纪)[M].北京:中国农业科学技术出版社,2019.

[17]方华舟,项智锋.水稻秸秆堆沤肥对优质水稻产量及质量的影响[J].中国土壤与肥料,2019(1):62-70.

[18]冯耀基,黎少映,兰红军,等.高效液相色谱法测定蔬菜中的赤霉素GA3、GA4和GA7[J].微量元素与健康研究,2017,34(3):44-46.

[19]付如作,吴瑞宏,李佳佳.瑞丽市柚子产业发展浅析[J].云南农业,2017(5):69-70.

[20]付如作.瑞丽市柚子产业发展研究[J].农业与技术,2017,37(11):25-28.

[21]高丽娇,姬聪慧,刘佳霖,等.意大利蜜蜂授粉对柑橘生长发育及品质的影响[J].云南农业大学学报(自然科学),2019,34(4):678-682.

[22]各种饼肥的养分含量[J].中国烟草,1982(2):42.

[23]谷雪贤.蔬果中维生素C含量的检测方法[J].广东化工,2010,37(7):98+106.

[24]何邕东.柑橘不采用激素的保花保果技术要点[J].农家参谋,2018(7):87+78.

[25]胡燕,张逸鑫,陆天雨.农业伦理视域下二十四节气与现代农业生产体系的耦合[J].江苏社会科学,2019(5):231-237+260.

[26]黄菁,高世德,岳海,等.不同抗旱措施对"东试早"柚产量及品质的影响[J].中国农学通报,2015,31(31):130-136.

[27]黄玲,石玉秋,胡波.基于GMDH算法的柚子可食率估测[J].安徽农业科学,2010,38(12):6600+6610.

[28]季祥,陈慧妍.梨树嫁接育苗技术[J].现代园艺,2018(10):29.

[29]靳志丽,蒋尊龙,贾少成,等.饼肥用量对湘南高有机质烟田烤烟生长及产质量的影响[J].作物研究,2018,32(06):516-520.

[30]李国怀,伊华林,夏仁学.百喜草在我国南方生态农业建设的应用效应[J].中国生态农业学报,2005(4):197-199.

[31]李清.主要绿肥根冠比的初步研究[J].南方农机,2019,50(13):23+32.

[32]李双霖.福建几类海肥的性质、肥效及施用方法[J].土壤,1962(2):51-53.

[33]李文生,冯晓元,王宝刚,等.应用自动电位滴定仪测定水果中的可滴定酸[J].食品科学,2009,30(4):247-249.

[34]李永学,万恩梅.柑橘露地育苗技术[J].西北园艺(综合),2017(5):41-42.

[35]李月,张志标,周玉蓉,等.我国柑橘主要病毒类病害及其脱毒技术研究进展[J].安徽农学通报,2020,26(8):80-82.

[36]梁春辉,陈惠敏,李娟,等.环割对柑橘叶片衰老的影响[J].园艺学报,2018,45(6):1204-1212.

[37]刘春生,杨吉华,马玉增,等.抗旱保水剂在果园中的应用效应研究[J].水土保持学报,2003(2):134-136.

[38]刘科宏,周常勇,卢志红.柑桔碎叶病的检测及其防治[J].中国南方果树,2009,38(3):49-50.

[39]马文涛,樊卫国.干旱胁迫对柚树光合特性的影响[J].耕作与栽培,2007(6):4-5.

[40]米娟,周敏,丁兰,等.固相萃取-化学发光法测定植物中的吲哚乙酸[J].分析试验室,2011,30(8):44-47.

[41]潘东明,郑诚乐,艾洪木,等.琯溪蜜柚无公害栽培[M].福州:福建科学技术出版社,2017.

[42]祁玲.畜禽粪便无害化处理设备的研究[J].农产品加工,2019(19):87-89+93.

[43]饶玉梅.果园集雨沤肥、免耕半机械化灌肥工程技术[J].中国南方果树,2010,39(3):84-85.

[44]沈兆敏,周玉彬,邵普芬.柑橘[M].武汉:湖北科学技术出版社,2003.

[45]沈兆敏,等.柑橘整形修剪和保果技术[M].2版.北京:金盾出版社,2016.

[46]王芳,张妹婷,马丽萍,等.灌溉方式对宁夏枸杞园土壤碳库特征及枸杞生长的影响[J].节水灌溉,2019(7):1-5.

[47]王贵元,王东,王金山.常见植物生长调节剂在柑橘中的应用及注意的问题[J].现代农业,2010(8):22-24.

[48]王磊.抚育间伐对华北落叶松枯落物与土壤持水量的影响研究[J].安徽农学通报,2018,24(16):105-108.

[49]王丽娥.植物保护在农业可持续发展中的地位和作用[J].农业开发与装备,2020(5):70+88.

[50]王粟娥.壁蜂的生活习性及其果树授粉技术[J].现代农业科技,2017(1):88+90.

[51]吴娟娟,苑平,李先信,等.4种柑橘砧木的磷营养利用效率分析[J].分子植物育种,2020,18(13):4450-4456.

[52]吴强盛,邹英宁.柑橘丛枝菌根的研究新进展[J].江西农业大学学报,2014,36(2):279-284.

[53]吴韶辉,石学根,陈俊伟,等.地膜覆盖对改善柑橘树冠中下部光照及果实品质的效果[J].浙江农业学报,2012,24(5):826-829.

[54]武深秋.柚树四季水分的管理[J].林业科技,2003(3):15.

[55]徐登高,冯春刚.农药毒性分级及建议[J].植物医生,2015,28(3):35-37.

[56]徐明岗,张文菊,黄绍敏.中国土壤肥力演变[M].2版.北京:中国农业科学技术出版社,2015.

[57]杨德荣,曾志伟,周龙,等.矿物源腐殖酸与生物质腐殖酸的比较与分析[J].农业科学,2018,2(2):79-80+140.

[58]杨德荣，曾志伟，周龙，等．土壤健康评价与春见柑橘幼树冬肥方案设计[J].陕西农业科学，2019，65（2）：85-89.

[59]杨德荣，曾志伟，周龙．柚树高产栽培技术（系列）Ⅰ：高接换种[J].南方农业，2018，12（10）：35-38.

[60]杨德荣，曾志伟，周龙．柚树高产栽培技术（系列）Ⅱ：防护林对柚园田间小气候、病虫害和果实品质的影响初步观察[J].南方农业，2018，12（19）：11-14+18.

[61]杨德荣，曾志伟，周龙．柚树高产栽培技术（系列）Ⅲ：成年柚树移植[J].南方农业，2018，12（25）：29-30.

[62]杨德荣，曾志伟，周龙．柚树高产栽培技术（系列）Ⅳ：修剪[J].南方农业，2018，12（28）：54-57.

[63]杨德荣，曾志伟，周龙．柚树高产栽培技术（系列）Ⅶ：植物保护[J].南方农业，2019，13（13）：17-23.

[64]杨德荣，曾志伟，周龙．柚园微喷带节水灌溉技术设计与应用[J].南方农业，2018，12（16）：77-79.

[65]杨德荣，曾志伟，朱小花，等．抑制线虫和土传病害的功能有机肥开发与应用[J].磷肥与复肥，2019，34（2）：24-27.

[66]杨德荣，李进平，曾志伟，朱小花．YCB系列新型肥料的开发与应用[J].云南化工，2017，44（8）：19-21+24.

[67]杨德荣，李玉国，廖昌喜，等．柚树高产栽培技术（系列）Ⅸ：采收及采后商品化处理[J].南方农业，2020，14（13）：17-19.

[68]杨蕾，杨海健，李勋兰，等．滋生青苔对柑橘叶际生物多样性的影响[J].植物保护，2019，45（6）：98-105+123.

[69]杨守军，邢尚军，杜振宇，姜伟，王海，刘春生．断根对冬枣营养生长的影响[J].园艺学报，2009，36（5）：625-630.

[70]杨正涛，辛淑荣，王兴杰，等．甲壳素类肥料的应用研究进展[J].中国农业科技导报，2018，20（1）：130-136.

[71]易继平，向进，周华众．柑橘潜叶蛾与柑橘溃疡病的关系研究[J].华中农业大学学报，2019，38（3）：32-38.

[72]易晓瞳，张超博，李有芳，等．广西产区柑橘叶片大中量元素营养丰缺状况研究[J].果树学报，2019，36（2）：153-162.

[73]于越，安万祥，董德祥，等．柑橘花芽分化研究进展[J].中国果菜，2019，39（9）：53-56.

[74]张凤如，殷恭毅．柑桔脂点黄斑病病原菌的研究[J].植物病理学报，1987（3）：27-34.

[75]张利平．柑橘疮痂病研究进展[J].浙江柑橘，2015，32（3）：30-32.

[76]张培花，高俊燕，岳建强，等．瑞丽市柚子果疫病的发生及其病原鉴定[J].云南农业大学学报，2009，24（3）：465-469.

[77] 张平，吴昊，殷洪建，等．土壤构造对毛细管水上升影响的研究 [J]．水土保持研究，2011（4）：265–267.

[78] 张顺金．平和县红肉蜜柚优质丰产栽培技术 [J]．农业与技术，2019，39（14）：101–102.

[79] 张伟清，林媚，徐程楠，等．柑橘可溶性固形物和总酸含量测定方法比较 [J]．浙江农业科学，2019，60（11）：2094–2095+2099.

[80] 张应清，廖昌喜，吴瑞宏．柚子栽培技术 [M]．瑞丽市农业局，瑞丽市柚子研究协会编印（内部资料），2015.

[81] 赵冰．有机肥生产使用手册 [M]．北京：金盾出版社，2016.

[82] 赵利敏，朱小花，王荣辉，等．虾肽功能有机肥在橡胶树种植上的应用 [J]．安徽农业科学，2015，43（16）：105–107.

[83] 赵曙良，魏亚蕊，庞宏光，等．喷施植物生长调节剂及摘叶对梨树花芽分化的影响 [J]．中国果树，2020（3）：61–64+141.

[84] 周龙，曾志伟，杨德荣．不同施肥水平对玉米产量的影响及肥料效应 [J]．贵州农业科学，2019，47（1）：36–42.

[85] 周龙，宋晓萌，吴瑞宏，等．雹害对瑞丽柚子的影响及其补救措施 [J]．园艺与种苗，2020（9）：12–13+37.

[86] 周龙，汤利，陈俊，等．褚橙龙陵基地柑橘叶片 DRIS 图解法和指数法综合营养诊断分析 [J]．南方农业学报，2020，51（10）：2498–2506.

[87] 周龙，汤利，杨德荣，等．不同采后处理对"水晶蜜柚"果实品质的影响 [J]．中国农学通报，2021，37（6）：54–61.

[88] 周龙，汤利，杨德荣．叶面喷施生物调节剂对水晶柚果实品质的影响 [J]．热带作物学报，2021，42（5）：1361–1370.

[89] 周龙，杨德荣，曾志伟．柑橘病虫害的分类分级调查方法 [J]．特种经济动植物，2020，23（5）：48–52.

[90] 周先艳，朱春华，李进学，等．"枳壳"和"酸柚"砧对"水晶蜜柚"树体生长、早果性和果实品质的影响 [J]．中国果树，2018（1）：59–62.

[91] 周先艳，朱春华，周东果，等．水晶蜜柚和琯溪蜜柚贮藏期间果实不同部位品质变化 [J]．食品工业科技，2018，39（19）：291–295+308.

[92] 周小燕，张斌，耿坤，等．柑橘煤污病病原菌的研究 [J]．菌物学报，2013，32（4）：758–763.

[93] 周玉琪，赫英臣．固体有机废物沤肥化技术方法 [J]．环境科学研究，1994（5）：57–61.

[94] 朱俊．三类壳寡糖衍生物的制备及对南方根结线虫杀灭活性初步研究 [D]．青岛：中国科学院大学（中国科学院海洋研究所），2019.

[95] 朱祚亮，余昌清，王运凤，等．宜都市柑橘蜜蜂授粉与病虫害绿色防控技术集成推广示范 [J]．湖北农业科学，2018，57（S2）：90–91+95.

[96]庄伊美，李来荣，江由，等．蕉柑叶片与土壤常量元素含量年周期变化的研究 [J].
    福建农学院学报，1984（1）：15-23.
[97]庄伊美．柑橘营养与施肥 [M]. 北京：中国农业出版社，1994.
[98]邹晓霞，张晓军，王铭伦，等．土壤容重对花生根系生长性状和内源激素含量的影响
    [J]. 植物生理学报，2018，54（6）：1130-1136.

|后　记|

本书研究依托云天化"高原特色作物（瑞丽柚子）科技示范庄园"项目开展。项目开展历时 3 年，经历项目策划、合作方确定、市场调研、政府对接、项目启动、实施以及总结验收等过程，整个项目实施过程是艰辛的、刻骨铭心的，但成果是丰硕的，付出是值得的。整个项目实施在项目负责人杨德荣高级农艺师的精心策划和统筹协调下得以顺利开展和高效结题。通过本项目的开展，项目组成员周龙、杨德荣均顺利评上高级农艺师，曾志伟评上高级工程师。此外，我的在职博士生涯与整个项目实施的时间段基本重合，我于项目结束后获得农学博士学位。

本书详细记录了整个项目实施过程中遇到的各种具有代表性的问题及其解决经验，在撰写过程中，撰写成员查阅了大量相关方面的文献资料，付出了大量汗水。虽然书稿已完成，但书中仍存在诸多不完善的地方，我们依然在不断努力改进。在此，对为本书撰写提供帮助的各方表示感谢。

首先，要感谢项目负责人杨德荣，他带领我进入项目组，教会我如何将理论知识与实践紧密结合，教授我如何应对项目开展过程中的各种繁杂事宜以及如何在生活中为人处世。同时，在他的鼓励和支持下，我读博深造并如期获得博士学位。

其次，要感谢云南云天化股份有限公司多年来对我的支持，为云天化"高原特色作物（瑞丽柚子）科技示范庄园"项目提供资金支持。同时，感谢云南省科技人才与平台计划"云南省张福锁院士工作站"项目为本项目实施提供的技术支撑。

此外，要感谢《南方农业》《热带作物学报》《南方农业学报》等期刊为本项目研究成果提供传播平台。特别感谢《南方农业》刊出"柚树高产栽培技术"

系列文章9篇。感谢项目合作方瑞丽市政府、云南诸氏农业有限公司在项目实施过程中给予的政策和技术支持。

最后，我想感谢一路走来给予我帮助、关心和指导的老师、朋友和同事们，感谢家人对于我开展农业事业的大力支持。

著　者

二〇二四年八月